CHRIS KULCZYCKI

新版カヤック工房
The New Kayak Shop

誰もが作れる美しい木製カヤック
-----木製カヤック3タイプ完全製作マニュアル-----

WARNING: Building and maintaining a boat can expose you to potentially dangerous situations and substances. Reference to brand names does not indicate endorsement of or guarantee the safety of using these products. In using this book, the reader releases the author, publisher, and distributor from liability for any loss or injury, including death, allegedly caused, in whole or in part, by relying on information contained in this book.

お断り：ボートの製作やメインテナンスを行う場合、その工程や扱う物質は本質的に危険を伴うものです。本書で引用したブランド名は、その製品の使用上の安全性を保証するものではありません。本書に掲載した内容を全面的もしくは部分的に参考にして行った製作などにより生ずる損害、あるいは致死を含む人体への障害などについての申し立てについては、著者、出版元、販売元は一切の責任を負いかねますので、あらかじめご了承ください。

目 次

謝辞	vi
はじめに	vii

Chapter 1	木製のカヤック	1
Chapter 2	デザイン	11
Chapter 3	道具	29
Chapter 4	材料	43
Chapter 5	設計図	53
Chapter 6	ハル・パネルの製作	73
Chapter 7	ステッチ&グルー工法の基礎	87
Chapter 8	ハルの組み立て	101
Chapter 9	デッキの取り付け	113
Chapter10	コーミング、ヒップブレイス、ハッチ、フットブレイス	127
Chapter11	ラダーとスケグの取り付け	137
Chapter12	仕上げ	147
Chapter13	艤装	159
Chapter14	その他のデザイン	175

Resouce Appendix	185
数値換算表	187
索引	188

謝　辞

　私ひとりの力でこの本が出来上がることはなかっただろう。新版カヤック工房（原本タイトル　The New Kayak Shop）は多くの人々の助けに基づいている。妻のアネットはその中でもっとも重要な役割を果たしてくれた。カヤックの設計と製作をはじめた当初、彼女は絨毯にくっついたノコくずやカンナくず、キッチンの濡れたパドルジャケット、リビングに広げた図面、食卓の上の書きかけの設計図にも我慢してくれた。数年後、チェサピーク・ライト・クラフト社を始めたときには、アネットが財務責任者として献身的につくしてくれたおかげで、会社は8年間に20倍もの成長を遂げた。それだけでなく、カタログやニュースレターを製作し、この本と100にものぼる雑誌記事の校正に、残った時間を費やしてくれた。

　私がオーナーを勤めていた8年間、チェサピーク・ライト・クラフト社のジェネラルマネージャーだったジョン・ハリスにも感謝したい。非常に才能にあふれたボートビルダーであり、かつ設計者でもあるジョンは、この本に掲載したボートを設計する上で大変力になってくれた。現在、彼はチェサピーク・ライト・クラフト社のオーナーのひとりでありチーフデザイナーである。

　ここに掲載したボートは、チェサピーク・ライト・クラフト社すべてのスタッフの協力によって作られているが、エド・ウッグルワース、アンドリュー・ウッド、ジム・リチャーズ、トッド・スターキー、そしてチャーム・ラスらのプロトタイプ工房でのがんばりには特に感謝したい。また、私の設計図を購入して製作し、感想やアイディアを寄せてくれた沢山のアマチュアやプロのボートビルダーの方々にも感謝の念が堪えない。

　この新版カヤック工房のいくつかの部分は、シー・カヤッカー誌（米）、ファイン・ウッドワーキング誌（米）やウッデンボート誌（米）にこれまでに掲載した記事と、チェサピーク・ライト・クラフト社の設計図やキットについているマニュアルを編集しなおしたものである。

はじめに

ダブルパドルのカヌーは個人が所有できるどんな豪華なボートよりもいちばんの楽しみをあたえてくれる

　The New Kayak Shop（この本の原本）は、前作The Kayak Shop発行以来8年の間に私が学んできたことの多くを反映している。この間、数ダース以上のボートを設計し、数々のボート製作講座で教え、アマチュアボートビルダーからの数千もの技術的な質問に答えてきた。私のカヤックデザインや製作方法は、繰り返しテストされ改良されてきている。メイン州ブルックリンにある、かの有名なウッデンボート・スクールでは、年4つのコースを教えている。その中で、100名をこす初心者が、見事な木製のカヤックを作り上げるのを手伝い、そして見届けてきた。このおかげで、初心者が難しいと思う点や、共通に抱く質問とその答えを学んできた。これらの経験を通じて、誰もが美しいカヤックを作れるようにThe Kayak shopを新しく改訂する必要を実感した。また私は、読者がこの本を読んだ後にご自身のボートを製作しようと決心されることを強く望んでおり、それがもちろん私を含めた他の数千のアマチュアボートビルダーと同様の満足がもたらされることを望んでいる。自分で製作したボートを進水させることは、真に人生の至福の瞬間である。

　私が初めてカヤックを漕いだのは10歳の時のことである。私の家族は西ポーランドの湖で二人乗りの古い木製カヤックを漕いでバカンスを楽しんでいた。その数週間こそが、私をボートの、特にカヤックの世界へと漕ぎ出させるきっかけとなったのである。その後間もなく、私は最初のボートを作った。それは、家のガレージで見つけておいたツーバイフォーの角材と羽目板をくぎ打ちしただけの、箱型をした6フィートの平底舟であった。ある日両親が帰宅してみると、小さな庭はボートヤードに変わり果てていたのである。彼らはこの快挙にはまったく理解を示さず、私の処女作の進水を禁じた。しかし、この船がRMS クイーンメリー号と同じくらい航海に適していると信じて疑わなかった私は、友達を誘い、海での試乗に向けて近くの小川へと船を運んでいった。オールやパドルなどなかったが、川幅はたった20フィートほどしかなく流れは穏やかだったので、そんなことは問題にはならなかった。しかし、結局のところ、私の平底舟は遠くに行くには、あまりにも水漏れがひどすぎたのだった。

　私のスポーツの興味はすぐにロッククライミングに移り、その後セーリングに移ったけれども、

カヤックとホームメードのボートの思い出は決して薄れることはなかった。初めてカヤックを漕いでから20年、ついに自分のカヤックを作ろうと決心し、そして作った。この20年間に数艇のディンギーも作ってきたし、船大工として一夏働いた経験もあったので、実のところ、すばらしいカヤックを作り上げる自信はあった。しかしそれを差し引いても、最初に作ったカヤックの出来映えのよさには驚いた。これは、私がボート作りの名人―これは自他ともに認めるところ―だからというわけではなく、むしろプライウッドのカヤック作りがいかに容易かということを証明するものだ。実際、あなたも店に並んでいるようなすばらしいカヤックを作ることができるはずである。

ボートを作ることは健康的な価値を持つことが古くから知られているが、おそらくこれを使うことに比べて大した健康的な効果はないだろう。ストレスに満ちた経営者として働く一方で小さな真実に気がついた。仕事に疲れ、心配して、緊張して、世の中が嫌になって家に帰ったものだが、自宅の工房で数時間たつとリフレッシュしてリラックスできている自分を発見したものだ。このようにして日々を過ごすことがよりよい方法であることに気付くまでに1年を要した。学ぶのに多くの時間を必要とすることもある。

私のカヤックデザインと製作への情熱は、この本の前作である"The kayak shop"を書き上げること、そして私のデザインした設計図やキットを売る小さな店を始めることに注がれることとなった。この本の出版から8年ほどになるが、一般の人々が木のカヤックを作ることへの関心は急速に広まってきているようだ。概算するに、1999年にアマチュアボートビルダーが作ったカヤックの数は、1992年当時のざっと20倍にもなっている。多くの一般雑誌や新聞でホームメード・カヤックのブームについての記事が掲載されている。我が家の台所からスタートしたチェサピーク・ライト・クラフト社は、今では世界で最も大きなボート・キット製作会社へと成長した。毎年、数千のプレカットのカヤック・キットや手漕ぎボート、小型モーターボート、セイルボート、また同様に、数千もの設計図、数万ガロンのエポキシ樹脂、トラック何台分ものプライウッドとファイバーグラスを送り出している。これには前作が少なくとも一役かっていると思いたい。私が最近チェサピーク・ライト・クラフト社を売却したことはあなたの関心をひくかもしれないが、これでやっと自分でデザインしたボートと過ごす時間をたっぷり取れることになるだろう。

新版カヤック工房

Chapter 1
木製のカヤック

　この本では、15フィート9インチのツーリング・カヤック、18フィートの高速なシーカヤック、そして14フィートの複合プライウッドによるフラットウォーター用カヤックを作り上げるまでの工程を紹介する。設計図はChapter5に収録し説明している。これらカヤックの製作方法は、他のデザイナーやあなた自身が設計したボートを作る上でも役に立つことであろう。

　この本は、木工の知識のない初心者を前提に書かれているので、エキスパートのボートビルダーや家具ビルダーの方々には、少々我慢していただかねばならないだろう。また、カヤックについての知識をいくらか持っていること（といっても、数回のパドリング経験がある程度でかまわない）を前提としている。

　ここでのテーマは、容易で、軽量で、経済的で、かつ美しいカヤックを製作することである。ここで扱うカヤックは、大きなジグやストロングバック（モールドを取り付けるまっすぐな土台）の製作を必要としないばかりか、大きな骨組みに頼ることもない。特殊な工具を購入する必要もないし、使用する材料は、どこにでも売っているものではないが、どこからでも注文すれば郵送してもらうことができるであろう。これらのカヤックは、多くのプラスティックやファイバーグラスのカヤックに比べて少なくとも3分の1は軽いにもかかわらず、堅く強い。同等のファイバーグラス製カヤックの4分の1のコストで作ることができる上に、性能で勝ることもしばしばである。加えて、私が見る限り、とても格好がよいのである。

　ここで取り上げるボートビルディング方法はステッチ・アンド・グルー工法である。この工法で

はまず、コンピュータによるデザインと慎重な製図による設計図を基にハルのパーツを切り出して、銅線や電線をねじって一時的につなぎ合わせる。すべてのパーツが組み上がると、ハルは最終的な形になっている。そこでエポキシ樹脂とファイバーグラスを用いてハルをガッチリと接着するのである。まあ、本当はもう少し面倒なところもあるのだが、たとえあなたが高校の木工課程を落第していたとしても、美しいカヤックを作ることができるということは、すぐにわかってもらえることになると思う。

なぜ木製なのか？

樹木は風の強い日ごとに数千回曲がったり撓んだりし、その数は年に数百万回にも及ぶが、それでも元の形に戻る。また、枝は強く軽い上、葉の重さに耐えるのに十分な剛性を持っている。さらに、樹皮に覆われることによって、樹木は日光、水、風の侵食に対し強固に耐える。このように、木材の持っている軽さ、強さ、負荷への耐久性、持続性は、カヤックをつくるための優れた材料としてぴったりなのである。

上：これらのボートはすべてこの本に掲載したテクニックを使って作られている。
右：現在の木製カヤックは、同じサイズのファイバーグラスやプラスティックのカヤックよりも軽い。これは19フィート1/2インチのパチュクセント競技用艇で、わずか34ポンドしかない。これは私のビーチまでの運び方である。

一方で、木材は、ボート製作に使用される他の素材のいくつかに比べると初期強度が不足している点は否めないが、他の優れた性質がそれを補ってしまうのである。カーボンファイバーやノーメックス、そしてケブラーといった新素材が利用できるにもかかわらず、最近の高速マルチ・ハル帆船の中には、木材とエポキシ樹脂で作られているものが少なくない。外洋マルチ・ハル・レースで直面するような荷重と負荷を経験する艇など多くはないし、性能向上のために重量を増やしてまで多額の投資をしたくはないということだろう。

カヤックを作る材料を選ぶ際には、軽さと強度だけでなく、剛性と疲労に対する耐久性は、最も考慮されるべきものである。研究によると、木材は同重量のファイバーグラスに比べて最大10倍の剛性を持ち、ケブラーとエポキシのコンポジット材にくらべても6倍ちかく剛性があることがわかっ

頑丈で使いでのあるチェサピークカヤックは現在最もポピュラーなホームメードカヤックである。

ている。これらの研究はそのままカヤックの部材に対して当てはめることはできないが、木材が非常に剛性に富んだ材質であるということを確かに示している。剛性のあるボートは、ハルが撓むことによって余計なエネルギーを使わないために、特に静水で、速度に優れる傾向にあるのだ。

カヤックに重要なのは初期強度だけではない、荒れた海や懸命のパドリングから繰り返し受ける引っぱりと圧縮のサイクルに対しても、強度を保ちつづけなければならないのだ。木材は荷重と抜重のサイクルを何百万回繰り返しても、その強度を失うことはほとんどない。立木などは、年に数百万回曲げられても、人間の手や天災が邪魔さえしなければ、数百年、あるいは数千年でも生き続けることができるのである。この耐疲労性こそが、永続的で信頼性の高いハルを作ろうとする際に、他の多くの素材に勝る強みなのだ。

引き裂き、貫通、摩擦に対する強靱性と耐久性は、岩場での進水時と着岸時に特に考慮しなければならない重要なものである。ファイバーグラスやポリエチレンはこの観点において木材に比べて勝っているが、木製のハルの強度は薄いファイバーグラス布を被覆することによって大幅に改善できる。

木材に対し従来から指摘されてきた欠点は、現代の技術によって大幅に改善されてきている。腐朽の問題はエポキシを浸透させる現代技術によって、完全に排除されたわけではないけれども、大幅に改善されてきているし、適切な木材を探す苦労は非常に高品質なマホガニー・プライウッドの出現で解決されてきている。また接着剤の防水性に関する問題も現在のエポキシ樹脂の手法によってなくなっている。今日における木製カヤックの製作方法は、50年前の製作方法からは想像もつかないほどに生れ変わっているのだ。今や木材はハイテク材料の一つになっているのである。

ここまでは木材の工学的な特性の良さにばかり着目してきたが、木材の持つ美しさこそが一番の注目すべき特質といってよいであろう。パドラーと船とを結びつけるこれほどすばらしい素材を思い付くことはできない。我々の周りに氾濫した人工物への反動として、人は木製のカヤックに惹き

つけられるのかもしれない。木製のカヤックはファイバーグラスのボートに比べ、フィーリングもパドリングもいいように思う。なぜかはわからないのだが（もしかして私だけかと思っていたが）他の多くの人も同じように思っているのだ。多くのセーラーが、木製のボートは生きているようで、これはファイバーグラスのボートでセーリングしている時には出会えない感覚だとも書いている。まあ、私はそこまでは言わないけれど、木製カヤックの方が、漕いだとき何となく満足感が大きいのは認めざるを得ない。これは、例えて言うなら、性能的にずっと完璧なカーボン・ロッドが4分の1の値段で買えるのに、頑としてバンブー・ロッド（トンキン竹の接ぎ竿）を使い続けるフライ・フィッシャーマンの心境とでも言ったところだろうか。

　ではどうして木でできたカヤックはもっとたくさん無いのだろうか？　そう、もっともっとたくさん。最近私は、あるプラスティック製カヤックの大手メーカーで、オーナーにチェサピーク・ライト・クラフト社がどれだけ多くの木製カヤックのキットを売ってきたかを語ったところ、驚いて口をあんぐり開けていた。木製のカヤックはファイバーグラスやプラスティックのボートの強力な競争相手になりつつあるのだ。一般的にみて、木製のボート製作は圧倒的な勢いで復活してきており、特にカヤックについては特筆するものがある。しかしながら、製品としての製作を考えた場合、木材はプラスティックほど生産性が高くない。このため、木材が主流になるようなことはなさそうである。それでも、多くの熟練木製ボートビルダーが数少ない常連の顧客のためにカヤックを作っているのだ。

　幸いにも、木材は手に入れるのが容易で比較的安価なうえに、最小限の道具と技術で加工することができる。さらに木材は、手触りも見た目も加工するには納得のゆく材料であり、その香りまでもが心地よい。大半のアマチュアビルダーは、切り出し、サンディング、カンナがけ、ニス塗りに40時間から80時間かかるのだが、彼らはこれらを喜んで受け入れ、かなりの休日を費やしている。プロのビルダーなら敬遠したがるこのような労働集約的な工程も、アマチュアにとっては娯楽なのである。

ウエストリバー180は高速ツーリングカヤックである。マルチ・チャインのハルとキャンバーデッキが特徴である。

プライウッドで作る

　プライウッド・カヤックというと、年配のパドラーの中には、1955年発行の「ホームウッドブッチャー（Home Woodbucher）誌」（米）に設計図が掲載されていた、ひょろ長い奇怪なフネを思い出される方もおられるだろう。だが、プライウッド・カヤックはあの頃に比べると別物といってよいくらい変わってきている。この本のページをパラパラとめくってみていただきたい。プライウッド・カヤックがどれほど優美になり得るか納得してもらえると思う。

木製のカヤック

ほとんどのプライウッド・カヤックはハード・チャインのデザインを採用しており、チェサピークのモデルも同様である。これらのハルは角度をつけて接合された比較的フラットなパネルから構成されている。ハード・チャイン・デザインはラウンド・ボトムのものに比べ、いくつか有利な点がある。すなわち、積載能力が高い、一次安定性が高く長い航海を楽しむことができる、カービング・ターンがしやすい、といった点である。加えて、ハード・チャイン・デザインは容易に作ることができる。

上：超軽量なセバーンはコンパウンデッド・プライウッド・テクニックをつかって作られている。小柄な人の静水用ボートとしてもってこいである。
下：デニス・デイビスは初期のコンパウンデッド・カヤックを設計、製作した一人だ。このDK-13は私の製作したはじめてのコンパウンデッド・カヤックで、数あるデザインの中でも人気のあるデザインのひとつである。

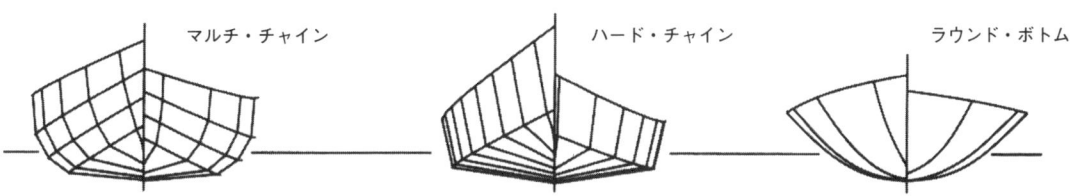

マルチ・チャイン、ハード・チャイン、ラウンド・ボトムの各ハルの横断面

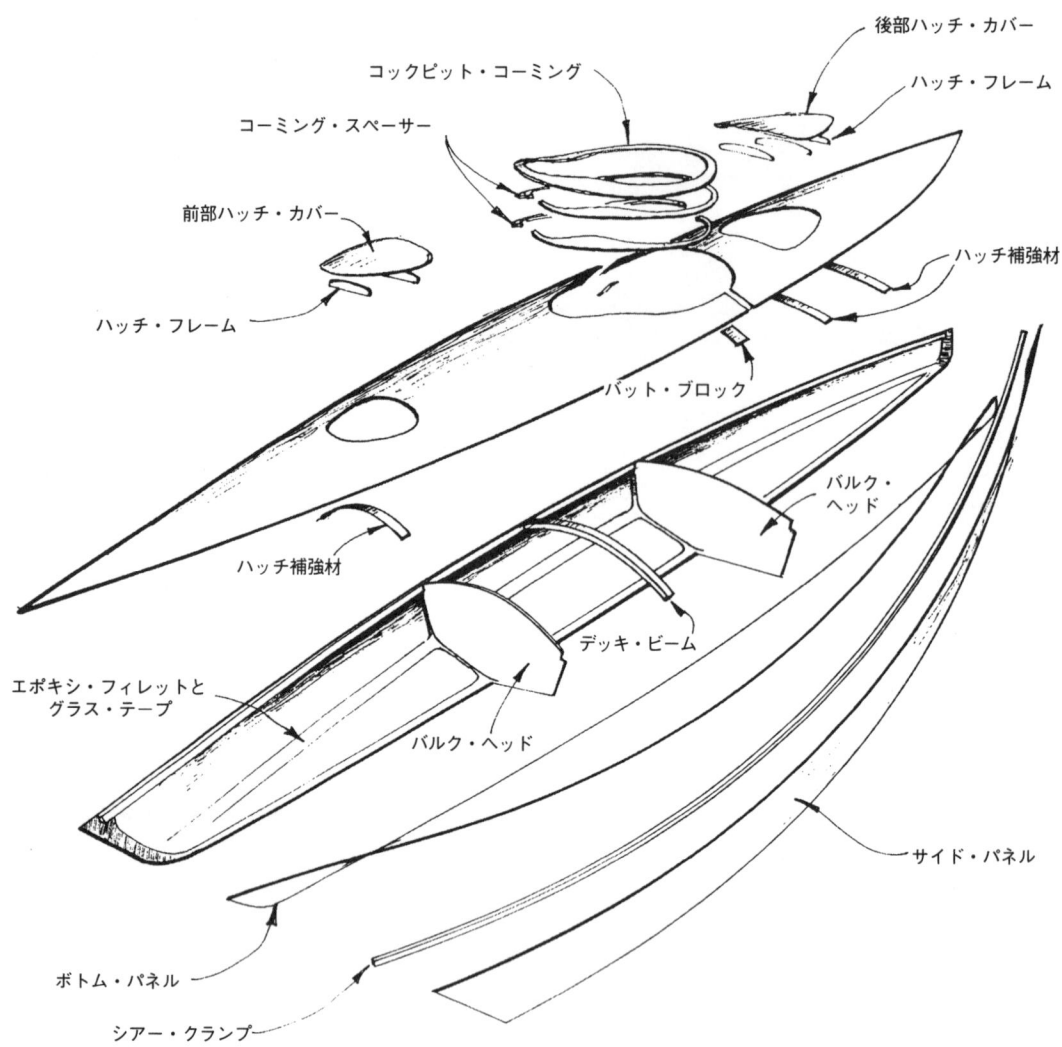

木製カヤックの部分と部品

　ウエストリバー180のようなマルチ・チャインのカヤックを好むパドラーもいる。彼らは少しでもパドリングの効率をよくするためなら、ハード・チャイン艇の操作性を犠牲にすることを厭わない。マルチ・チャイン・ボートは6枚か8枚、あるいは10枚のパネルで構成されたハルをもつ。これは実質的にラウンド・ボトムと同じと言ってよい。マルチ・チャインのハルは同じ大きさのハード・チャイン艇に比べて3％程度水に接する面積が少ない。これは水からの抵抗を約1〜2％減じるものである。一方で、多くのパドラーはマルチ・チャインのカヤックではハード・チャイン艇のような操作性やサーフィン能力が得られないと感じている。マルチ・チャインのハルはハード・チャインのハルに比べ、一次安定性が若干低いことがあり、ターンの際はより大きく傾ける必要がある。マルチ・チャインのボートは、より多くのパーツを必要とする分だけ、その製作は一層難しく時間もかかる。これは、継ぎ目が多いので、それだけファイバーグラス作業が増えるためだが、それでもほ

とんどの人にとって作れる範囲ではある。

効率を究極まで高めるためには、やはり、ラウンド・ボトムのボートにまさるものはない。例えばセバーンなど、真のラウンド・ボトムのプライウッド・カヤックのほとんどは、コンパウンデッド・プライウッド工法、ベント・プライウッド工法、ストレス・プライウッド工法、デベロップド・プライウッド工法など、様々な呼び方—実際のところトーチャード（捻じ曲げ）・プライウッド工法というのがもっとも言い当てていると思うが—で知られる工法を用いて製作されている。この工法は1960年代初頭にカタマラン艇のビルダー達と、カヤック・デザイナーのデニス・デイビスによって開発された。このコンパウンデッド・プライウッド工法は、2枚の薄いプライウッドを同時に曲げることによって、複合したカーブを形成するものである。これはバーチ・バーク（樺の木の皮）・カヌーの作り方の現代版と考えてもよいだろう。コンパウンデッド・プライウッドのボートでは、とても心地よいラウンド・ボトムの形状が得られることから、"オーガニック（生き物のような）"と形容されることもある。

現代のプライウッド・カヤックは、ハード・チャイン、マルチ・チャイン、ラウンド・ボトムのいずれであろうとフレームを必要とすることはまずない。これが軽量でシンプルな所以である。これらは、強度を維持するために内部部材ではなく大部分を外殻に依存するモノコック構造なのである。プライウッド・カヤックの多くは、私のデザインしたものを含めて、ハルの作成工程で型やジグを必要としない。現在、プライウッドは簡単かつ確実に曲げることができるので、スチーム・ベンドや水（お湯）に漬け込むなどの特別な曲げ工法を必要としない。

現代工法による木製ボートの高い耐久性はエポキシ樹脂のおかげといってよい。主剤に硬化剤を混ぜることで、頑強な接着剤となり、これが凝固して硬く透明なプラスティックとなる。木材の表面に塗布すれば、エポキシ樹脂が木材の繊維に浸透し、同時に強い被膜となって、腐朽の原因となる水や菌類の胞子が侵入するのを防いでくれる。

必要なスキル

私は年に何回か1週間の講座を開いてカヤック製作を教えている。生徒の多くは木工の経験が全くなかったが、いずれの生徒もすばらしいボートを家に持ち帰っている。カヤックを作るのにエキスパートの木工技術者でなくてもよいのは間違いない。実際、数時間で必要な技術のほとんどは学びとれるものだ。手挽きノコやカンナ、ドリルのほか、基本的な道具の使い方はわかっているだろうし、差し金を使って長さを測るのもすぐにできるだろう。多分、もっとも習得が難しい技術は、はやる気持ちを抑えて、作業ごとに一呼吸おいては進み具合を確認するということだろう。

木工の経験が全くない場合、時間に余裕

ボート製作講座はカヤックを作るとてもよい方法で、たとえ木工初心者でもたった1週間で作ることができる。

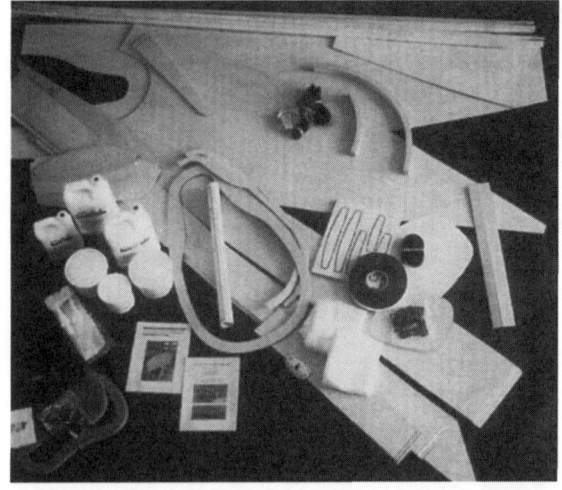

上：1週間の作業でも悪くない出来だ。この生徒たちはメリーランド州、セントミカエルのウッデンボート・スクールコースを終えたところである。
下：カヤック・キットは木工初心者が美しいボートを作るとても良い方法である。このパチュクセント・カヤックのキットはチェサピーク・ライト・クラフト社で製造されたものである。

がない場合、カヤック作りの技術をすぐに向上させたい場合には、カヤック製作やボート製作講座に参加してみてはどうだろうか。ボート製作の学校ではカヤックの講座を開いているところもある。大抵、講座の期間中に自分のボートを実際に製作することになる。有名なところでは、メイン州ブルックリンにウッデンボート・スクール（Woodenboat School）があり、自ら"木製ボートの総本山"と宣言している。キャンパスは美しい海岸線にあって、ここにはウッデンボート（Woodenboat）誌とプロフェッショナル・ボートビルダー（Professional Boatbuilder）誌のオフィスもある。1週間のコースの間、ほとんどの生徒は学校に寝泊まりしている。午後には学校所有のクラシックな木製ボートに乗って沖合の小島までセーリングやパドリングを楽しんでいる。休暇の過ごし方としては最高ではないだろうか？

また近所のボート製作クラブを検討するのもよいだろう。米国では、各地に木工技術者や木製ボートビルダーの強力なネットワークが存在する。私は長年、ある伝統的な小型ボートの協会に入っていたが、ここのメンバーには3人のプロの木製ボートビルダーと2人の造船技師がいて、協会のメンバーには快く無料でアドバイスをしてくれた。加えて、私のいたクラブでは、製作テクニックのデモやツーリング、アマチュアとプロとの懇親会を開催していた。他のメンバーから必要な工具を借りることもできた。海事博物館はこのようなクラブやボート製作講座に関する情報の宝庫である。

自分自身のカヤックを製作しようとする時、いちばん難しいのは、何から手をつけたらよいのか

木製のカヤック

すべてのタイプのカヤックは設計図かキットの形で手に入る。ミル・クリーク13はパドリングもできるしセーリングもできる。

ということであろう。この本を開くことでその第一関門は突破だ。でも、ノコを挽き始める前に、この本を全部読んでおいてほしい。次に何をするのかを知っておくことで、実際に製作する時に、時間の浪費やトラブルはぐっと減るだろう。

Chapter 2
デザイン

　カヤックは最もシンプルなボートのひとつでありながら、これまで数千ものデザインが作られていて、それぞれに各人のための完璧なボートとしてのアイデアが盛り込まれている。カヤックを作る上で、まず最初のステップとなるのは、デザインを選んだり自ら設計図を引いたりすることである。経験豊かなカヤッカーならば自分の求めるものがわかっているかもしれない。一目見ただけでボートがどのように動くのか見極めることすらできるかもしれない。しかし初心者のパドラーは少々勉強が必要だろう。

　あなたが経験豊かとはいえない場合、まず決めなければならないのは新しいボートの使い方である。強風の中で岩だらけの海岸線をロング・ツーリングする計画はおありだろうか？

木製ボートのショーやシーカヤッキングのシンポジウムなら、いろいろな種類のカヤックを目にし、試乗する機会がある。できるかぎり多くのボートを漕いでみて、どのくらいまで漕げるか知っておくことだ。

もし、そうであれば頑丈なボート、そして十分な技量と豊富な経験が必要となるであろう。また、レースに出るとか、他のスポーツのトレーニングとして使うかもしれない。その場合、長く、細身

上：いまでもプロトタイプはデザインの成功の鍵である。ここはチェサピーク・ライト・クラフトのプロトタイプ工房である。
下：キットメーカーのショールームを見学すれば、たくさんのデザインを間近に見ることができる。

の（ひっくり返りやすい）カヤックが必要だろう。また、私がやっているように、写真を撮ったりフライ・フィッシングをしたいのであれば、もう少し安定性が高く、かつ機動性のあるものを探すべきである。もし、辺鄙な場所へのキャンプ旅行—これぞシーカヤックの本領発揮である—を計画しているのなら、ゆったりとしていて航海に適したものが必要になるだろう。また、単に午後の時間を水上で過ごしたいというのであれば、かなり安定性のあるオールラウンドなシーカヤックがぴったりである。どんな場合においても、作る一艇を決める前にいろいろなボートを漕いでみる機会を利用すべきである。

カヤック、パドラー、水の三要素がどのように影響し合うか、そして、カヤックデザインの原理、これらについて多少知っていることは、賢明な選択をするのに役立つであろう。カヤックデザインは科学ではない。アート、直感、そしてエンジニアリングが入り交じったものである。これは、新しいデザインにとりかかる時、いつも実感することだ。自分でボートの図面を描いた時であれ、他人の設計したボートを作っ

た時であれ、いつもその出来映えには驚かされるところがある。なにはともあれ、あなたも経験と理論が結びつくようになってくれば、自分にぴったりのボートをかなり上手に選択できるようになるだろう。

艇長

通常、最初に検討するのは艇長である。カヤックの艇長は、最高速度、安定性、そして積載能力を決定する大きな要素である。実際には、すべてのボートには区別して考えねばならない2種類の艇長がある。一つは全長：LOA（Length Over All）で、これはバウとスターンの最も離れた点の間の長さである。より重要な艇長として喫水線長：LWL（Length on the Waterline、喫水線上の長さ）がある。これは標準荷重をカヤックに載せたときに水に浸かる部分の両端の距離である。

艇長による影響のほとんどはLOAではなくLWLの長さで理解できる。LWLよりもLOAが非常に長いボートは、オーバーハングが大きい、と言う。オーバーハングの大きなバウやスターンは、装飾的な理由でデザインに付け加えられていることがしばしばある。パドラーの中には、オーバーハングの大きなバウはラフウォーターで効果があるという人もいる。しかし、それほど大きなオーバーハングにしなくても、バウの体積を増やすことで同様の効果は得られるのである。オーバーハングの大きなもの、特に過度に反り上がったものは、側面の面積がかなり大きくなるため、強い風の中での取り扱いがより難しくなる。

ほとんどのパドラーはボートの最高速度が艇長に関係していることを知っている。ボートが先端で水を裂くときにはバウ波が発生し、後端では再び水がぶつかってスターン波が発生する。波に対してより早く移動するためには、これらの波が十分に離れていかなければならない。ボートの理論上の最高速度であるハル・スピードは、おおまかにいってLWLのルートの1.34倍ノット（1ノットは1.15mil／時≒1.85km／時）となる。ここで、「私の17フィートのカヤックは5ノットしかでないのに、フレッドおじさんの17フィートのモーターボートは50ノットも出るのはなぜ？」と誰かさんが私に問い合わせの手紙を送ってくる前に説明しておきたいのだが、このルールは水面を滑走するハイパワーボート―この種のボートについては説明できない―には適用はできない。現実には、サ

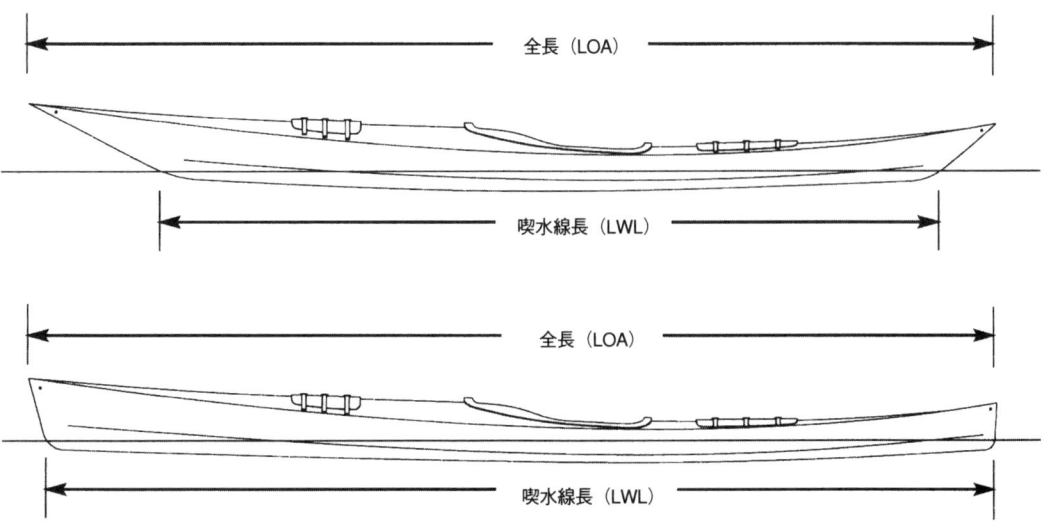

喫水線長（LWL）は全長（LOA）と同じではない。

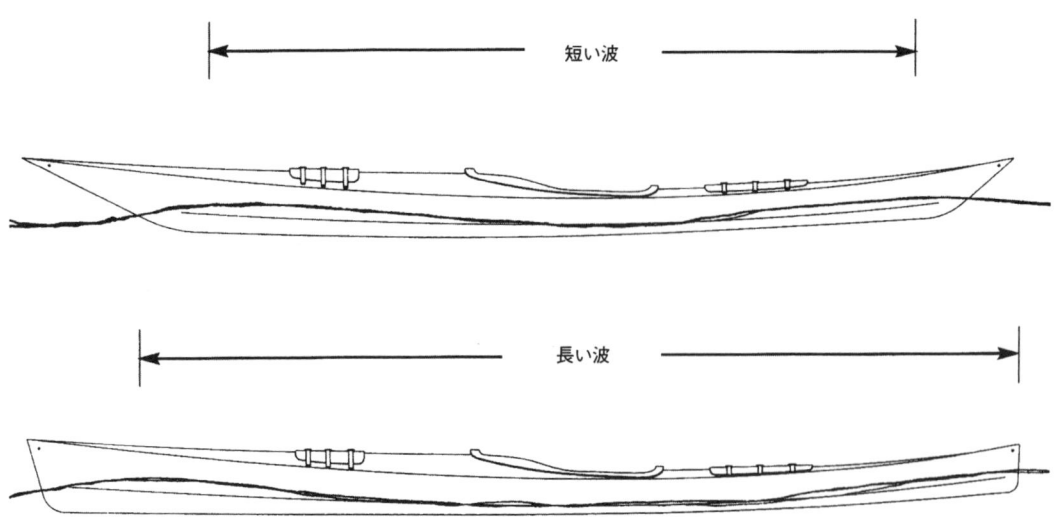

喫水線長は、バウ波とスターン波の間の距離、すなわちボートのスピードを決定する

ーフィンで波を下っている時などはカヤックでも短い時間ならば極めて高いスピードが出るし、静水などでも多くの細い船体を持ったボートと同じように理論値より若干高速に進むことができる。

　どうも艇長がスピードを決定する重要なファクターであると強調され過ぎるきらいがあるようだが、理論値であるハル・スピードを語る前に、たった¼馬力程度しか出すことができない私達パドラーにとって、まずは全力で打ち勝たなければならない全体の抵抗こそが最高速度を制限する要因なのである。カヤックのLWLが17フィートかそれくらいになると、よほどパワフルなパドラーでない限り、艇長によって稼ぐことのできる速度はほんの微々たるものだろう。確かにレーシング・カヤックなどは20フィートのLWLを持つものもあるが、私達が自分のカヤックを漕いでハル・スピードに達することはまずない。それどころか、ハルが長い分、余計に浸水面積が大きくなり、低い速度でも力が必要になってしまう。

　カヤックの長さによって得られる利点は、単にスピードだけではない。艇長以外はおなじデザインの2つのカヤックを比べた時、長いものの方が短いものに比べて幾つかの長所があることがわかるだろう。長いボートは大きな波に対しても激しくピッチング（縦ゆれ）することはなく、短いものよりも安定している。また、容積が大きいので、より多くのものを積むことができる。さらに、長いボートはトラッキング、すなわち直進性がよい。これに反して、同じカヤックを比べた場合、長いものほど機動性は損なわれるし、作るときにはより多くの材料を必要とし、また重く高価なものとなる。さらには、長いボートほど保管、輸送が難しくなってしまうのだ。シングルのシーカヤックではLWLが15から18フィートのLWLが理想的なようだ。二人乗りのシーカヤックとしては17フィートから21フィートのものがベストである。静水用のカヤックではより短く幅の広いものが典型的である。

ビームと横断面

艇長の次は、ビーム、すなわち艇幅を検討することになるだろう。ビームも艇長と同様、カヤックの容積、安定性、速度に影響する。ここでも喫水線での幅と全幅の両方について考慮しなくてはならない。ビームに大きく関連してくるのがハルの横断面の形状である。これは、ラウンド・ボトムかVボトムかフラット・ボトム、またはこれらの複合したものとなっているはずだ。

幅広のボートは一般的により安定していると考えられている。これは間違ってはいないが、常にではない。安定性には二種類あって、初期安定性と走行安定性である。後者は二次安定性とも呼ばれて

左のカヤックは右側に比べて初期安定性が低く容量が少ない。しかしながら、浸水表面積は小さい。

いる。初期安定性については、喫水線ビームの大きなローボートやフラット・ボトムのカヤックが典型的な例だが、この初期安定性が高いボートは、ぐらぐらするとか傾きやすいとか感じることはないが、あまり大きく傾けると前触れなくいきなり転覆してしまう。高い二次安定性をもつボート、例えばハルの側面が高く張り出したカヤックでは、最初は傾きやすいのだが、傾きが増すにしたがってハルが水没する部分が増え、転覆しようとする力に対する抵抗が大きくなる。実際には、熟練のパドラーはこの初期の傾きやすさを利用している。ボートが容易に傾くことによって、ターンの際や荒れた海で艇をコントロールしているのである。ラウンド・ボトムやVボトムのボート、そして喫水線幅の小さいボートは、ふつう初期安定性が低い。また、側面の張り出したボートや容積のあるボートでは、概して高い二次安定性がある。

どのようなボートにも言えることであるが、安定性を増やすよい方法は、ビームを大きくすることではなく、重心を低くすることである。カヤックのシートを1インチか2インチ下げることによって劇的に安定性が増すものである。カヤックのすべての重量は可能な限り低い位置に置くべきで、カヤック自体の重量もそうであるし、シートもその例にもれない。

短いカヤックは、積み荷のスペースを確保するため幅広になり、このため最高速度は低く抑えら

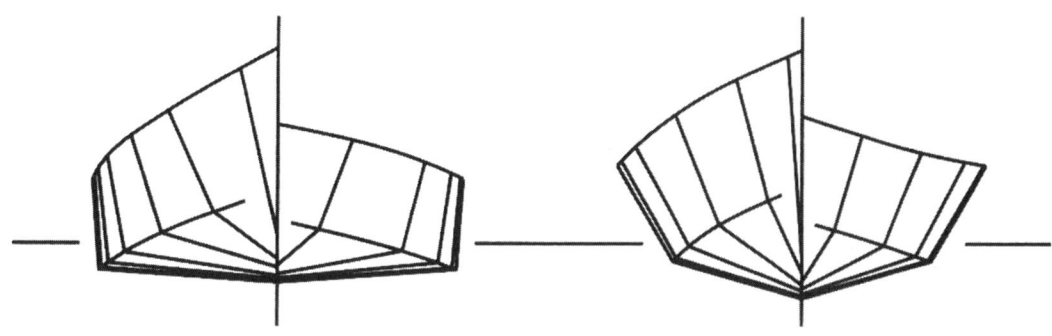

左のボートは高い初期安定性をもつが二次安定性は低い。右のハルは低い初期安定性を示すが二次安定性は高い。

れることとなる。ビーミーな（幅広の）カヤックは通常、細身のものに比べてスピードも遅い。さらに、通常の長さのパドルでは幅の広いカヤックのガンネルにぶつかってしまうこともある。幅広なカヤックには直進性のよくないものもあり、デザイナーが試しに既存のデザインをアレンジして幅と長さを小さくしてみるくらいのもので、あまり魅力はないかも知れない。1人乗りのカヤックでは21～25インチの幅が妥当である。この幅なら、居心地のよいツーリングに必要な初期安定性が得られるし、エスキモー・ロールをするにも十分な細さだ。二人乗りの場合には、ロールする必要がないので、36インチ程度の幅でよいだろう。リクリエーション用途の静水用カヤックなら、さらに幅は広くてもよい。例えば、ひとり乗りで30インチ、二人乗りでは40インチにしてもいいだろう。

浸水表面積（Wetted Surface Area）

浸水表面積とは喫水線より下にあるハルの表面積のことである。低速で走行する場合、前進することによりハル表面に働く抵抗は、前進に伴って発生する波による抵抗よりも、大きな抵抗となる。このため、理論的にはハル・スピードが高いはずの細く長いボートでも、浸水表面が大きいと、結局は浸水表面を最小化した幅広で短いボートよりも、低速でのパドリングではよりエネルギーを使うことになってしまう。パドラーは、より高いスピードを出すことができると思って長い艇を買うことがある。確かに短い間ならばそれも可能だろうが、通常のツーリングの速度では、浸水表面の小さく短いボートよりも結局は遅くなってしまうだろう。

左の長く痩せたボートは明らかに右の短く幅広のボートよりも速いが、実際、短いボートの方は低速から中速まで簡単にパドリングすることができる。両方のボートがほとんど同じ容積と積載量をもつのは興味深い。

浸水表面積を非常に小さくしたボートの横断面は半円形に近くなり、同時にこのようなハルでは初期安定性が非常に低くなる。極端な場合、例えば静水用のレーシングカヤックなどは、エキスパートのパドラーしか操ることが難しい。ツーリングカヤックのハルは、初期安定性を増すために平らにすべきであるが、同時にこれは、浸水表面積も増やすことになる。ハード・チャイン艇やフラット・ボトム艇は、マルチ・チャイン艇やラウンド・ボトムのものに比べていくぶん浸水表面積は大きくなる。それでも、前者は積載能力が高く扱いやすいので、ロング・ツーリングにはより向いているといえよう。

柱状係数Cpとハル形状

ボートのビームと断面形状に関係するもう一つの測度として柱状係数Cpがある。カヤックのCpは、ハルの膨らみ具合や艇端の尖り具合を示すものである。高いCp値をもつボートでは、容積は長さ方向に分散していて、艇端が膨らんだ形に

なっている。低いCp値をもつボートでは、容積は中心付近に集中していて、細く尖った形の艇端になっている。Cpは排水容積（ボートによって押し退けられた水の体積）と、LWLを高さとし、喫水幅が最大の部分の横断面を底面とする柱の体積との比で表される。

ほとんどのカヤックは0.48から0.56のCpをもつ。この値の大事なところは、膨らんだ艇端をもつボート、つまりCpが高いものは、バウ波とスターン波をハル端からより遠くに押し出す傾向があるということだ。これらの波が互いに遠くになるほど艇は早く進むことができるのである。もちろんCp値があまりに大きいと、この波が大きくなり過ぎて、波を押し出すために非常に大きなエネルギーを必要としてしまう、つまり艀（はしけ）を曳いているようなものだ。艇端のするどく先細りしたカヤック、つまりCp値が低いものは、バウ波とスターン波が互いに近くなり過ぎるため、艇長を活かして高いハル・スピードを達成することができない。しかしながら、このようなボートは中低速では非常に効率がよい。昔は多くのデザイナーが実際にカヤックのCp値を計算してはおらず、経験と確かな目に頼って艇端のほどよい膨らみ具合、絞り具合を決めていた。しかし今日では、コンピュータ・プログラムによって、Cp値や他の係数を計算したり微調整したりするのは簡単な作業になっている。

また、カヤックが水面下に入ってしまわないよう艇端には十分な浮力がなければならない。Cp値の低いボートは、切り立った波の中をパドリングする時に艇端が波の下に潜り込む傾向がある。この傾向は追い風でのパドリング時に艇を横に向かせてしまう結果となってしまうだろうし、その他の状況下でも艇のコントロールを困難にする。このようなボートでは、ハルを張り出させて喫水線上の容積を増やすことで浮力を確保しておくべきである。

デザイナーはまた、ビームが最大となる場所を決めなくてはならない。最大ビームが全長の真中もしくはその近辺にある場合、ボートはシンメトリカル・フォームと呼ばれる。最大ビームが中心部分よりも前にある場合をフィッシュ・フォーム・ハル、後方にある場合をスウェード・フォーム・ハルと呼ぶ。

フィッシュ・フォーム・ハルとシンメトリカル・ハルはスウェード・フォームに比べ効率がよいと考えられているが、その違いは、あったとしてもほんの少しである。現代カヤックはほとんどがスウェード・フォームのように見える。バウのオーバーハングは通常スターンのオーバーハングに比べて非常に大きいので、シンメトリカル・フォームの喫水線上の最大ビームは全長の中心より後ろにくることになり、スウェード・フォームのように見えるのである。パドリング時のデッキとパ

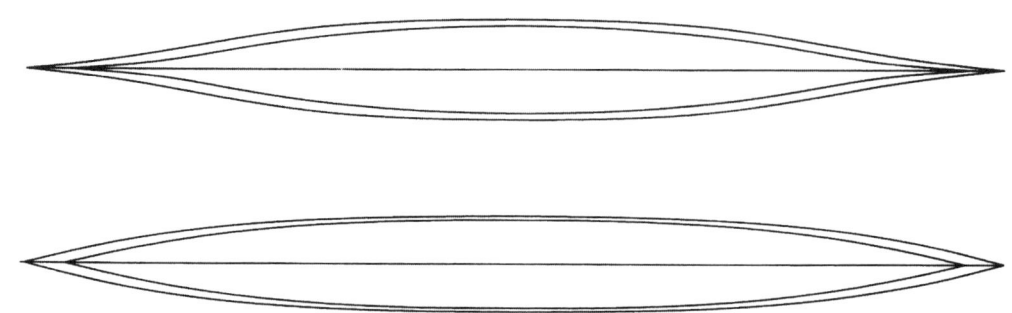

低い柱状係数（上）と高い柱状係数（下）のボートの喫水線形状

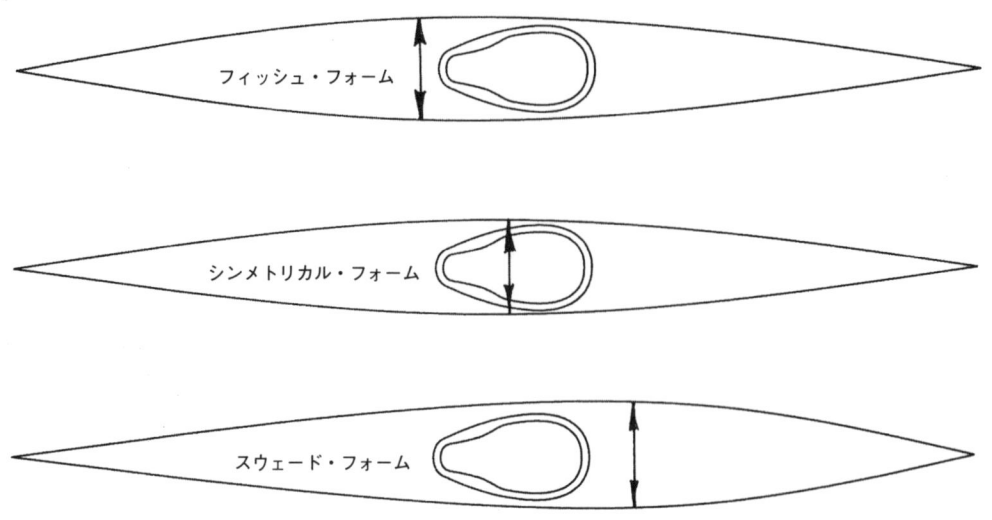

最大ビームが前方にあるものを、フィッシュ・フォームのハルと呼ぶ。最大ビームが真中にあるものはシンメトリカル・フォーム、後方にあるものはスウェード・フォームと呼ぶ。

ドルの間隔がとりやすいため、最大ビーム部分をコックピットの後方に配置することを好むデザイナーもいる。また、パドラーの多くもスウェード・フォームの外観を好んでいるようである。

容積

　カヤックの体積はガロンやキュービックフィートで表されることもあるが、単に、大・中・小程度で表記されることが非常に多いようだ。容積はカヤックの全長、ビーム、Cp、そして深さ（depth）—すなわちデッキ高—によって決まる。大容積カヤックとは、大量の荷物を積んだ上に体の大きなパドラーが乗れてしまうものである。長距離のツーリングではキャンプ用品や食料・燃料などを積み込む十分なスペースが必要になる。大容積のカヤックは、たいがい中・小容積のカヤックに比べて重く遅いのだが、一方では水に濡れる心配も少なく心地よいパドリングができる。逆に強風の中では、水面から上の部分が大きいために、より背が低くて小容積のボートに比べてコントロールが難しくなる。

　積み込むつもりの荷物の重量も含めて、自分の体重にあったボートを選ぶことは非常に大事なことである。パドリング技術を向上させる最も簡単な方法の一つは、自分にぴったりのボートを選ぶことである。ボートがあまりに小さいと、着座位置が水面に対して低くなりすぎ、ターンやコントロールが難しくなる。これでは動きは鈍くスピードも遅く感じるし、常にデッキが波で洗われることになる。また逆にあまりに大きなボートでは、風の強い日にはあおられて、まっすぐ進むこともままならない；風見鶏のように回って横を向き、ロールするのはさらに難しくなるだろう。

　自分のカヤックを自分自身で作ることの利点の一つは、完璧にフィットしたモデルを選べることである。プラスティック・カヤックのメーカーでは、そう多くのモデルに資金を投入することはで

きないため、個々のモデルについて体重が100ポンドから250ポンドのパドラーに合ったモデルといっているのであろう。しかし、よくできたカヤックというものは、適合する体重の範囲が相当に狭く—たとえば50ポンドから75ポンドといった具合に—なるものである。ある木製ボートのデザイナーは、紙型やコンピュータのファイルからモールド（フネの型）を作成しており、一つのデザインに対して三つのサイズを用意することで100ポンドから250ポンドの範囲をカバーできるようにしている。

ロッカー

ロッカーとは長さ方向に沿って全体的に反りあがったキールラインの曲線形状のことをいう。明確なロッカーをもったカヤック、たとえばホワイトウォーター用のカヤックを平らな床に置くと、その中心部分は床につくが、艇端は（喫水線で）数インチ持ち上がる。このようなボートは、簡単にターンできる反面、真っ直ぐに進むことが難しい。ロッカーのない艇を同じように床の上に置くと、ほとんどの部分が床に接する。この場合、ターンが難しい反面、簡単に直進することができるのだ。トラッキング、つまり風や波の影響があってもまっすぐにコースを維持することは、ツーリングやシーカヤックではターンすることよりも一層重要である。トラッキング性能とターン性能をうまく設定するために、ほとんどのシーカヤックでは1インチから3インチの小さなロッカーを取り入れたデザインとなっている。より長いボートやV字型のハルを持つボート、艇端の尖ったボートは、トラッキング性能を犠牲にすることなくロッカーを大きくすることができる。ロッカーによって波がある時のボートの操作性が向上する。よくある誤解として、ロッカーが大きいと艇速が遅くなってしまうというものがあるが、実際、最近の静水用レーシングカヤックにはかなり大きなロッカーがついているものも多い。

バランス

船乗りがよく使う言葉で、ボートにウェザー・ヘルムとリー・ヘルムがある、というのがある。これらの用語はボートの特性を表すもので、風を横切って真っ直ぐのコースを取る時に、風上に向くか風下に向くかを示している。カヤックにとってこういった傾向は、パドリングを難しくするばかりか危険をともなうこともある。ほとんどのカヤックはウェザーコックしやすい、すなわち風上を向きやすい傾向がある。風や波に対してフネを立てることは、荒れたコンディションを乗り切る

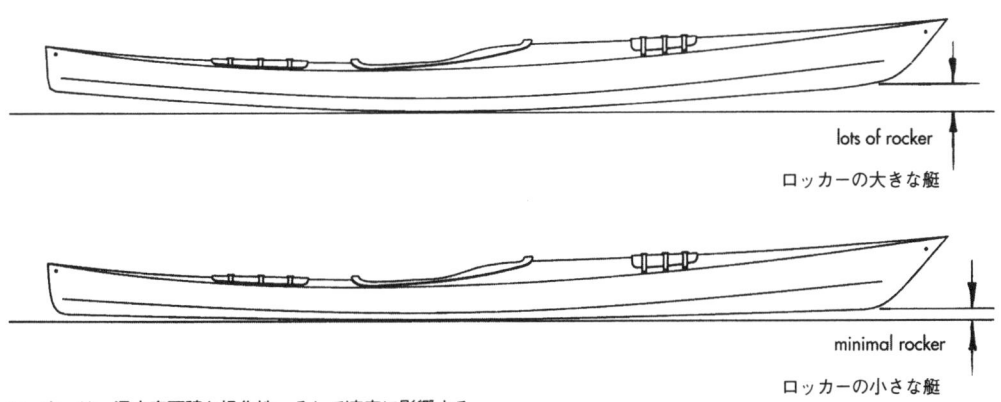

ロッカーは、浸水表面積と操作性、そして速度に影響する。

もっとも簡単な方法なので、ウェザーコックしやすいことは安全な特性と考えることができる。パドリングに耐えきれなくなったり疲れ果ててしまったとしても、ボートがこの方向に向いてくれれば、一休みして体力が回復する時間を稼ぐことができるであろう。不幸なことに、カヤックの中にはウェザーコックの非常にきついものがあり、この種の艇はラダーやスケグを備えてでもいないかぎり、ごく弱い風の中以外では漕ぐことが難しい。非常に稀ではあるが、風下に向く艇があり、これは危険なものである。私ならこのような艇では、海岸まで泳げる範囲より沖ではパドリングしたりしないだろう。

このように良いバランスの艇を設計することは、カヤック・デザイナーが直面する厳しくやりがいのある仕事の一つである。ボートのバランス、それは変化する風の状態、艇の速度、そしてパドラーの体重といった要素に左右される、まさに動く標的を狙うようなものである。デザイナーは、どんな時でもパーフェクトとはいかないまでも、大抵の状況において十分に吟味された良いバランスのボートを設計するよう努力しなければならない。

ラダーとスケグ

シーカヤッカー達とラダーについての話題で話していると、こんな極端な意見を耳にすることもあるだろう。「男なら（女なら）ラダーなんてものは必要ないさ。フットブレイスがスライドしてたんじゃロールなんてできないし、そもそもイヌイットはラダーなんて持っていなかったんだから。」などと言う者がいるものだ。でも、たぶん他の意見はこれほど極端ではないだろう。たとえば、「バハにいった時のことを思い出すよ。3日間ずっとスターンが斜め後ろから風にあおられながらの直進だった。たしかにあの時はラダーが付いていればよかったと思う。」という具合に、長距離のツーリングをするパドラーは大抵ラダーの効果を評価している。

強い風と波の中でラダーの効果は計り知れない。ベスト・バランスな艇でさえ状況によってはウェザーコックのきついことがあるし、高波と斜め後ろからの風の吹く海上ではすべてのカヤックがブローチ（横を向く）しやすい性質を持っている。こういった特質は数時間なら対応するのも難しいことではない—片方のパドリングを何回か増やしたり、リーン（艇を傾ける）とスウィープ（水面を大きく掃くように掻く）をすればよい—しかし、丸一日あるいは丸一週間もこれを続けたなら、風下側の腕はもうガクガクになってしまうだろう。ラダーは二人乗りの艇や重積載のシングル艇では特に役に立つものである。

適切なハンドリングを得るためにラダーに頼らざるを得ないような艇は安全とはいえない。ハルの設計のまずさをラダーで補うようなことはするべきではないのだ。近年ではラダーの信頼性もはるかに向上してきてはいるが、絶対に壊れないとはいえない。ラダーはあくまで便宜上のものであって必需品ではないことをよく考えるべきである。

固定やアジャスタブルのスケグもまた、荒れた海面でボートのバランスをとるためによく使用される。スケグはスターンの下に取り付けられた小さなフィンで、トラッキング性能を向上させ、ちょうど矢についている矢羽根によく似ている。ホワイトウォーター用カヤックのように、トラッキング性能を重視して設計されていない艇にスケグを付けることによって、ホワイトウォーター以外での操作性を大きく改善することができる。シーカヤックでは固定スケグを付けることによってトラッキング性能が良くなりすぎてしまい、かえって操作を難しくしてしまう。この場合には、ハルの中に格納できるスケグが向いている。このアジャスタブルなスケグは、コックピットまで引かれたラインやワイヤーによって上げたり下げたりする。この利点としては、ラダーやフットブレイスのスライドといった複雑な操作なしに、パドラーが必要なだけボートバランスを変えてトラッキング性能を向上させることができる点である。しかし、スケグはラダーほどの効果は期待できないし、カーゴルームのかなりのスペースをスケグの格納部が占めてしまう。長距離ツーリングをするパドラーには、ラダーの方ががよい選択であろう。

デッキとコックピット

デッキはカヤックのデザインで不可欠な部分である。これによってハルは剛性と強度を大幅に増している。デッキには十分なキャンバー、つまりパドラーのひざや足、そして荷物を収納できるだけの十分な湾曲がなければならない。キャンバーは、カヤックの容積を増やすとともに、デッキにかかった水を素早く排除してパドラーが濡れにくいようにしている。船首デッキにキャンバーのついたものや上部の尖ったものはエスキモーロールがしやすい。しかし、デッキが高すぎると、空気抵抗が

キャンバーのついたデッキは、フラットなデッキや複数のパネルからなるデッキよりも強く、格好もよいし作るのも簡単だ。

増えて悪天候での操作は一層難しくなる。船尾デッキが高いと、ロールするときに後ろに倒れ込みにくくなる。

　プライウッド・カヤックの中には、キャンバーではなく平面で構成されたデッキをもつものもいくつかある。そのようなデッキは大抵、オイル缶のように曲がりやすい。そのほとんどは、カーブしたデッキを作るよりも簡単だろうという思い込みから生じたものだが、キャンバーのついたデッキを作る方が簡単なことが多いし、大抵はより軽く強いものができる。

　カヤックのコックピットはパドラーにフィットしていなければならない。すなわち、体にぴったり合うと同時に、居心地のよいものでなければならないのだ。コックピットの開口部は、パドラーが素早くかつ効率良く出入りできるようにしなければならない。だからといって、パドラーがデッキの下で膝を突っ張ることができないほど広く長いものであってもいけない。鍵穴型のコクピットがよく用いられるのは、簡単に乗り降りができる十分な長さを持ちながら、同時に膝を突っ張るスペースが得られるからである。

　シーカヤックのコーミングは、水上でのリエントリー時に座ることを考えると、十分に強く、また低い位置になければならない。もしカヤックを主に使うのがスプレースカートなど必要のない穏やかな水上ならば、コーミングを高くしてパドラーが濡れにくくするのもよいだろう。このような条件のもとなら水上でのリエントリーはめったにしないであろうし、コーミングはそれほど頑丈にする必要はない。

デザインの選択

　デザインを選ぶときは、どんなデザインでも妥協の産物であることを忘れてはならない。特定の用途に特化したボート—例えば非常に速いボートであるとか大量の荷物を運ぶためのボートなど—をデザインするのは比較的簡単なことである。しかし、いくつかの用途をこなすものを設計するとなると、これは芸術の域である。

　新しいデザインについては、これまで自分がパドリングしてきたカヤックと比較してみれば、どのくらい自分に合っているかを公平に判断できると思う。しかし"数字"に惑わされてはいけない。1インチや2インチ長いとか、0.5インチロッカーが大きいなんてことは、漕いでいてわかりはしないのだから。デザインが90％納得できたら、組み立てて海にでかけよう。

　何よりも、かわいいボートほど良いボートであると私は思う。新しいデザインのボートを見ても、心が動かされない—砂浜に横たわっている姿を眺めていても、笑みがこぼれない—というのであれば、それはあなたに適したボートではないのである。

設計図かキットか？

　最近のカット済みカヤック・キットは、質が高い上に手に入りやすいので、新しいカヤックの製作を始めるのに、設計図からにするかキットからにするかは、大いに迷うところである。通常、キットを購入した場合、設計図と材料を注文してボートを製作するよりも20％ほどコストがかかるので、最初から作ると100ドルから150ドルは節約することができることになる。材料がすべて近くで手に入るなら、送料を節約できるのでもう少し安く上がるが、（アメリカ）北西部や北東部の大きな町に住んででもいない限り、結局少なくともいくつかの部材を注文するはめになってしまうだろう。たぶん、マリングレードのマホガニープライウッドについては、注文になるか、近くの卸売業者に割高な料金を払うことになってしまう。

　キットから作る利点は多い。すべてのパーツはあらかじめカットしてあるので大幅に時間を節約で

きるし、スカーフ・ジョイントのやり方を習得する必要もない。また、デッキ・ビームもあらかじめ積層してある。そしてもう一つ、キットには"安心"がついてくる。各部品は正確にカットされているのがわかっているので、「きちんとカットしたはずなのに、あの部品はなんだかおかしいな……」などという疑念に煩わされることもなくて済む。しかし、ほとんどのアマチュアビルダーがキットを選ぶ理由は時間的な理由によるものであり、多くのプロフェッショナルビルダーも同じである。顧客のためにボートを作る時にはキットから始めているのだ。

しかしながら、いつもキットだけが選択肢ではない。できるだけ早く自分のボートを進水させたいというのが目標だったり、自由になる時間が限られているとかいうのなら、たぶんキットから始めた方がいいだろう。一方で、多くの設計にはキット自体がないものも多いのが事実である。また、ボート製作の工程をできる限り習得したいというなら、それは設計図から始めるべきである。多くのビルダーは、パドリングするのと同じくらいボートの製作も楽しんでやっている。数枚の紙から始まって最後にはボートが完成するというのは、なんとも愉快なものである。こういったビルダー達にとっては、キットなど単に彼らの楽しみを奪ってしまうものにすぎないのだ。

設計図

ボート製作でもっとも喜びを感じることの一つは、どのボートを作るか決定することである。設計図にキットのカタログ、ウッデンボート誌、シー・カヤッカー誌やメッシング・アバウト・イン・ボート(Messing about in Boats)誌のバックナンバー、そしてデザイナーのウェッブサイトを眺めて楽しいひとときを過ごすことができる。しかし、遅かれ早かれ、小切手を送って、キットの箱を開けたり設計図を広げたりすることになる。ボート作りに慣れていないと、設計図は複雑に見えて面食らうかもしれないが、ほとんどのボートの設計図は同じスタイルで描かれており、どれか一つを読んでコツをつかんでしまえば、他のものもこの本を読むぐらい簡単に読めるようになるだろう。

設計図の見方

伝統的に、小型船舶の設計図には3つの視点が用いられている。プロファイル(profile)はボートの側面図、ハーフ・ブレズ(half breadth)、またはデッキ・プラン(deck plan)はボートの上面図である。そしてボディー・プラン(body plan)、またはセクションズ(sections)とよばれるのは前面図と背面図を合わせたものである。これらの図の上には、地図の等高線とよく似た—実際、同じ目的で用いられている—ラインが描かれていると思うが、これらはボート・ラインとよばれている。ボートビルダーは、このようなラインから寸法を取ってこれを実物大に拡大する、ロフティング(lofting)と呼ばれる伝統的な方法を用いている。これらに加え、デザイナーの多くは、いくつか特定の横断面において中心線からハルの端までの寸法を表にしたものを用いている。この横断面をステーション(station)と呼び、この表のことをオフセット表とよぶ。オフセット表により、ロフティングの作業はより手早くスムースに行なうことができる。

ここまで聞いて、やっぱりカヤック作りよりボウリングにしようかしら、と悩み出した人はちょっと待ってほしい。よい知らせがあるのだ。アマチュアビルダー用に書かれた設計図のほとんどは、パーツのサイズがすべて記入済みで、ロフティングやオフセット表は必要がない。さらに、シートやフットブレイス、バルクヘッド、コーミングなどは原寸大の型紙まで入っているものがたくさんある。とはいうものの、ハルがどのような形になるかを知るためにも、ボート作りを始める前にボート・ラインについて勉強しておくことは大切である。

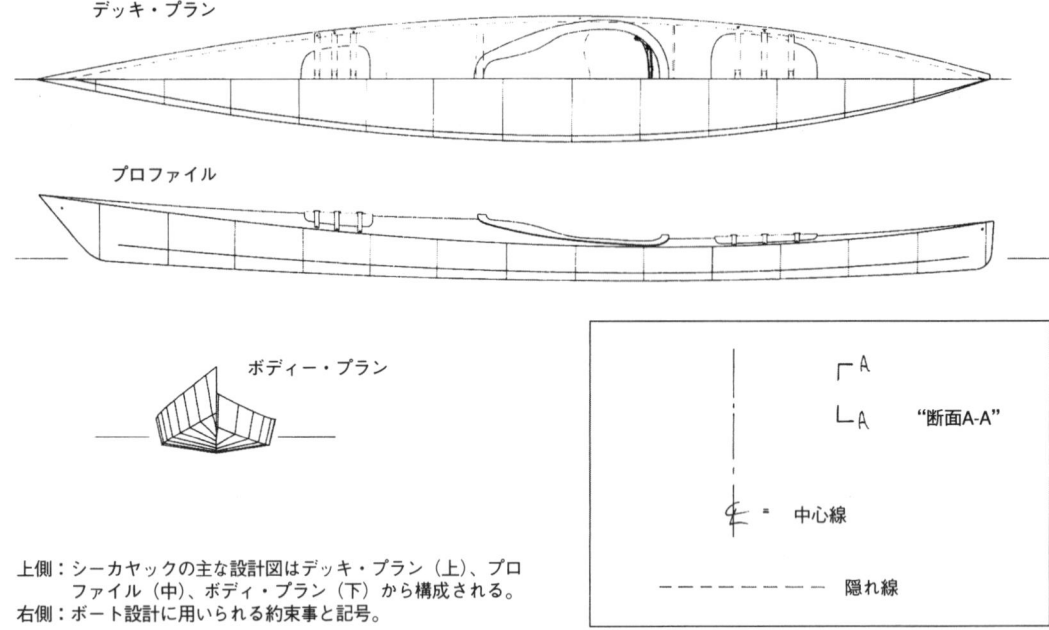

上側：シーカヤックの主な設計図はデッキ・プラン（上）、プロファイル（中）、ボディ・プラン（下）から構成される。
右側：ボート設計に用いられる約束事と記号。

　上にあげたようなボートを記述する主な視点に加えて、設計図にはいくつか違う視点から書かれたものがあるが、これらはより詳細な部分の説明である。こういったクローズアップの図は、ボートの各部品がどのように組み合わされるのかを理解するためのもので、説明は不要だろう。それらは通常、シートやハッチ、フットブレイス、そして主要図に載せたのでは見にくくなるような、その他細かい部品のスケッチである。

　また、設計図に加えて、スキャントリング（scantlings）とか材料明細が必要になってくるだろう。スキャントリングとはボートのパーツを作る材料の詳細を示すもので、材料明細は組み立てに必要となる材料をすべてリストしたものである。カヤックの設計図に両方が合わせて記載されていることもあるし、スキャントリングは組み立て説明書の方に記載されていることもある。材料明細はきちんと吟味しておいた方がよいだろう。そうすれば、もう一つの大事な明細、そう、材料費の方の明細にも見当がつけられるというものだ。

　場合によってはハル・パネルのフルサイズの設計図が見たくなることもあるだろうが、これはやめておこう。現代の印刷技術では、8フィートから20フィートもの長さの図面を安価に手に入れようとすると、どうしても精度が悪くなってしまう。紙のシートの末尾がプリンターのローラーから出てくるまでに、図面が数インチはゆがんでしまうのだ。チェサピーク・ライト・クラフト社でも私の設計図をフルサイズで出版してみたことがあったが、そのときには顧客達からハル・パネルがずれて合わないというお叱りの電話をいただいた。経験のあるビルダー達によると、16フィートのパネルをトレースするために床の上を這いずりまわるのは時間の無駄で、単純に縮尺図から割り付けた方がずっと楽だということである。

　Chapter5にカヤックの設計図を3種類掲載してある。これらの設計図では、他の本や雑誌の設計図と同じように、原寸図を紙面に合うように縮小しているため、詳細な部分は見えないところもある。製作するカヤックが決まったなら、デザイナーやカタログから設計図をフルセットで購入しておいたほうがよいだろう。本や雑誌に掲載された設計図でもボートを作ることはできるのだが、原寸の

図面と説明書が手元にあると、時間の節約になるし、不安もなくて済む。特に初心者には言えることだ。それに、ボートが出来上がった時には、こんな数ドルの出費など忘れていることだろう。

設計図の変更

パドラーならばだれしも自分の理想のボートというものがあると思う。ボートを自作することの利点は、そこにあなたの好みや要望を取り入れることができるということである。よく考え抜かれた上での設計変更ならば、それ

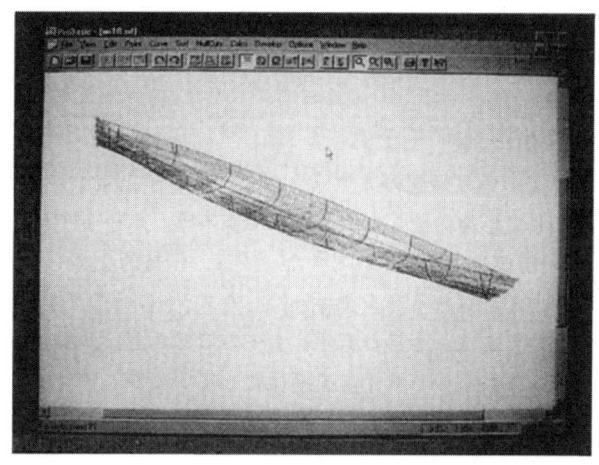

今日では木製カヤックのほとんどは洗練されたコンピュータプログラムでデザインされている。

はあなたのパドリングスタイルに合った理想のボートとなるだろう。しかし、変更を決める前に、そのデザインにはデザイナーの深い考えや経験が注がれていることをよく考えておいてほしい。これからしようとしている変更がカヤックの強度に影響しないかどうかをよく考えてみよう。海上での利用に耐えるだろうか？

例えば、もしコックピットをもっと大きくしようと思っているなら、それでボートの剛性を失いはしないだろうか？ それに合うようなスプレイスカートはあるだろうか？ また、ボートの強度をもっと上げようと思ってハル外皮の板厚を増やそうとしているかもしれないが、厚い板ではデザインどおりのハル形状にならないかもしれない。この場合の解決策は、船底にもう一枚ファイバーグラスを積層することだろう。もしもあなたがしようと思っている変更が大きなものになりそうだったり、ボートの強度への影響に不安がある時には、デザイナーに問い合わせてアドバイスをもらうのがよいだろう。

独自のデザイン

もし十分に時間をかけて勉強する意思があるならば、経験をつんだパドラーの多くは、自分のカヤックをデザインすることが可能である。もしあなたが自分のデザインを試してみようと決めたのなら、まずは既存のデザインの中からあなたの好きなものを選んで、ゆっくりと時間をかけて自分の仕様に合うように書き直してみてはどうだろうか。白紙の状態からデザインを始めるのはあまりにも難しすぎる。少なくとも数艇のボートを作った経験を持つまでは、私にはお薦めできない。

コンピュータ・デザイン・プログラム（CAD）は、計算値の算出やハル・パネル展開図の製作を劇的に簡単にこなしてくれて、カヤックをデザインするには理想的なツールである。シェアウエアの中にも、趣味でカヤックの設計をしている人達になら十分といえる機能を備えているものがいくつかある。プロ用のソフトウエアでさえ、いちばん安いものならたった数百ドル程度で購入でき、その上、ほんの二、三十年前までは製図板の前で一日中かかっていた作業がほんの数秒でできてしまうのである。ボートデザイン・プログラムを購入するのであれば、簡単に使える入門ソフトウエアとして「Ply－Boats」と、より多くの機能を備えてはいるがそんなに難しくはないニュー・ウエーブ・ソフトウエア（New Wave Software）社のプローベーシックのいずれかを推薦する。ただ、プログラムが単なる道具でしかないということは忘れないでほしい。ソフトウエア・マニュアルにだまされ

て、ボートデザイン・プログラムがあればボート・デザイナーになれるというような考えはくれぐれも持たないように。そんなものは、ワードプロセッサーがあれば作家なれると信じるようなものだ。

スケール・モデル

さて、いざ理想のカヤックのデザインが出来上がるか見つかるかしても、製作に没頭する前に、その目で形を確認したいと思うであろう。ボートデザインの現場では長い間、この役目としてスケール・モデルが利用されてきた。実際、伝統的なボートデザインでは、ハーフ・モデルとかハーフ・ハルなどとよばれるハルを半分にしたスケール・モデルを作り、ここから寸法を取ってボート・ラインを描いてきた。今日のデザイナーのほとんどは、3次元のコンピュータ支援設計プログラム（CAD）を使って新しいデザインを可視化しているが、デザインが込み入っている場合や従来モデルを大きく変更するような場合、デザイナーの多くは木製のモデルの方を見たがるようだ。これからプライウッド・カヤックを作るのだから、プライウッド・モデルを作るのが理にかなっているだろう。

プライウッドとして1/32（0.794mm）インチ厚の航空機用のカバ材を使用する。1インチが1フィートに対応（16フィートのカヤックのモデルは16インチ長）していることになり、1/32インチ厚のプライウッドの曲がり方は、フルサイズのボートで3mmから4mm厚のプライウッドを使った場合の曲がり方と同じ程度となる。

ムク材の部品には、シナ材か他の針葉樹材を使って作る。ただし、これらのパーツは1:12の縮尺よりも若干太めに作らないと、プライウッドをサポートする強度が足りなくなる。

部品の組み立てには、模型屋で手に入る遅乾性のシアノアクリレート系接着剤を用いる。遅乾性の瞬間接着剤は固まるのに3分から10分かかる。モデルの製作を急ぐならば、硬化促進剤を買ってスピードアップするのもよい。そうすれば一晩中小さなパーツを手で押さえておく必要もなくなるだろう。

カヤックモデルを作る最も早い方法であるが、まずは設計図をコピー屋に持っていって1:12のスケールに合わせて縮小コピーしよう。そしてコピーから各パーツを切り取って1/32インチ厚のプライ

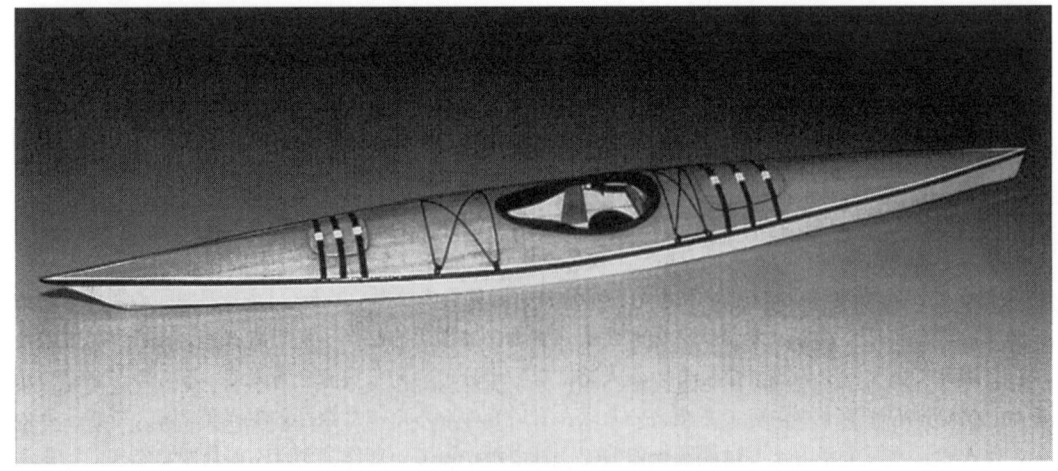

ボート製作者で芸術家のカール・ウラノビッツは、チェサピーク17の製作を考えてこのすばらしいスケールモデルを作った。形とデザインに満足した彼は、2艇の美しいフルサイズのバージョンを完成させている。

ウッドに張り付けるのだ。プライウッドのパーツはハサミで切り出し、ムク材の部分はカッターナイフや小型の鋸で切り出す。そして本物のボートを作る要領ですべてのパーツを組み立てて接着してゆけば完成だ。クランプにはマスキングテープやペーパークリップ、ワニ口クリップなどが利用できる。

　最初にモデルを作っておくことは、実物のボートをどのようにして組み立てるのか、そしてでき上がったボートがどんなふうになるのかを見極めるために、価値のあることだと思う。さて、それではでき上がったモデルは、フルサイズのボートにニスを塗る時までしばらく大事にしまっておくことにしよう。そして、ニスを塗ったらもう一度取り出してきて、乾くまでの間は近所の悪ガキどもの目をそちらにそらしておくのに使うとしよう。

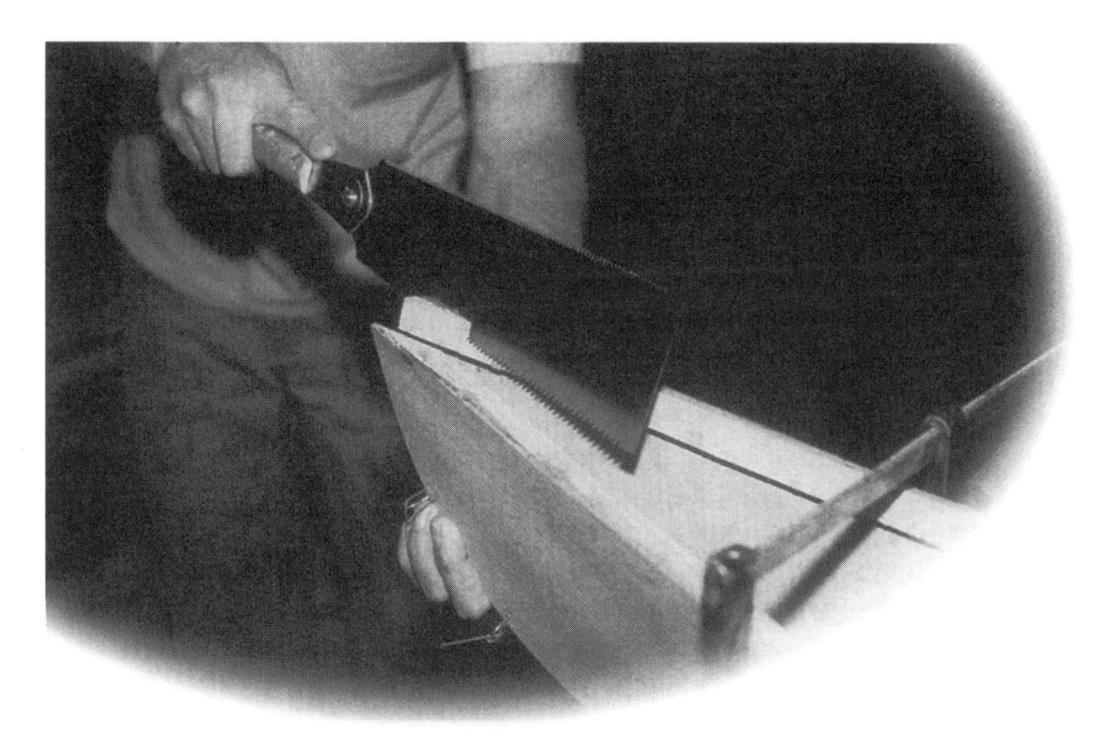

Chapter 3
道具

　メイン州マウント・デザート・アイランドにあるハル・コーブ・ツール社（Hull Cove Tools）には古い道具が入った棚が折り重なるように置いてある。箱やラックに入れられた古いカンナやノコギリ、南京鉋、ドリル、角度定規、クランプ、金づちなどが、ところ狭しと置かれていて、工房内は、焼入れ鋼や機械油、それにかびた木のにおいが漂っている。私はここで、再び陽の目を見ることを待っている100年前の傑作たちに出会うことを期待しながら、ホコリをかぶった棚やキャビネットの奥を漁っては楽しい時間を過ごしてきた。これらの道具は、いったいどれだけの船や家、ボートを生み出してきたことか。そしてまだまだ多くのものを作り出すことができると知って、私は驚きをもったものだ。

　ハル・コーブ・ツール社にあるツールのほとんどは上等の道具である。安っぽい道具や特売用の廉価品、それに日曜大工用の道具なら、とうの昔に壊れたり曲がったり錆ついてしまっている。ここの棚にある道具はキーパー、すなわち、船大工や大工、指し物師、家具職人、そして農家といった安い工具に無駄なお金は使えない人達のための道具なのである。このような道具こそ自分のカヤックを作るのに使うべきである。

　プロ仕様の工具は高価だし、なかなか手に入らないこともあるだろう。しかし、カヤックを作るための工具の種類は比較的少ないので、そう高くつくものではない。それに、カヤックが完成しても工具の寿命はまだまだあるので、修理や改造に使える。数年たてば値段のことなんて忘れてしまうし、その質の高さと使いやすさは、あなたの孫の代までも変わりはしないだろう。

良い道具と安物の違い―使われている鋼の種類、仕上げの質、機械加工の精度―を見た目で判断するのはなかなか難しいだろう。スタンレー（Stanley）製のプロ用工具は非常に質が高く、レコード（Record）やマープレス（Marples）、クンツ（Kunz）、サンドウイック（Sandvik）、ヨルゲンセン（Jorgensen）そしてバーコ（Bahco）といったブランドと同じように名高い。道具の品質を示す指標のひとつは値段であり、もうひとつはそれを見つけた場所である。例えば、プロの家具職人御用達の道具店なら、安物など置いてはいないと考えてよいだろう。

　プロ用の電動工具は日曜大工用のものにくらべて2倍から4倍ほど高価である。しかし、値段が高い分だけ、狂いも少なくパーツも見つけやすい；たぶん一生ものとなるだろう。必要となる電動工具としては、携帯用電動ノコ（ジグソー）と、ドリル、サンダーくらいのものである。ポーター・ケーブル（Porter Cable）、デュワルツ（DeWalt）、ミルウオーキー（Millwaukee）、フィーン（Fein）、マキタ、ボッシュ（Bosch）、アーエーゲー（AEG）、そして日立といったブランドから探すのであるが、こういったプロ用工具を作っている会社は、あまり質のよくない"日曜大工用"のラインナップも出しているので、気をつけて欲しい。

　地元に貢献したい気持ちはわかるが、近所の金物屋には買うべき道具も置いていないし、たまに良い品があるからといって近所のホームセンターにばかり頼るべきではない。高品質な工具はプロ用に作っているものなので、実際に使っている近所のボートビルダーや大工さん、または彼らが道具を購入している業者に問い合わせるのがよいだろう。プロ向けの業者から購入したほうが学ぶことも多いし、どれほどの節約になるかも分かって、結果的には喜ぶことになるだろう。住んでいる町が小さくてよい道具を見つけることができないようならば、ウッデンボート誌やファイン・ウッドワーキング（Fine Woodworking）誌に広告を出している優良な通信販売のディスカウント工具会社に問い合わせてみるとよい。

　設計図からカヤックを作ったり、キットからカヤックをつくる際に、必要となる工具のリストを39ページに載せてある。これらのほとんどは大工や家具職人が使用しているもので、簡単に手に入る。伝統的なボート製作に慣れている人なら、プライウッド・カヤックの製作に必要な工具が意外に少ないことに驚くだろう。

計測する道具

　正確に寸法を取ることはボート製作の成否を決定的なものにする。古いことわざに"二回測って、カットは一度"とあるが、これはまさにボート製作のためにあるようなことわざである。部品の寸法が正確ならば組み立てにトラブルはほとんど起こらないのだが、部品の寸法がいいかげんだと、ああでもないこうでもないと削ってみたり隙間を埋めてみたり、しまいには「コンチクショウ！」と叫びだすはめになる。たかが数分を惜しんで寸法取りをぞんざいにすると、組み立てのときにずっと多くの時間を浪費することになるのだ。

　カヤックの製作を始める前に、計測器具は全て互いに測り合わせを行ってチェックしておくことだ。巻き尺がヤード尺と正確に一致しないのはめずらしいことではない。私の場合、重要な長さは全て巻き尺か金属製の定規で寸法を取っている。これらが正確なことは確かめてあるので、不具合が起きた時には非難されるべき人が誰かを承知している。

　どの道具よりも頻繁に使うことになるのは巻き尺だと思う。スタンレーやスタレット（Starret）、ラフキンが作っているものが最適である。長さが25フィートで幅が1インチのものが最も丈夫で使いやすい。30フィートのものもよいのだが、スプリングが弱ってしまうのが早いようである。短くて

細い巻き尺は、絵を吊したり鳥小屋を作る時のためとっておこう。

　スカーフ・ラインのように重要な部分の厚さ、木ネジの長さ、ドリルの径、その他の細かい寸法を測るのに、私は目盛が1/64インチ刻みの金属定規を使っている。また、精度が必要な場所の測定にノギスを使うこともあるが、正直なところそこまでやる必要はないと思う。長い線を引くときには細い糸かチョークライン（chalkline、墨壷）が必要となるだろう。

　長さを測る道具に加えて、角度を測る道具も必要になってくるだろう。差し金はハルやデッキパネルをレイアウトする時に直角を保証してくれるものである。まだ持っていないならば、24インチ×18インチのものを購入するとよい。小さい6インチ×9インチの直角定規は入り組んだ場所のレイアウトをチェックするのに便利である。伝統的なボートビルダーが使っているアジャスタブルや固定式の角度定規もまたとても便利なもので、私はこれ無しではやっていけない。決められた大きさの円弧をトレースする必要がある場合には、糸と鉛筆と釘で自作のコンパスを作るのも一手だが、バー・コンパスに似たトランメル（trammel、竿コンパス）があるとより簡単である。

　設計図からつくる場合には バテン（batten、当て木）と呼ばれるスムースで均等に曲がる2本の細長い板が必要である。これは設計図から寸法を取ってプライウッドに転写する時、ボート・パネルのカーブを描くために使用するもので、柔らかい直線定規と考えてもらえばよい。片方のバテンには、3/4インチ平方のしなやかに曲がる木材を、どこかから探してくるか作るかしてほしい。これは、木目が真っ直ぐで、節や割れ目、その他の欠点がないものを選ぶ。長さは少なくとも10フィートは必要だが、16フィートかそれ以上あるとなおよい。もう1本のバテンは、約3/4インチ×1/2インチの木材を

巻き尺、金属の定規、チョークライン、シャープペンシル、角度定規、差し金（カーペンターズスクエアー）などを私はつかっている。

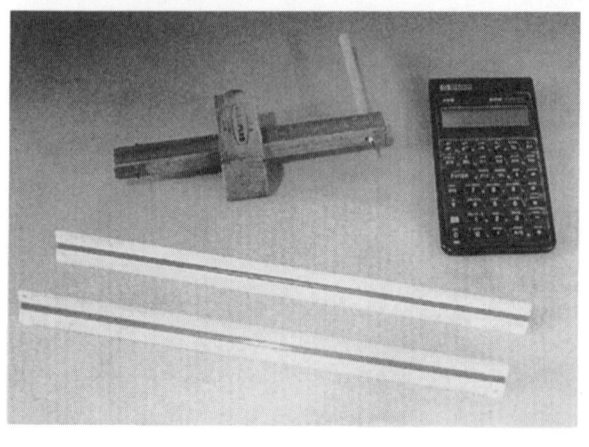

上：トランメルは大きなバー・コンパスで大きな半円を描くために使用する。
左：エンジニア用と建築用の三角スケール、それに電卓は、この本にあるような縮小した設計図から製作を始めるときに便利である。マーキングゲージはワイヤー穴をレイアウトするときにつかう。

見つけるか作るかする。ホームセンターで売っている窓枠用のモールド材をバテンとして使っているビルダーを何人か知っている。バテンは一生ものなので、材木置場までいって良質の木材を捜し、これを切り出して厚さや堅さの異なるバテンのコレクションにする価値は十分にある。チェサピーク・ライト・クラフト社では金属製のバテンもよく使っていた。これは近くの溶接工場にあった20フィート長のスチール角棒にすぎないのだが、このような金属製のバテンは安価で理想的なカーブを描くことができる。

寸法を取り終えたら、今度はそれをけがきする必要がある。職人の中には、鉛筆よりも細い線を引けるという理由で、ナイフやけがき針だけを使っている者もいるが、私はシャープペンシルを好んで使っている。このほうが見やすいからである。製図用のシャープペンシルが削る必要もなくていちばんよいのだが、私はいつもどこかで失くしてしまう。必ずしも必要ではないが便利な道具と

して、マーキング・ゲージ(け引き)がある。私は、スカーフ・ラインやハルを綴じあわせるときのワイヤーを通す穴の位置決めにこれを使っている。最後に、エンジニア用や建築家用の三角スケール、それに電卓は、設計図から製作を始める時には重宝するだろう。

切り取るための道具

この本の前作では、必要な電動工具は携帯用の電動ノコだけだと書いたが、今では二種類の日本の手挽きノコがあれば、二、三時間でカヤックに必要なプライウッドのパーツはすべて切り出せると思っている。

とは言うものの、電動ノコは持っていて損のない便利な道具である。電動ノコは、高価でヘビーデューティーなプロ用モデルと、安価で質の低い家庭用モデルの二つの種類に分類される。カヤックの部品のような薄い部材をカットするのに、プロ用モデルのような高出力は確かに必要ないのだが、構造的にも高品質でブレード・ガイドも良いものが取り付けられているので、こちらを選択するほうが賢明だろう。私は上部に把手のついたポーター・ケーブル社の電動ノコをつかっていて、非常に気に入っている。これはボッシュ社や日立からも良いものが出ている。ボートビルダーの多くは、バレル・グリップと呼ばれる把手のないものを好んで使っていて、こちらは幾分コントロールがしやすくなっている。糸ノコはやめておいたほうがよい。というのも、糸ノコは構造上どうしても緩むし、ブレードが逸れたりねじれたりするからである。電動ノコを買うときには、ブレードからおがくずを吹き飛ばすブローアー機能があることを確認してほしい。これがないと材料がすぐ見えなくなってどこを切っているのか分からなくなってしまう。もうひとつ大事なのが、ブレード・ガイドである。これはベース・プレートのすぐ上に取り付けられていて、これがないと、厚い材料を切る時にブレードが逸れて曲がりやすい。

電動ノコのブレードとしてはバイメタル・タイプのものがいちばんである。これはふつう白色に塗られていて、通常のブレードにくらべると高価なのだが、カヤック1艇を作るのに1回か2回交換するくらいで済むので、コスト・アップは最小限ですむだろう。私は木材カット用のブレードとして、歯数が1インチあたり10個のものを使用している。

小型の手挽きノコはムク材部品を正確にカットするのに不可欠で、電動ノコのかわりにプライウッドをカットするのに使うこともできる。私が最近気に入っているのは日本のノコギリである。日本のノコギリは引くときに切れるようになっているので、押すときに切れる西洋のものにくらべブレードが非常に薄くできているのだ。また、切るのも速いし、挽き溝も狭く、扱いやすい。数多いタイプのノコギリがある中でも、もっとも用途が広いものは両歯ノコである。これは片側に横挽き歯が、もう片側に縦挽き歯がついたしなやかなブレードを持ったものだ。

小さな回し挽きノコも便利である。これも日本のものだが、ステーキナイフのような形をしたタイプのものを特にお勧めする。これは本来盆栽用のものだが、値段も安く、コックピットやハッチの開口部を切り取ったり、きつい曲線を切り出したりするときに役にたつ。

プレカット・キットから始めた人以外なら、遅かれ早かれ、いくつかの部品はムク材から切り出す必要がで出てくるだろう。これに最も適しているのはテーブル・ソーである。しかし、カヤックを量産するつもりでもない限り、買わない方がよいだろう。代わりに、友人のテーブル・ソーを使わせてもらうよう手はずするか、材木屋でやってもらうかして、シアー・クランプやほかの部品を小割してもらう方がよいだろう。実際のところ、材木屋を少し探し回ってみれば、ちょうどよいサイズの木材が見つかることもある。

丸ノコは、板を必要な長さに切ったりプライウッドを切り分けたりするのに便利で、緩いカーブ

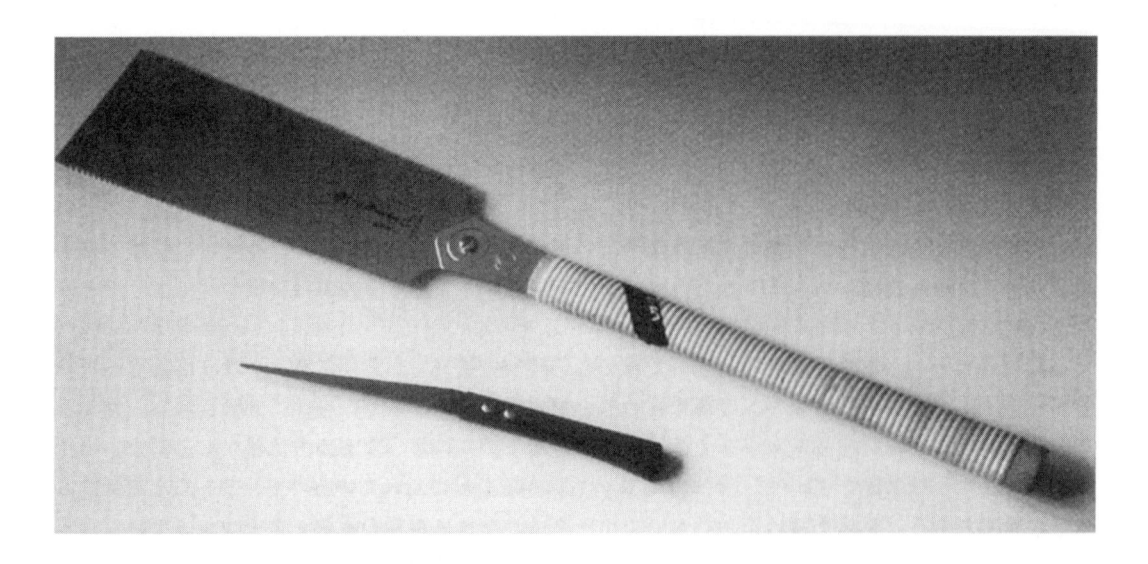

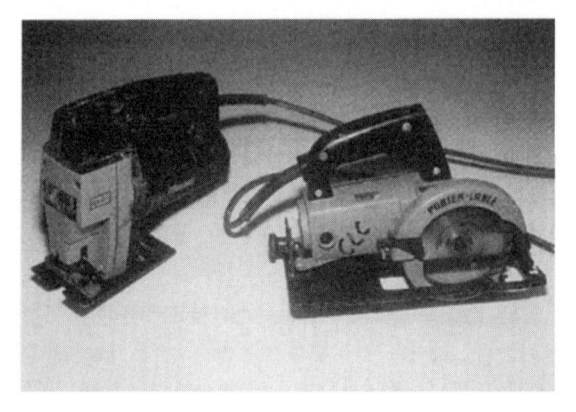

上：日本製のノコギリを手に入れた。上は私の両歯ノコで、横引きと縦引きの歯が付いている。小さな回し挽きノコはもともと盆栽のためのものだが、コックピットやハッチの開口部を開けるのが手早くできる。

下。携帯用電動ノコ（ジグソー）は本当に便利であるが、なければならないものではない。もし買うのならプロ用モデルの中から選ぶとよい。右の小さな丸ノコも便利な電動工具のひとつである。ジグソーよりもスムースに仕上げることができる。

ならハル・パネルを切り出すときにも使える。実際、ガイドとして長い直定規を使えば、通常テーブル・ソーで行う仕事の大半を丸ノコでこなすことができる。私がいちばん気に入っているのが、小型で4½インチ径のブレードがついたポーター・ケーブル社製のウォームドライブ・トリム・ソーである。充電式のトリム・ソーが数多く出回っているが、私が今まで試したものは、どれもバッテリーの持ちが今一つであった。

カンナとノミ

木工職人といえばカンナが大好きなもので、この本のカヤックをつくるのに小口カンナしか必要ないとわかってがっかりするかもしれない。小口カンナはもっとも愛着のある道具になると思う。小口カンナを使って、スカーフの加工をしたり、ハルやデッキパネルの形を整えたり、エッジのささくれをきれいに仕上げたり、小さなパーツを削り出したりすることになるはずである。

小口カンナには、加工面と刃の間の角度が約20度のスタンダード・モデルと、12.5度のロー・アングル・モデルがある。カヤック作りでは、木目に垂直なカンナがけが必要になるので、ロー・アングルのものが適しているだろう。スタンダードのものではスタンレー社のモデル60½ロー・アングルや、同様のものでレコード社の60½などがあり、こちらの方がわずかによくできているようだ。すでにスタンダードの小口カンナを持っているならば、ロー・アングルのものを新しく買う必要はない。私など、落っことして刃が欠けるまで古いスタンレー社のモデル220を何年も使っていた。もしあなたが熟練木工職人であるかそれを目指しているというのであれば、リー・ニールセン社（Lie-Nielsen）

研ぐ道具

　ボート製作講座で私がまず最初に生徒たちに教えることの一つは、小口カンナやその他の刃物の研ぎ方である。部屋中の生徒が切れ味の悪い工具で悪戦苦闘しているのを見るのは堪え難い；ボート製作は楽しいものであるべきで、切れ味がよくちゃんと調整された道具なら使っていて楽しいものである。

　工具を研ぐのには日本製の砥石を好んで使っている。油砥石やアーカンソー砥石よりも使いやすくてよい刃ができるように思う。片面が1000番でもう片面が6000番の表面を持った組み合わせの砥石が木工道具やキッチンナイフにもうってつけである。これらの砥石は潤滑剤として水を使い、使うときにはまえもって数時間水に浸しておくとよい。私は水をいっぱいにしたプラスティック製の入れ物の中に砥石を保管している。ここではカンナの刃の研ぎ方について述べるが、ほとんどの道具は同じ方法でよい。

　まず、裏側を平らにする；するどい刃先となる半分は刃の裏側なので、これは重要である。砥石の粗い方の面に水をかけて、その上に裏面を下にして刃を置く。まわすように砥石の上を前後に動かして、刃を研ぐ。砥石全体をつかって研ぐようにし、ときどき水をかけ、裏側がなめらかでフラットになっているかしばしば目でみてチェックする。新しい工具だとかなり時間がかかるだろう。メーカーは刃を研ぐのにはあまり力を入れていないものだ。砥石が刃の裏側全体と接しているのを確認したら（光沢で判断せよ）、目の細かい側でさらに3分間研ぐ。

　今度は表側を研ぐ。砥石の粗い面に刃のベベル面(斜めの面)をあてて立てる。刃をほんの少し前後に揺すってベベル面が砥石にぴったりあたっている感じをつかむようにする。砥石の上で長い円軌道を周回するように刃を前後に動かす。ベベル面の近くに指を添えて、やさしく押し付けるようにする。ベベル面が砥石にぴったり接していて、砥石に対して刃が一定の角度を保っていることを確かめる。ベベル面全体が研ぎ終わったら(これも光沢をみて判断する)、目の細かい面で1分間もしくは20回の上下ストロークを繰り返す。ここで、刃先の裏側に指の爪をあてて引いてみる。研ぐ過程で薄い刃先が後ろに曲がったためにできた、小さなバリもしくは"ワイヤー"のようなものが付いているのが分かると思う。刃を再び裏返しにし、ワイヤーを取り除くために一度だけ砥石の上を滑らせる。最後に刃を乾かす。すべてがうまくいっていれば、ひげが剃られるくらいの刃先になっているはずである。一旦ブレードを正しく研ぎ上げたなら、頻繁に研いでこれを保つようにする。これはたった数分の手間である。

　もし手で研ぐ気がなくて電動砥石を買える余裕があれば、手にいれるのを迷うことはない。私が持っているウエン社の小さな電動砥石はとても重宝している道具の一つである。

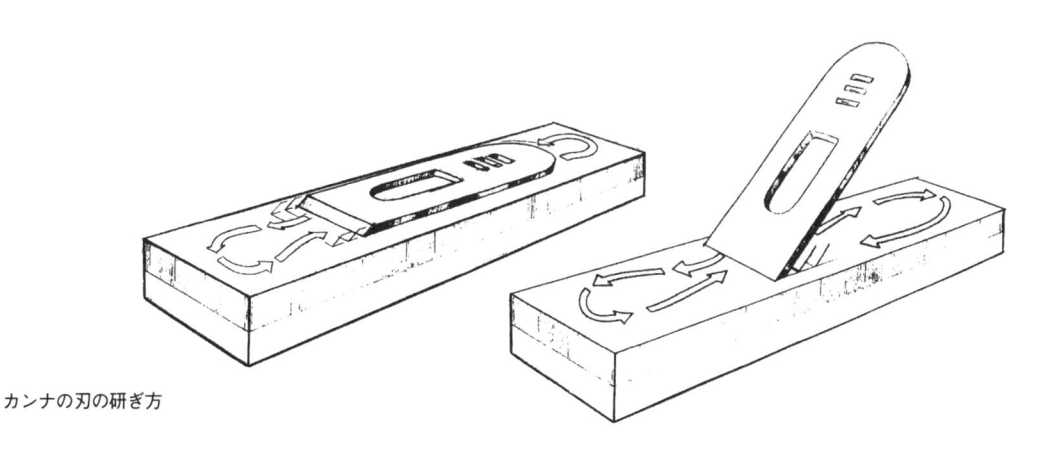

カンナの刃の研ぎ方

の3種類の小口カンナを検討してみるとよい。これらは私がこれまで使った中で最も完璧に近いもの(そして最も高価なもの)である。美しい加工と研磨が施されていて、工具というよりは芸術品といえる品である。一度ためしに使ってしまうと、私のように、最後には購入してしまう羽目になるだろう―用心してほしい。

　ノミを使わなくてもカヤックを作ることは確かに可能だけれども、その便利さと値段の安さを考えると、ここでケチるのは間違いだ。½か¾インチの家具職人用のノミがひとつあれば十分なのである。ノミをきちんと研いでおきさえすれば、部品のあわせ部分はいつもぴったりに仕上げることができる。私の場合、安いノミのセットも持っていて、はみ出した接着剤を取り除くなど、高いノミをダメにしそうな作業にはこちらを使っている。

ステープラー（大工用ホッチキス）

　ご存知のとおり、ステープラーは伝統的なボート製作で使用される道具ではないのだが、大きくて扱いづらいプライウッドの部品同士を一時的にクランプする場合、これほど便利な道具はないのである。ステンレスやモネル、銅合金のステープルを使えば、適当な位置に打ち込んだままにしておくことができる。仕上がりが台なしになってしまうと思うなら、簡単に抜きとることができるし、残った穴も簡単に埋めることができるくらい小さいものである。私が持っているステープラーはアロー社（Arrow）のT-50で、⅜インチのステンレスのステープルを使うタイプのものだ。

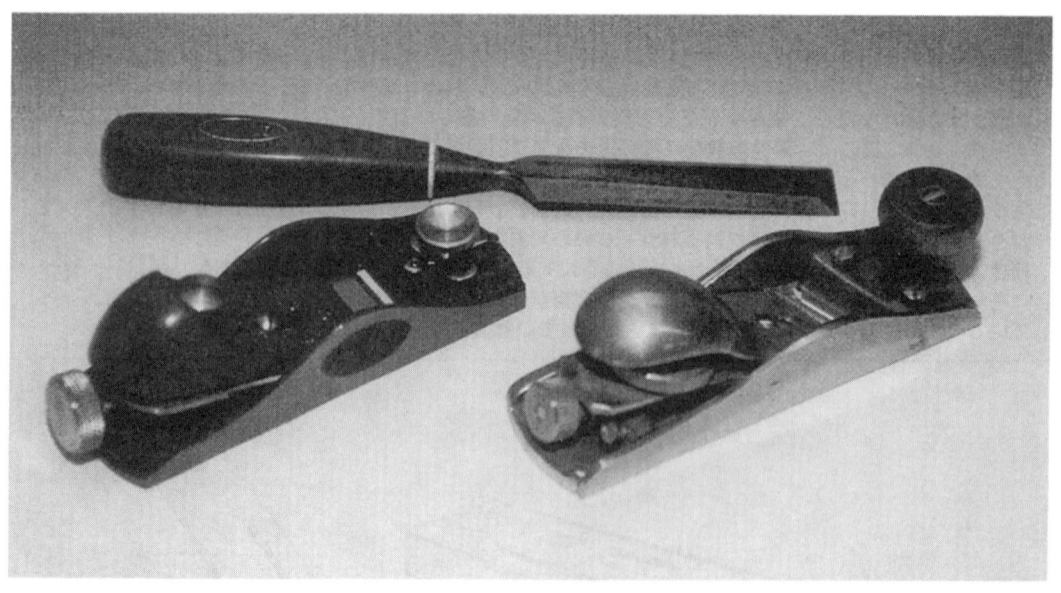

左はとてもよくできたレコード社のロー・アングル小口カンナ。右は豪華でとても高価なリー・ニールセン社のカンナ。ノミもいっしょに使うとまた便利である。

クランプ

　この本に載っているカヤックを作るにはたくさんのクランプが必要になる；25本くらいあっても多すぎることはない。みなさんが持っているのはだいたい旧式のC型クランプだろう。いちばんたくさんのクランプを使用する作業—シアー・クランプとコックピット・コーミングの接着作業—は、小さな2インチのC型クランプで大丈夫である。プロ用の代理店なら非常に安く手に入るので、ためらわずに十分な個数をそろえておこう。また、2インチのスプリング・クランプもいくつか用意しておくと、片手が塞がっている時に助かる。大型の

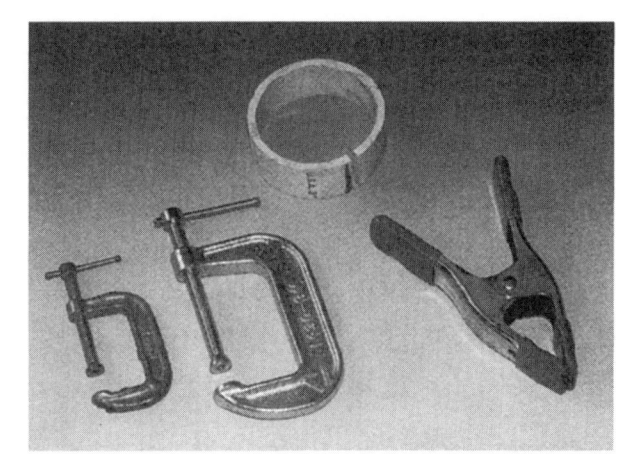

クランプはたくさんあっても多すぎることはない。左の小さなC型クランプは安価でもっとも使いでがある。右のようなスプリングの付いたクランプがいくつかあると片手が塞がっている時に便利である。規格40のPVC（ポリ塩化ビニール）の配管用パイプからスプリング・クランプを自作できる。

クランプではヨルゲンセン社のオレンジ色のものが有名だが、こういったライト・デューティーなバー・クランプがとても便利である。ボートビルダーなら6インチと18インチのものを持っていた方がよい。これは慣れると片手で操作できるようになる。

　すでにお金に余裕がないとか、ひたすら安くあげたいとかいうのであれば、規格40のプラスティック排水管で実用的なクランプを作ることができる。これにはまず4インチ径のパイプを手に入れて、これを1インチから2インチのリング状にスライスする。そしてそれぞれのリングに切れ目を入れれば、ほとんどのエポキシ接合部をクランプするには十分な圧力を持ったスプリング・クランプが出来上がる。

　クランプのネジ部には、エポキシ樹脂が付いて固まってしまわないように、オイルやワックスをかけておこう。作業中、手の届きやすい所にある棚や水平の棒に引っ掛けておけば、急いでクランプをしなければならない時に便利である。積み重なって絡み合ったクランプのもつれを解こうとしている間に、念を入れて位置を合わせておいたパーツがずれてしまうほどイライラすることはない。

サンダー

　サンディングは、税金のように人生における不愉快な現実の一つである。コールド・モールド（cold-mold）法やストリップ・プランキング（strip-planking）のボートに比べれば、プライウッド・カヤックのサンディングはそれほど大変ではないだろう。必要なすべての分を手作業でやっても一日で済むはずである。それでもほとんどの人は電動サンダーを選択することになるだろう。

　最近は小型ランダム・オービタル・サンダーの出現で、飽き飽きするようなサンディング作業もかなり軽快なものになってきた。これは研ぐスピードも速いし、うず型のきず痕も残さない。上位機種にはダスト除去機能も付いているし、フック・アンド・ループ式のパッドならペーパーの交換も手間がかからない。私がいちばん気に入っているのは、ボッシュ社とポーター・ケーブル社のサンダーである。

　多少作業が遅くなっても気にしないのであれば、1/4シートのマキタのパーム・サンダーが安価なモデルの中では最も優れているだろう。他社からも同じようなモデルがたくさん出ているが、マキ

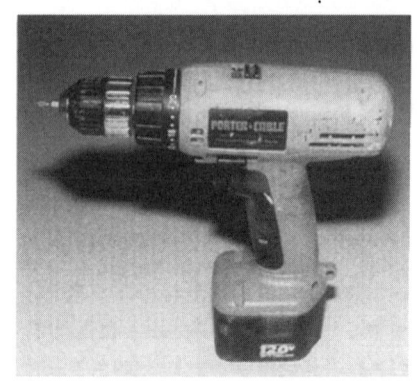

上：右はボッシュ社のランダム・オービタル・サンダーでパワフルかつ扱いやすい。私が信頼を置いている旧式のマキタ1/4シート仕上げ用サンダーは、遅くても同等の仕事をこなせる。
下：充電式ドリルは便利である。

タのモデルがいちばん手にしっくりくると思う。またサンディングのスピードも、作業の進み具合がわからないほど遅くもないし、誤ってプライウッドやファイバーグラス・テープを削り過ぎてしまうほど速くもない。さらに、1/4シートのサンダーなので、フック・アンド・ループ式のものより、サンドペーパー代が安く上がる。

電動サンダーの他に、サンディング・ブロックが必要になってくるだろう。唯一手に入るのが、柔らかいゴム・ブロック製で1/4幅のサンドペーパー片を使うタイプのものである。これは3M社から出ているが、類似品でもっと安いものも出回っているようだ。

ドリル

ドリルについては、古くさい泡立て器タイプであろうが何だろうが大抵は差し支えないだろう。私はクラッチのついた充電式のプロ仕様モデルを使用している。この本のカヤックを作るのにそれほどパワーのあるものは必要ないので、コードレスのドリルがちょうどよい。これは実際使ってみるとやめられなくなる。ネジを締める時に締め過ぎを防いでくれるクラッチ機能は便利なものである。ただし、安っぽい充電式モデルよりは、値段の安いコンセントに差し込むタイプのものの方がずっとよい。

次にドリル・ビットのセットが必要になるのだが、安物のドリル・ビットでは、曲がったり折れたりしやすいし、切れ味もすぐに悪くなるので、買う時には、セット本数は少ないが高品質なブラッド・ポイント（brad-point、ドリル先端にあるネジの切られていない釘状の突起）の付いたドリル・ビットを考えてみてはどうだろう。ワイヤー締め用の穴を開ける時に使うことになる1/16インチのビットも追加購入しておこう。

その他の道具

その他必要となる道具としては、ドライバーセット、ペンチ、カッターナイフ、リング釘を打つための小さな金槌（使用するならば）、それにハサミである。あと、使わないかもしれないがあると便利なのが、ノミを叩く木槌である。もう一つ最後に言っておきたいのだが、安全眼鏡と防塵マスクなしで作業を始めることのないようにしてほしい。

道具リスト

プレカットキットから作り始める場合の道具：
- 巻き尺
- 12インチの金属製定規
- 差し金
- 張り糸もしくはチョークライン
- 鉛筆
- 手挽きノコ（両刃ノコ）
- 回し挽きノコ
- ドリルとビット
- 小口カンナ
- ドライバー
- クランプ
- ペンチ
- ラバー・サンディング・ブロック
- カッターナイフ
- 小型のかなづち
- ハサミ
- 馬

設計図から作る場合に必要な追加道具
- テーブルソー（もしくは外注）
- バテン
- 建築用三角スケール

使うかもしれないその他の道具
- クランプの追加
- 電動ノコ
- 電動サンダー
- ステープラー
- 丸ノコ
- 南京鉋
- ノミ
- 木槌
- マーキング・ゲージ（け引き）
- エンジニア用三角スケール
- 直角定規
- 角度定規
- ペイント・スクレーパー
- トランメル

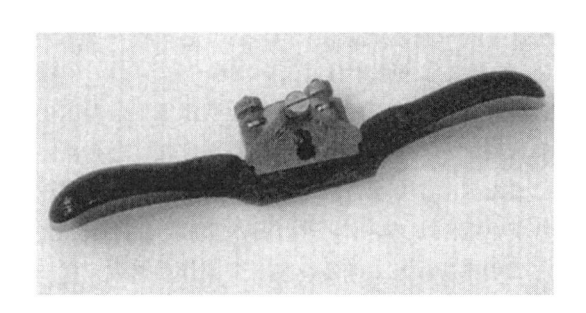

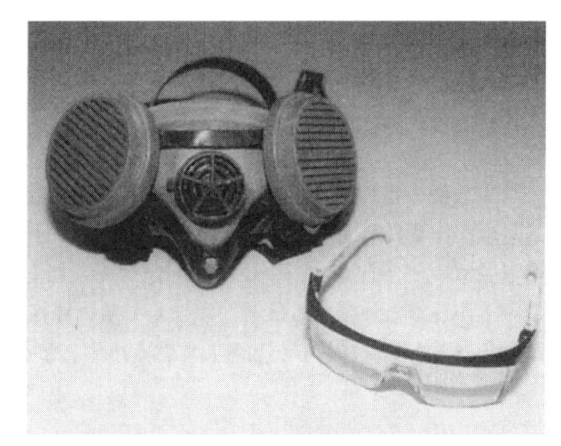

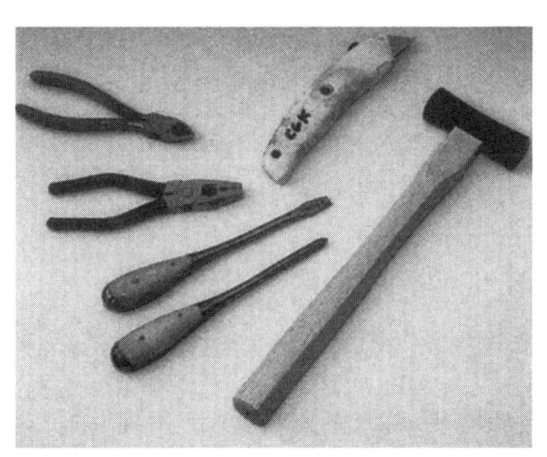

上：南京鉋はパドルをつくったり、コックピット開口部を整えるのに非常に役にたつ。
中：安全眼鏡と防塵マスクなしで仕事を始めてはならない。
下：ペンチ、小さな金づち、サイドカッター（カッターナイフ）、そしてねじ回しといったものも必要な道具である。

仕事場の準備

　カヤックを作るのにそんなに立派な仕事場は必要ない。実際、天気のいい日には屋外で作業を行うビルダーも多い。必要になるのは、自分が作るカヤックよりも長さで数フィート、幅は少なくとも6フィートほど大きいスペースである。十分な照明と換気設備、それに電源さえあれば、ガレージや地下室、屋根裏、倉庫でも製作は可能だ。木工をやっている人達なら、道具は揃っているけれどもカヤックを作るほど作業場が広くない、という人も多いだろう。こんな場合には、まず作業場ですべてのパーツを作っておく。それからカヤックを外で組み立てて、夜は玄関やリビングルームに運び入れるようにすればよいだろう。

　カヤックを作る時に明るい照明は重要な要素である；カーブや合わせ目のでき具合、それに表面の状態をすべて目で見て判断しなければならないし、ほとんど透明なエポキシ樹脂が接合部の表面にまんべんなく塗られていることをちゃんと確認できなければならないのだ。作業場に明かりが足りない場合は、48インチの安い蛍光灯を買ってきて梁や天井から吊り下げるとよい。

　この本で取り上げるカヤック製作の過程では、エポキシ、ニス、塗料、それにアセトンを使用する。さらに、おびただしい量のおが屑が生じる。こういった粉塵やホコリを吸い込むと、健康によくないし不愉快なものである。作業場には十分な換気が可能なドアや窓が必要である。もしこれが十分でなかったり冬場に製作を行うような場合には、換気用のファンを取り付けてほしい。これは窓枠にセットする家庭用ファンくらいのものでよい。どちらにしても防塵マスクは付けるようにしよう。

　プロ仕様の電動工具は相当な量の電流が流れる。作業場の電源を延長コードで引っぱってきている場合、作業に堪えるアンペア数のものかどうかきちんと確認しておこう。電動工具の使用に堪える延長コードとしては、少なくとも14ゲージ以上（12ゲージであればなおよい）が必要だろうし、コードが長くなればなるほど、ゴツくて重い導線が必要になる。細いコードをつないでも電動工具は動くだろうが、コードが加熱して燃え出すこともある。

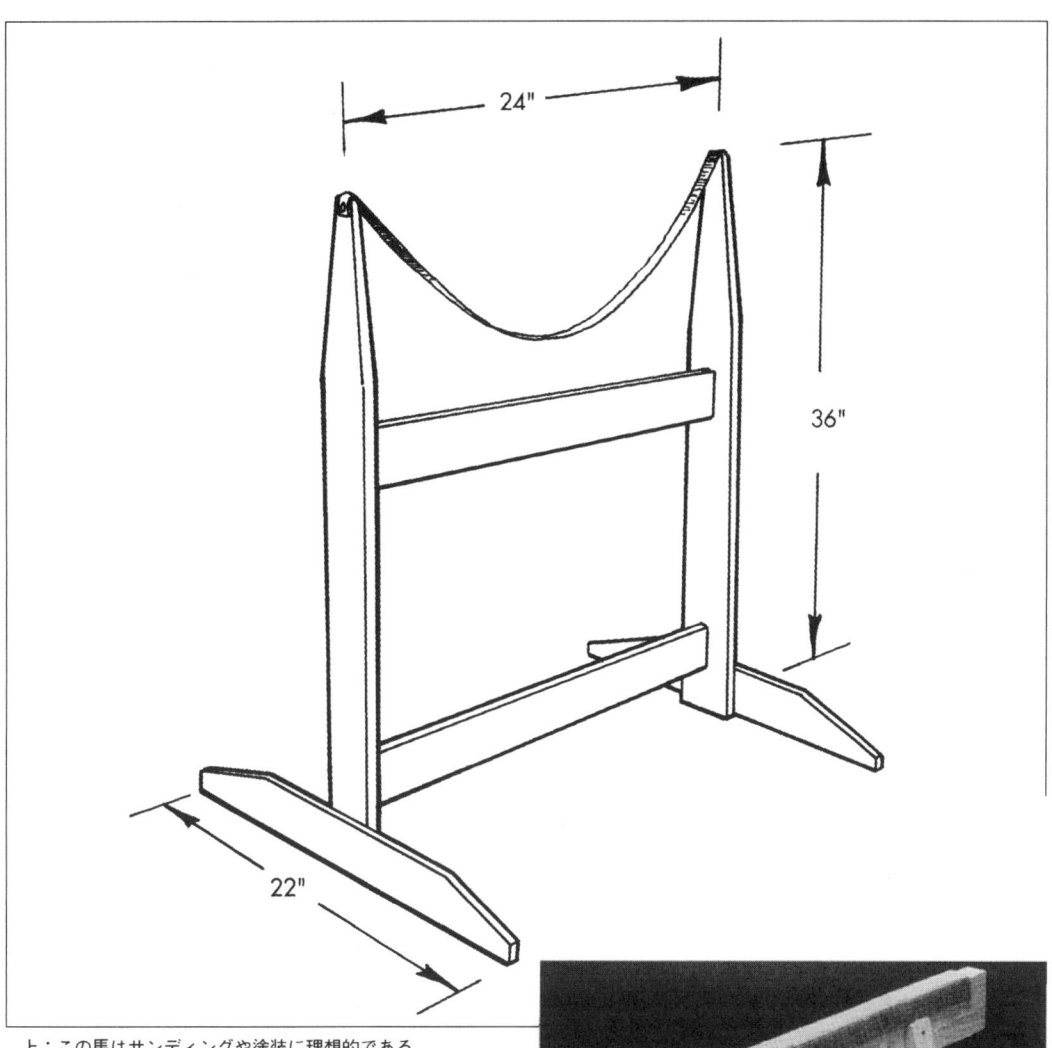

上：この馬はサンディングや塗装に理想的である。
右：頑丈な馬をペアで作っておくとチューンナップをうまく進めることができる。上部にはいらなくなったカーペットのパッドをつける。

　エポキシは適切な温度範囲で使用しなければならない。冬場や寒い夜には作業場を暖める必要があるだろう。私の最初の作業場は、小さくて断熱していないガレージだったので、2台のポータブル電気ヒーターで温めた。これは一番寒かった夜以外なら十分に暖めてくれた。非常に寒い夜にはカヤックをプラスティック製のタープで覆って、暖かいテントのようにして、下からヒーターをあててやればよい。

　作業場にはカヤックを載せておくためのしっかりとした馬を何台か設置しておく。カー

ペットを切ったものをこの上部に当てておけば、ボートに傷が付くことはない。また、設計図をひろげたり、小さなパーツを作ったり組み立てたりする作業台かテーブルも必要になるだろう。カヤック作りの中ではただ座って考えている時間も大きな割合を占めることになるので、作業場にスツールや椅子を持ってくることも考えてみてはどうだろうか。

消耗品
作業場に必要な消耗品
- サンドペーパー：80、220、400番
- 使い捨てのフォーム・ブラシ：プラスティックでなく木製の柄がついたもの。
- 使い捨ての剛毛のブラシ：チップ・ブラシともよばれるもの。
- 使い捨てのローラー：短い毛の黄色いものでラッカー塗料にも使えるものでなければならない。決して黒色のローラーを使ってはならない。
- エポキシ用計量ポンプまたは計量カップ
- 撹拌棒：アイスキャンディーの棒のようなもの。
- 使い捨ての手袋：100セットの箱入りが経済的である。

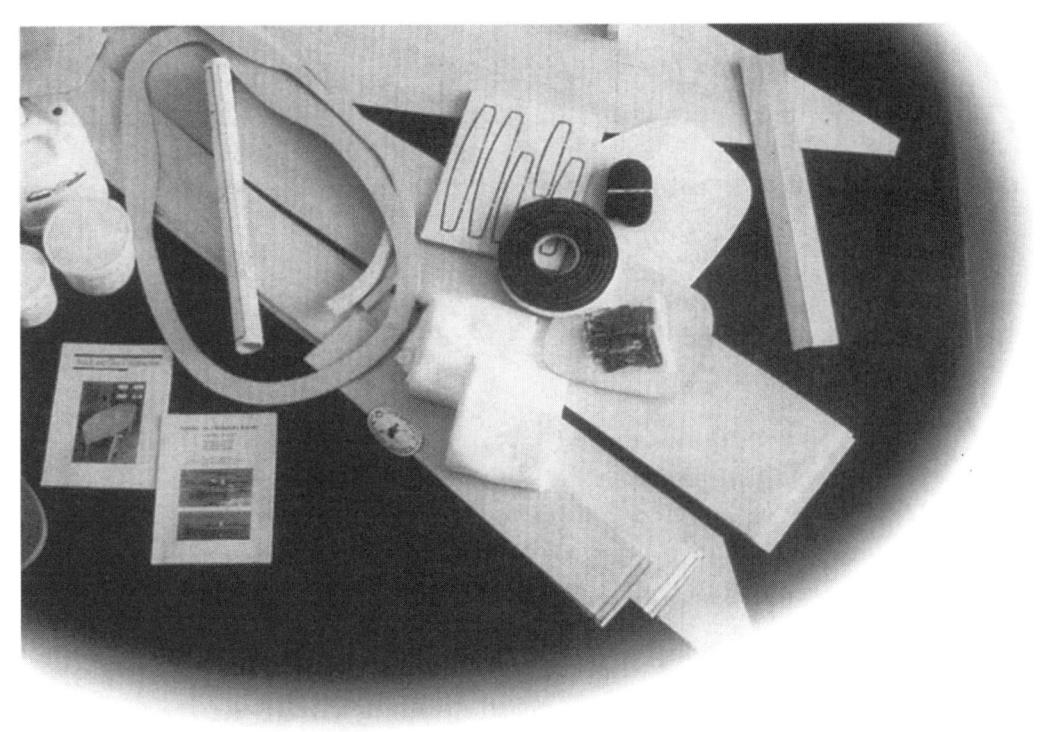

Chapter 4
材料

　木製ボート製作が再びブームとなっているのは、近年のプライウッドやエポキシ樹脂の改良によるところが大きい。この本で紹介するカヤックは、伝統的な木製のボートとは厳密には異なるもので、正確にいえば木材とエポキシの複合体といえるものである。エポキシによって現代プラスティックのもつ多くの特性—強度、耐久性、そして耐蝕性や耐朽性—をボートに付与することができる。またプライウッドは、木材本来の軽さや強さや弾力性を損なうことなく、長くて高品質な板材を探したり、強度のばらつきが大きい自然の木材を扱うといった難しい作業からビルダーを解放してくれた。そのうえプライウッドなら特殊な工具も必要なく、ごく一般的な工具で加工できるのだ。

　カヤック製作のなかの材料コストなど、このプロジェクトにささげる時間の価値に比べれば小さなものである。材料費をケチってはならない。手に入るいちばん高いものを購入したところで、カヤックを自作することによって節約できるお金はまだまだ相当なもののはずだ。良い材料は良い道具と同様に作業を楽しくさせてくれるし、カヤックが進水した時にはその信頼性や耐久性を疑う必要もなくしてくれる。すぐに良い材料が手に入らないのであれば、手に入るまで待ってほしい。安い材料を購入してしまおうとする気持ちに勝てないようなら、ボートを作ることはどうか考え直してほしい。

プライウッド

　プライウッドは木の幹をカットして得られたベニヤと呼ばれる薄い木材のシートから作られる。このベニヤを積層して互いに接着したものがプライウッド・パネルとなる；3層から11層のベニヤを

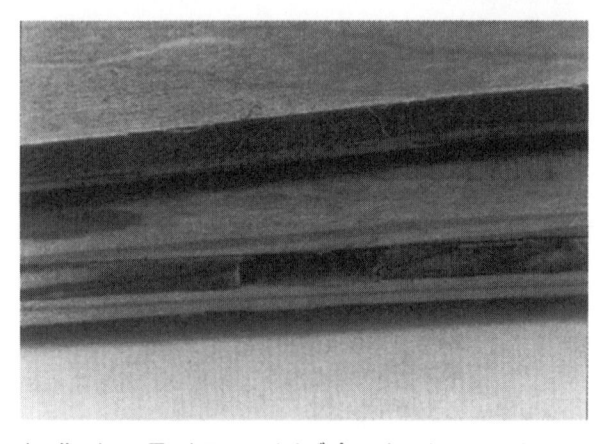

上：薄いもの、厚いものにかかわらずプライウッドはBS1088とスタンプされていなければならない。
下：上のプライウッドは厚さの異なる3層のベニヤから作られている；これは堅すぎてカヤックには全く適さない。下のプライウッドには隙間がある；曲げたときにこのシートが割れることは想像つくはずだ。こういったトラブルをさけるため、BS1088プライウッドだけを使うべきである。

使用して1枚のプライウッドが作られている。この本で紹介するカヤックは、3層のベニヤでできた3mmから4mmのプライウッド、もしくは5層からなる6mmのプライウッドを使用して製作する。

ステッチ・アンド・グルー工法によるボートにはマリングレードのマホガニー・プライウッドが非常に適している。数種類あるマホガニー・プライウッドのどれを使ってもよいのだが、オクメ(okoume)と呼ばれる人工林育ちのアフリカン・マホガニーが最も経済的でいちばんよく使われている。少々重いが、キャヤ (khaya) とかサペル (sapele) といった他の品種でも大丈夫である。

マホガニー・プライウッドはアメリカン・エクステリア・グレードのプライウッドと同じような方法で等級分けされているわけでない；英国標準のもとで作られている。"BS1088"のスタンプ、すなわちブリティッシュ・スタンダード10.88の文字を探してほしい。これがボート製作に適したグレードである。BS1088プライウッドはヨーロッパでも2、3の製造所で作られているにすぎず、北アメリカでは20から30の材木問屋でしか取り扱っていない。ボート製造業が盛んな大都市にでも住んでいない限り、プライウッドは発送してもらうことになるだろう。

同じBS1088パネルでも品質には驚くほどの差があるので注意してほしい。実際、一部の製造所で生産されたプライウッドは品質基準に適合しているかどうかに疑問がある。そんなわけで、プライウッドを購入するのは評判のいちばんよい業者からだけにすべきである。チェサピーク・ライト・クラフト社は

世界でも有数のオクメ・プライウッドのユーザーで、需要に合わせていくつかの製造所に発注しているため、私は様々なプライウッドを見る機会に恵まれてきた。長年見てきた中では、スイス人の経営する製造所でギリシャにあるシェルマン社（Shelman）のプライウッドがいちばん好印象であった。幸運なことにシェルマン社は大規模な製造所を所有しているため、そのプライウッドは世界中いたるところで比較的簡単に見つけることができる。

　ロイズ仕様（Lloyd's specification）で作られたプライウッドを手に入れてもよいだろう。これは通常BS1088規格にも適合している。BS6566とスタンプがおされたオコームプライウッドはエクステリア・グレードのプライウッドで、これは表層のベニヤが非常に薄いうえ、内部に隙間のできていることがある。このためハルを製作するには不適合だが、デッキや内装の一部には使えるところもある。

　ラワン材やベイマツ材でできたエクステリア・グレードのプライウッドを使ってステッチ・アンド・グルーのカヤックをつくった人も何人かはいるようだ。これはエクステリア・グレードのプライウッドで作ることを前提にデザインされたものでもない限り、危険を孕むやりかたである。エクステリア・グレードのプライウッドには、内部に隙間のあることがよくあり、ここから突然割れてしまうことがある。加えて、強度が最も必要な表層のベニヤが非常に薄いことがよくある。また、エクステリア・グレードのパネルはマリン・グレードのものにくらべて仕上げに時間がかかるため、せっかくコストを抑えても時間が無駄になってしまうだろう。結局のところ、マリン・グレードのプライウッド・パネルは、たいていの場合、材料費全体の3分の1以下にしか相当しないのだ。安いパネルを使ってもそれが失敗に終わったとしたら、プライウッドが無駄になるだけでなく、高価な多量のファイバーグラスやエポキシ、さらにその他の材料も無駄になってしまうことになる。この本のカヤックを製作するときにはラワン・プライウッドは使わないようにしてほしい。

　チーク材のプライウッドでカヤックが作れるかという質問を受けることがよくある。チーク材は美しい木材で、色々な木材の中でもおそらく最も耐久性があるが、カヤック製作では限られた用途にしか使えない。チーク材が高い耐久性をもつのは樹脂成分が高いからであり、不幸にもこの樹脂のため接着が難しいのだ。チーク材は削って使えるようにムク材のまま残しておくのがベストである。

　米国内で生産されているマリン・グレードのプライウッドはすべてベイマツ（Douglas fir、ダグラスファー）材でできている。ベイマツは板材や角材としては非常に優れた木材である－軽く強い上に耐久性がある。しかし不幸なことに、カヤックのハル用のプライウッドとなると不向きなのである。ベイマツは温帯の植物で、成長率が季節によって変化するため、部分的に伸縮率が異なってくる。このため、ベイマツのプライウッドはひび割れを起こしやすいのだ。加えて、ベイマツ材の特性とアメリカ製プライウッドの品質基準とが相まって、このプライウッドは魅力的でないし、仕上げがむずかしいものになっている。ベイマツ材のプライウッドは、コーミング・スペーサーやバルクヘッド、それにその他の曲げる必要がなく見た目を気にしなくてもよい部分には使うことができるが、こういった場所はエクステリア・グレードのプライウッドで十分なのである。

ムク材

　この本で紹介するカヤックのハルはプライウッドで作られているが、内部部材の多くはムク材から作られている。カヤックに使用するムク材のほとんどはシアー・クランプ（ハル・パネルの上部に沿って這わせた角材）やハッチ・ビームとその他の小さなパーツである。したがって、伝統的なボート製作で使うような大きくて高品質な板材は必要ない。少数の長い部材は、短い木片をスカーフ・ジョイントによってつなげることで簡単に作ることができる。カヤックに使われるすべての木材はエポキシの層とニスや塗料の層で保護されている。木製のカヤックは、長い期間水の中に置き

っ放しになることはなく（大きなモーターボートやセールボートと同じように）、カバーをかけてしまっておけば、選んだムク材の耐久性について過度に心配する必要はないだろう。

　スプルース（spruce、トウヒ）材なら、シトカ・スプルース（Sitka spruce、アラスカトウヒ）やイースタン・スプルース（eastern spruce、北アメリカ東部産）のいずれでも、シアー・クランプのような、強く、固く、軽くなければならない部品に向いている。シトカ・スプルースは長い間セールボートのマストや航空機の部材として一級品とされてきた。これは長くクリアーな（節がない）ものが得られるからである。しかしながら、現在では高価で手に入りにくいものとなってしまっている。イースタン・スプルースは、通常あまりクリアーではないのだが、建材用に長さを合わせた角材が、大抵の材木屋で簡単に見つけることができる。イースタン・スプルース材の山の中から質の良い材を仕分ける時間さえあれば、カヤック作りに十分に適したクリアーな部材は見つかるはずで、そうすればシトカ・スプルース材より遥かに安く上がる。いちばん経済的なのは、1インチ×4インチ、16フィート長のイースタン・スプルース材を買ってきて、必要な幅に製材すればよいのだ。全く節のない16フィートの部材を見つけることはなかなか難しいかもしれないが、値段を考えれば、固い節が2個以上あるストリップ材は捨ててしまっても十分安くあがるだろう。

　サイプレス（cypress）材は強く、軽く、耐朽性がある木材で、長くクリアーなものが手に入りやすい。南西アメリカでは古くからボート製作用の木材として使用されてきたもので、チェサピーク・ライト・クラフト社のカヤック・キットではサイプレス材をシアー・クランプによく使用している。

　ベイマツ（オレゴン・パインともいう）材も良い選択である。スプルース材より少し重いが、強度はいくぶんこちらの方がある。ベイマツは材木屋で簡単に見つけられ、長くクリアーなものが板材になっているのが一般的である。ベイマツ材の木目はかなり変化に富んでいるので、よいものだけを探し出してきてほしい；なるべく軽く、木目の真っ直ぐな板材を選ぶようにする。ベイマツのいちばんの欠点は割れやすいことである。曲げた時に割れやすく、風雨にさらし続けてもひび割れてしまうことがある。

　シーダー（cedar）材は時々カヤックに使用されるもう一つの材料である。シーダー材にはいくつかの種類があるが、アラスカ・シーダー（ベイヒバ）、ポート・オーフォード・シーダー（ベイヒ）、そしてホワイト・シーダーは軽く柔らかい木材で、シアー・クランプやカーリン（carlins、前後のデッキ・ビーム）、その他のパーツに適している。シーダー材はイトスギ材やスプルース材ほど強くはないので、パーツは少し厚めに作る必要がある。シーダー材の中でもウエスタン・レッド・シーダー（ベイスギ）だけは避けるべきである；これは、構造部材として使用できるほどの強度がまったくないためである。

　多くの木工職人達のように、マホガニーやアッシュ、節のないマツ、またはその他のキャビネット・グレードの木材を貯め込んでいる人もいるだろう。いくぶん重量とコストがかさむこと以外、これらの木材をカヤックに使用してはいけない理由はない。私もボートの外観をよくするのにエキゾチックな木材で飾り付けるのは好きである。

エポキシ

　ステッチ・アンド・グルー工法によるボート製作では、マリン・エポキシ接着剤を使用しなければならない。その他の樹脂と接着剤、例えば、ポリエステルやビニールエステル樹脂ではパネル同士をくっつけておくための強度が不足している。また、マリン・エポキシほど多用途なものはないであろう。エポキシは接着剤として使うし、ファイバーグラスのテープやクロスを用いるときには粘着力のあるコーティング剤としても使う。さらに木材の露出部分を保護、防水するためのシーラントでもあり、ギャップを埋めて表面を滑らかにする充填材の役目も果たす。いくつかのメーカーが、さまざまな樹脂や硬化剤、粘りを持たせるための添加剤、そして専用の器具などのエポキシ関連商品を販売している。私の経験からいってMAS社とウエスト・システム社（West System）のものがよいようだ。

　エポキシは二種類の液体からできている：樹脂（レジン）と硬化剤（hardener）であり、硬化剤を主剤となる樹脂に混ぜ合わすことによって、樹脂を硬化させるものである。樹脂と硬化剤との比率はエポキシのメーカーによって異なるので、製造元が発行する手引き書どおり正確に2つの液体を混合することが重要である。硬化剤の量があまりに多かったり少なかったりすると、硬化したときに最高の強度に達しないばかりか、まるで硬化しないこともあるのだ。

　エポキシ樹脂と硬化剤はどろどろねばねばしているので、計量にカップを使うと正確に量れないし、べたついて不愉快なものである。これに対応するため、ほとんどのエポキシ・メーカーでは安

エポキシ・テーブル－必要なすべてのものに手が届くようにしてある。エポキシ計量ポンプと各種添加剤を見ておいてほしい。ここでちょっと化学者気分を味わうことになるはずだ。

価な計量ポンプを販売している。このプラスティック製のポンプを樹脂と硬化剤の入れ物の口にねじ込んで、液体の量を正確に量るのである。樹脂のポンプを1回押したら硬化剤のポンプを1回押すだけでよい。すると、エポキシと硬化剤は自動的に正確な比率で調合されるので、後はただひたすらよくかき混ぜるだけである。硬化剤の量を増やしても硬化を早めることはできないばかりか、非常に脆弱なエポキシができてしまうので注意してほしい。

　エポキシはたいていの接着剤に比べて粘度が低いので、あらかじめ粘りを持たせるための添加剤（フィラー）を混ぜておかないとギャップや接合部から流れ出してしまう。エポキシ・メーカーではたくさんのタイプの添加剤を販売している。接着剤として用いる場合にはシリカ・パウダーやシリカ・ファイバーが適している。木粉や木屑は、フィレット（隅を埋めるパテ）にしたりギャップを充填するのに使う。マイクロバルーンとマイクロライトは軽量でサンディングしやすいフィラーなため、レース用ボートの整形やフィレットの用途として使う。添加剤を混合しても化学反応がおきるわけではない。これらは単にエポキシの粘度を高めるだけである。硬化剤と添加剤を決して混同してはならない。硬化剤は樹脂を硬化させるために必ず混合するのに対して、添加剤は特定の用途に応じて時としてエポキシに加えるものである。

　エポキシに加える添加剤の種類と量は用途によって異なるが、以下の4つの"レシピ"があれば、カヤック製作に使うエポキシはすべてカバーできるはずである。

カヤック製作のための四つのエポキシ"レシピ"：(1) クリアー・エポキシはコーティングに使用する；(2) シリカパウダーをまぜたエポキシは木と木を接着する際に用いる；(3) エポキシに木粉をまぜて粘度を増したもので、フィレットや隙間を埋めるために使用する；(4) マイクロバルーンを混ぜたエポキシで整形の際に使う。

- コーティングやシーリング、または木材にエポキシを浸透させる場合には、添加剤は何も加えない。
- 木材どうしを接合する接着剤としてエポキシを使用するためには、十分なシリカパウダーを樹脂と硬化剤に混ぜ、マヨネーズかジャム程度の粘度にする。クランプする前に1、2分間は接合面に塗布した状態のままにしておくこと。
- ギャップを埋める場合やフィレットを作る場合には、木粉などのフィラーを十分に加えてピーナッツ・バター状のペーストにする。
- 表面の凹凸をならす場合や強度が必要でない部分のギャップを埋めるには、マイクロバルーンなどの軽くてサンディングしやすいフィラーでパテを作る。

添加剤を加える場合には、その前に樹脂と硬化剤をしっかりとかき混ぜておくことが非常に重要で、添加剤はそのあとに加えて再びかき混ぜるのである。あるエポキシ・メーカーが見積もっているが、エポキシにまつわるトラブルの90パーセントは不適切な撹拌によるものである。

エポキシはすぐに木材に吸収されてしまうため、これが木材の曲げ特性に影響を与えることになる。このため、接合部からはみ出したエポキシは、硬くなる前に拭き取ることが重要である。一方、逆に接合部を"飢え"させてもいけない。つまり、エポキシの量があまりに少ないと、木材にほとんどが吸収されてしまい、接合部には行き渡らずに弱いままとなってしまうのだ。同じように、接合部をクランプする場合には、エポキシを木材に塗布してから数分間はそのままにして、パーツ同士をくっつけてしまう前にさらにエポキシが必要かどうかを判断する。また、接合部がしっかり接触する以上のクランプ圧を加えてしまうと、すべてのエポキシが絞り出されてしまうことになるので、力加減には注意することだ。

固くなったエポキシは、次のエポキシを塗り重ねる前に軽くサンディングしておかなければならない。またこの時アミン・ブラッシュ（amine blush）とよばれる硬化したエポキシの表面にできるワックス状の膜をチェックする；重ね塗りしたエポキシが強く2次結合するように、塗布の前にこのアミン・ブラッシュを石鹸水とスポンジ（scrub pad）で取り除いておかなければならない。MAS社のエポキシだと低速硬化剤を使用すれば通常ブラッシュは出ない。これは私がこのブランドを使っている理由の一つである。最初のコーティングから48時間くらいまでなら、エポキシを塗り重ねる時に表面仕上げをする必要はないだろう。

エポキシの硬化速度は周囲の温度によって大きく影響されるため、エポキシ・メーカーでは高速（fast）と低速（slow）とよばれる硬化剤を提供している。低速の硬化剤では触媒効果によって高い気温でも樹脂作業時間を長くとることができる。ただし、低速の硬化剤を混ぜた樹脂は、温度が70°F（約22〜23℃）以上ないと24時間以内では十分には固まらない。高速の硬化剤は低い気温でもより早く硬化するが、多くのエポキシは60°F（約16〜17℃）付近を最低作業温度としている。また、MAS社では、暖房の有無に合わせて使用できるように"低温硬化（Cool Cure）"の樹脂と硬化剤も提供している。

エポキシが硬化する時には熱が発生し、この熱が硬化を促進している。底の深いカップなどで一度に多量のエポキシを混合すると、温度が急激に上昇して、急速に—時には数分程度で硬化してしまうことがある。しかし、同じ量のエポキシを、例えばボートのハルなどに手早く塗り広げた場合には、硬化するのには数時間かかるだろう。前者のケースでは、表面積がほとんどないため発生した熱が発散できず、エポキシは急速に硬化する。逆に、エポキシが薄い膜状になっていると表面積は非常に大きくなり、熱が発散しやすいのだ。長い作業時間を要する場合には、混ぜ合わせた容器からエポキシをなるべく早く取り去るようにする。これには、底が浅いボウルやブリキのパイ皿にエポキシを入れて、作業時間を延ばす方法が便利である。硬化中のエポキシを入れた容器はかなり

エポキシの安全性

　エポキシ樹脂、硬化剤、そして溶剤は潜在的に危険な化学物質を含んでいる。エポキシや溶剤メーカーの注意書きは必ず読み、これれらの安全ルールを守ること。

- ●エポキシは皮膚につかないようにする：作業をする時には使い捨ての手袋をつけてこぎれいにしておく。エポキシに長時間接していると過敏症になることがある：エポキシに対するアレルギーが進行すると、二度とエポキシを使った作業ができなくなるおそれがある。
- ●道具についたりこぼれたりしたエポキシはアセトンや液状シンナーでふき取ってもよいが、皮膚についたエポキシは、これらを使って取り除いてはならない。溶剤は化学物質を皮膚に浸透させてしまうので、かわりに石鹸と水、もしくは、酢などを使うようにする。いちばんよいのは自動車整備の人達などが使う水の不要なハンド・クリーナーである。
- ●ポリエステルやビニールエステル樹脂と違って、エポキシはほとんど匂いはしないが、それでもサンディングするときには防塵マスクを着用するべきである。
- ●添加剤の粉末を吸い込まないようにする：特にシリカ・ベースの添加剤はガラスの粉末でできているので注意が必要である。
- ●エポキシは特に可燃性ではないが、アセトンやその他の清掃に使用する溶剤は非常に揮発性が高く引火しやすい：火やヒーターには近づけないようにする。
- ●エポキシの容器に書いてあることやメーカーが発行するその他の文書には必ず目を通す。

の熱を発するので、余分に混合したエポキシは屋外においておくようにする。

　計量ポンプや紙コップ、ヨーグルトの容器、またはきれいな空き缶といった、使い捨ての撹拌容器に加えて、2、3の安価なアクセサリーと消耗品があると、エポキシの作業が格段に簡単になる。撹拌用の棒、使い捨てのブラシ、フォーム・ローラー、プラスチック製のスクイージー（クロスに塗布した余分なエポキシを搾り出すヘラ）、プラスチックのペティナイフなどは、エポキシを用いるときに用意しておくべきであろう。スープ用スプーンはフィレットを付けるのに都合のよい道具になる。広く平らな領域をコーティングする際にはリネン製でないフォーム・ローラーを使う；フルサイズのローラー・カバーを半分にカットして3インチのローラー・フレームに付けて使う。

　エポキシ作業について最後に言っておきたいのだが、この材料は思っている以上にネバネバとべとつくし、一度固まってしまったら、服やカーペット、そして家具についたエポキシを取り除くのは無理である。ボート製作の作業場でも「汚さずに作業すること」といつもいっているくらいだ。

留め具

プライウッド・カヤックには金属製の留め具はほとんど必要ない。実際、全く金属を使うことなくこれらのボートを製作することはできる。しかしながら、ほとんどのカヤックでは木ネジやリング釘を数本、それに銅製のワイヤーをいくらか使用している。

私はできる限りシリコン・ブロンズの留め具を使うようにしている。これはマリン用品店でしか購入できないし、高価なのだが、そんなに多くは必要にはならない。ステンレス鋼のものを好むボートビルダーもいるが、ステンレス鋼にはいくつものグレードがあって、中には錆付くものもあるので注意が必要だ。特にソルト・ウォーターでの使用を考えているなら、木ネジなどは評判のよいマリン用品店で購入した方がよい。また、ブロンズの代わりに真鍮や銅製のもので代用してはいけない；これらは大抵強度もないし、腐食に対しても弱い。それと、鉄や亜鉛メッキした留め具を使って数セント節約しようなどとは思わないようにしてほしい。あなたのカヤックの側面に大きな錆の筋ができたりしたら後悔するだろう？　ステープルを使う場合には、折れて木の中に残ったり引き抜くのを忘れたときのことを考えて、ステンレス、モネル（ニッケルと銅の合金）やブロンズのものを使用する。

ここにあるのはすべてブロンズ（青銅）製の留め具で、リング釘や木ネジはカヤックの中に埋め込むことになる。ここでケチって真鍮のものや亜鉛メッキのものをつかってはならない。

そのほかに使用する金属製の留め具としては、ハル同士をステッチするための絶縁加工されていない銅のワイヤーである。私は18ゲージのワイヤーを好んで使っている。これは、鳥餌を取り付けたりバラを束ねたりするのに使うもので、金物店で売られていたものだが、最近はこのようなむき出しの銅線を見つけるのがむずかしくなっている；マリン用品店やビルダー用の用品店に注文することになるかもしれない。銅線は簡単にカットできる上に、木材といっしょにサンディングできるので都合がよいのである。ステンレス鋼も使用できるが、硬く曲げにくい上にサンディングが非常にむずかしい。もう一つの選択としては、電気コードを固定するのに使われているプラスチック製の結束タイがある。これはどこの電気店やパーツ屋でも安価に手に入れることができるものだ。最も小さいサイズのものなら1/8インチ径の穴を通る；銅線用の穴よりは大きくなるが、ボートを塗装するのであれば問題はない。ビルダーの中には、大物釣り用の太いテグスで代用している者もいる。これはほとんど見えなくなるので都合よいのだが、これを全部結ぶことを考えると、ちょっとどうかと思う。

材料の入手

大抵の材木屋でオクメ・プライウッドについて尋ねると、店員からは少なからず怪訝（けげん）な顔をされることになる。マリン・プライウッドやエポキシ、そして留め具などは特殊な材料である。伝統的にボート製作を行っている地域に住んでいるのでなければ、少なくとも材料のいくつかはメール・オーダーということになるだろう。材料を購入している近くのボートビルダーに尋ねるか、もしく

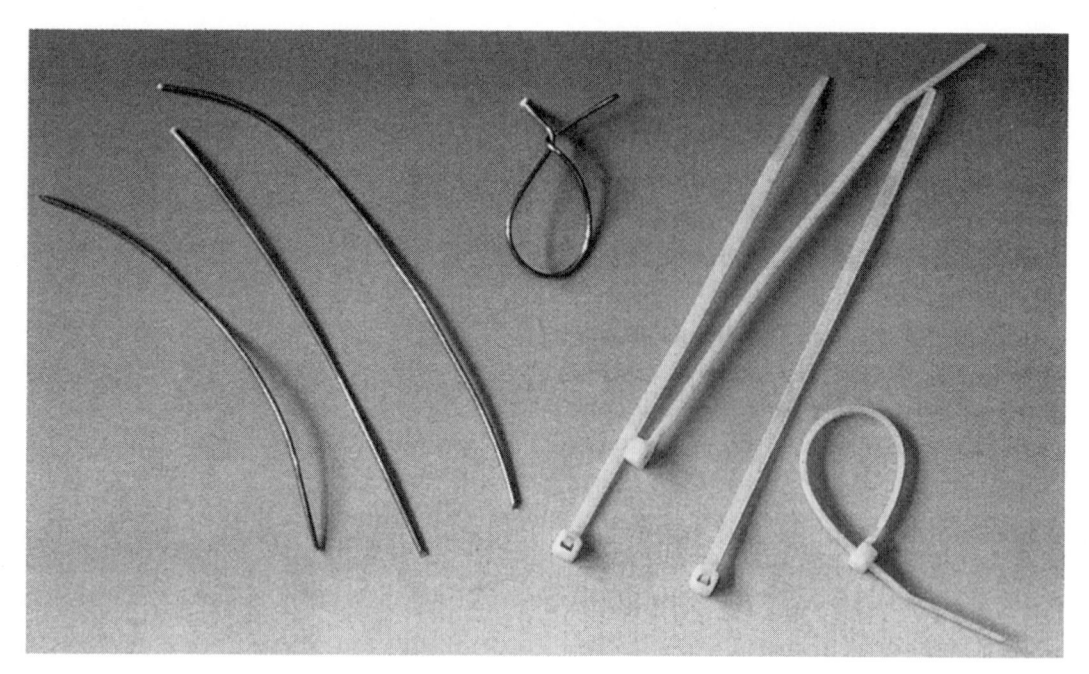

銅製のワイヤーや電気コードの結束タイを使ってエポキシ作業が終わるまでハルをクランプする。

はウッデンボート誌の広告を見て各地の情報をじっくり検討しよう。通信販売してくれるサプライヤーのリストを185ページ以降のResource Appendixに載せておく。

Chapter 5
設計図

　本書には3つの新しいデザインの設計図が含まれている。このうちの2つ、チェサピーク16とウエストリバー180は最近のもので、最新技術とでもいえるものである。3つめのデザイン、セバーンは私がデザインした中でも古い部類に入るもので、コンパウンデッド・プライウッド工法を使った構造になっている。

　この3つのデザインの設計図を選んだのは、3種類のカヤック製作方法を紹介するためである。各説明を読めば、あなたが製作したいボートの種類をこのうちのどれか一つに決める事ができるだろう。しかし、もしここに紹介していないカヤックが必要なら、そのときは他で見つけるか、自ら設計図を描いてほしい。ただ設計図が目の前にあるからという理由だけで、カヤックのデザインを選んではいけない。また、設計図のためのたかが数ドルを節約し、間違ったボートを製作しないようお願いしておく。初めに間違いのないようハッキリ言っておくが、この本を含めて、本や雑誌に載っている設計図だけでカヤックをつくるなどというのは馬鹿げたことである。もちろんそのようにしている人が多いことは承知している。そういう私も雑誌に載っている設計図からボートを作ったことはある。しかしこのような人達も、もちろん私も、フルセットの設計図を購入していれば、時間とお金を節約することができたはずなのだ。

　フルセットの設計図を購入した方がよい理由はいくつかある。まず、設計図を購入することで、デザイナーやそのスタッフから技術的なアドバイスを受けることができるようになる点である。設計図を購入していない人のカヤック製作までサポートしてあげようというデザイナーなどは、ほとんどいない－彼らも生活がかかっているのである。また、デザイナーから設計図を購入すれば、最

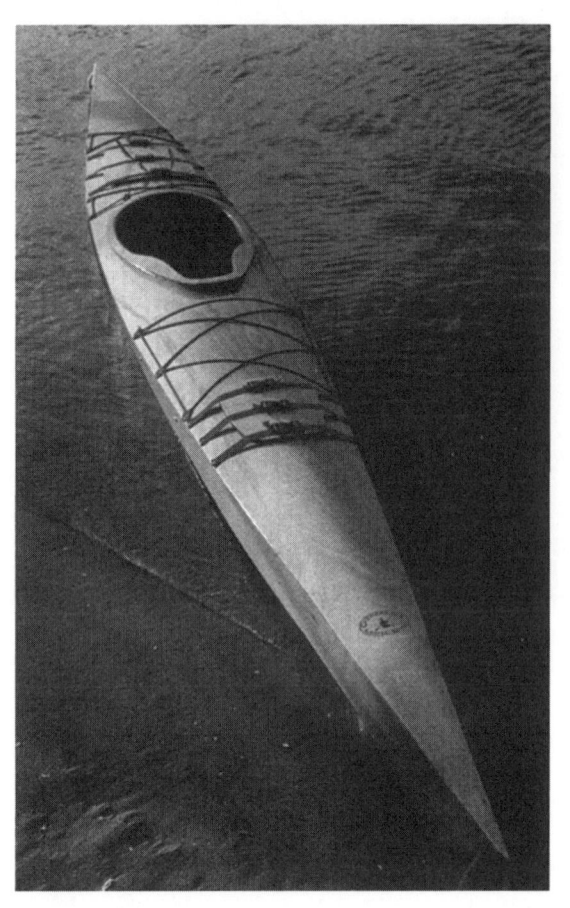

チェサピーク16はこの本でつくるものの中でもっとも簡単なボートである。

新の改訂版を手に入れられる；ビルダーは、新しく思いついたアイデアや設計図の間違いの指摘を、デザイナーに電話で知らせることはよくあることなのだ。私も、初版の設計図から寸法を変更して2度ほど購入者に手紙を送ったことがある。新しい設計図をもっていることで、より良いボートを作ることができるのだ。さらに、多くの部品のために実物大のパターンが付いていて、レイアウトにかかる時間を大幅に短縮することができるのである。加えて、最後に言っておきたい。チェサピーク・ライト・クラフト社は商業的に成功しており、この点で私は幸運であったが、これはボート設計ビジネスではめずらしいことなのである。私は全くお金のことを気にしないで本や雑誌に設計図を出版することができたが、ほとんどのボート・デザイナーは厳しい資金のもとで創作活動を営んでいる；彼らはただボートを愛しているのである。そんな彼らの作品をもとに製作を行う我々は、そのデザインに対してなんらかの礼をすべきであろう。自分達はカヤック・デザインという芸術を支えるパトロンなのだと思ってほしい。

とはいえ、この本に載っている設計図は、これらのカヤックを作るために必要な情報はすべて含まれた完全なものである。この本に載っている設計図だけでカヤックを製作することを選んだとしても、パターンを拡大してほとんどのパーツを実物大に描き直すことは可能である。三角スケールに巻き尺、それに電卓の助けを借りれば、そんなに難しい作業ではない。しかしながら、これらの設計図はページ・サイズに合わせて実物大のものを縮小しているので、いくぶん印刷の明瞭さと詳細に欠ける。もちろん、ハルやバルクヘッドなどの重要な部品についてはすべてサイズを記載している。

ボートの設計図を解読するのは、初心者にかぎらず経験を積んだビルダーにとってもイライラのつのる作業である。土建会社に勤めていた長年の間、私はうちの設計図を理解できない請負業者や開発業者、それに工事監督者からの質問に答え続けてきた。これは私には非常に苦痛であった。というのも、その設計図がこれ以上ないくらい簡単なつもりでいたのだ。結局、これがきっかけで私はカヤック作りを行うようになった。最後に私が悟ったことは、図面書きやデザイナーはみんなわかりやすい設計図を作るよう努力しているのだが、あるものにとって明らかなことが、他の人にとってはわかりにくいというのはよくあることなのだ、ということだ。出来が良く印刷も鮮明なフルセットの設計図と付属の作業手順書、それに少しの忍耐を持ち合わせていれば、大抵の疑問は解決できるはずだ。残りの疑問には、デザイナーが電話や手紙で答えてくれる。

設計図

チェサピーク16（Chesapeake 16）

　The Kayak shopで取り上げたケープ・チャールズに代わるものとして、ハード・チャインのチェサピーク・シーカヤックを設計した。この新しいモデルは、作りやすさ、スピード、強度、広さで前のものに勝り、より海での使用に向いたものになっている。また、荒れた海や強い横風の中でもより扱いやすくなった。

　このように、扱いやすさ、スピード、十分なトラッキング性能、そして高い積載能力をうまく融合することによって、このモデルはびっくりするほどの人気艇になった―チェサピーク・ライト・クラフト社では、このチェサピーク・カヤックについては年に数千ものプレカット・キットを販売している。このモデルは多くの雑誌で称賛されて、エクスペディション艇としても複数採用されている。また、このモデルについては17フィートと18フィートのモデルも設計した。さらに、これらのボートをよりロー・プロファイルにした3つのモデルも加わっている。これは、チェサピークLT16、LT17、LT18とよばれ、キャンプ道具をそれほど積む必要のない人向けのものである。"LT"はライト・ツーリング（Light Touring）を意味している。チェサピーク16は、実際には15フィート9インチの艇長と、23.5インチのビームを持ち、重さは約42ポンドである。そして、チェサピーク・シリーズの中で、またこの本の中でも、最も簡単に製作することができるモデルである。

　チェサピーク16は、体重が180ポンドまでのパドラーに非常にフィットしたツーリング・カヤックである。最大積載重量は240ポンドである。より体重の重いパドラーや、より多くの荷物を積む必要のあるパドラーは、これよりも大きなバージョンのいずれかを作るべきである。チェサピーク17は160～220ポンドのパドラーのために、18フィートのモデルは200ポンドを超えるパドラーのために設計されている。これらの大きなサイズのボートはチェサピーク16を単にスケールアップしたものではない。共通の特徴が多く見られるが、異なるデザインの艇なのである。

　相当多くのキャンプ用品を運ぶことができる汎用のツーリング・カヤックを探しているとしたら、チェサピーク以上のデザインはちょっと思い付かない。（60ページに続く）

チェサピークなら静かな小川でも海上でも簡単にパドリングすることができる。

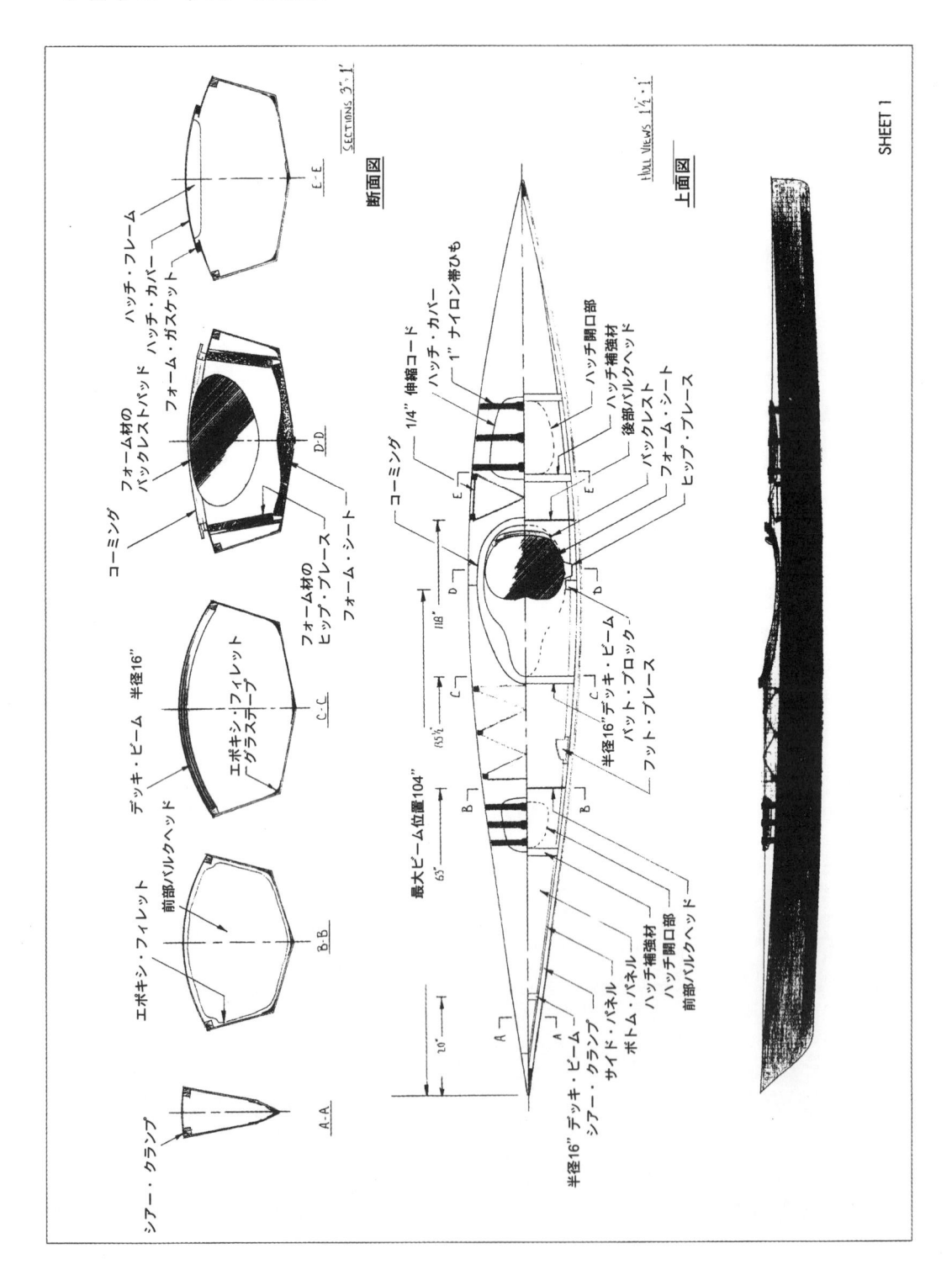

チェサピーク16　Sheet1

設計図

チェサピーク16　Sheet 2

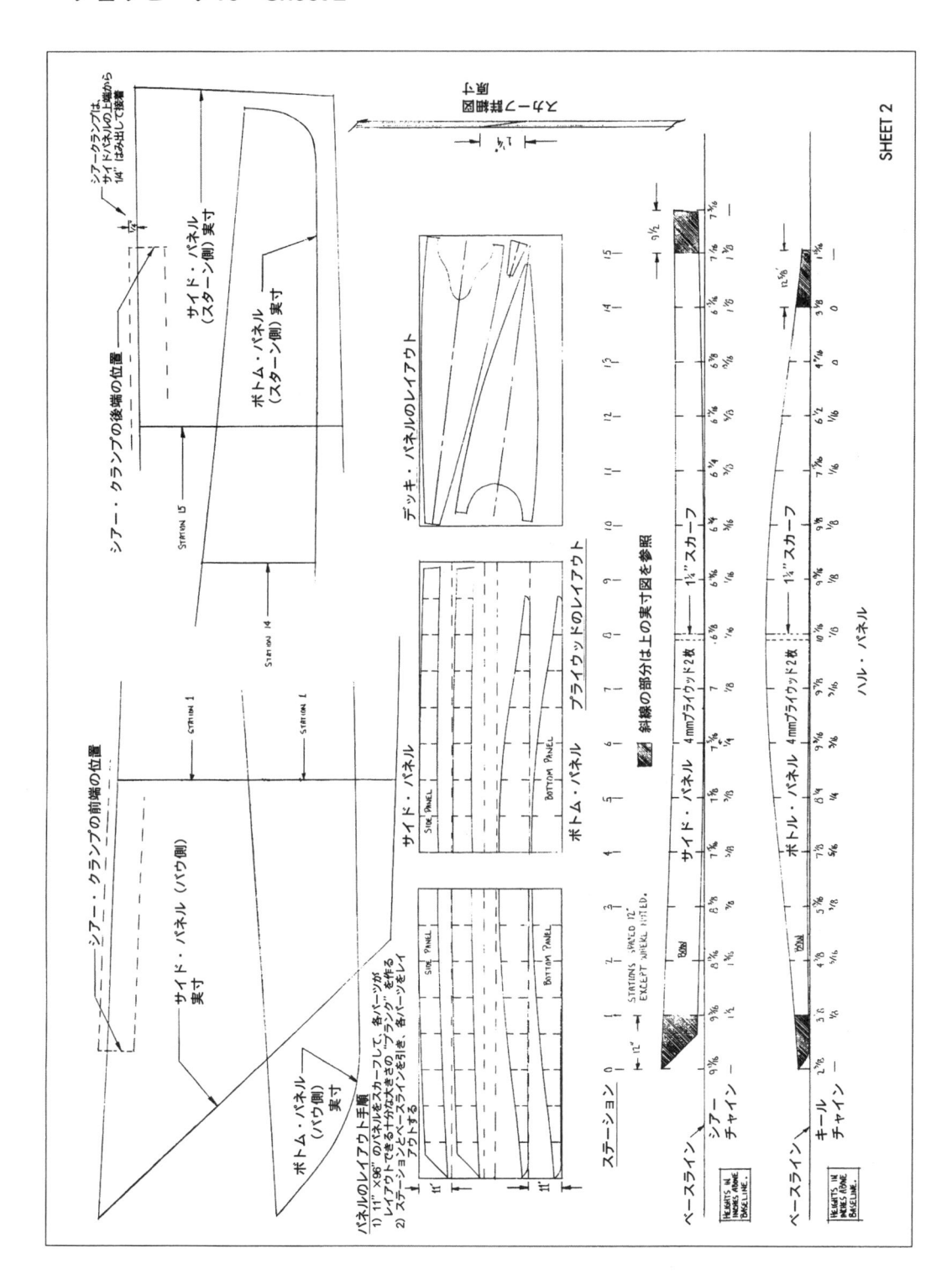

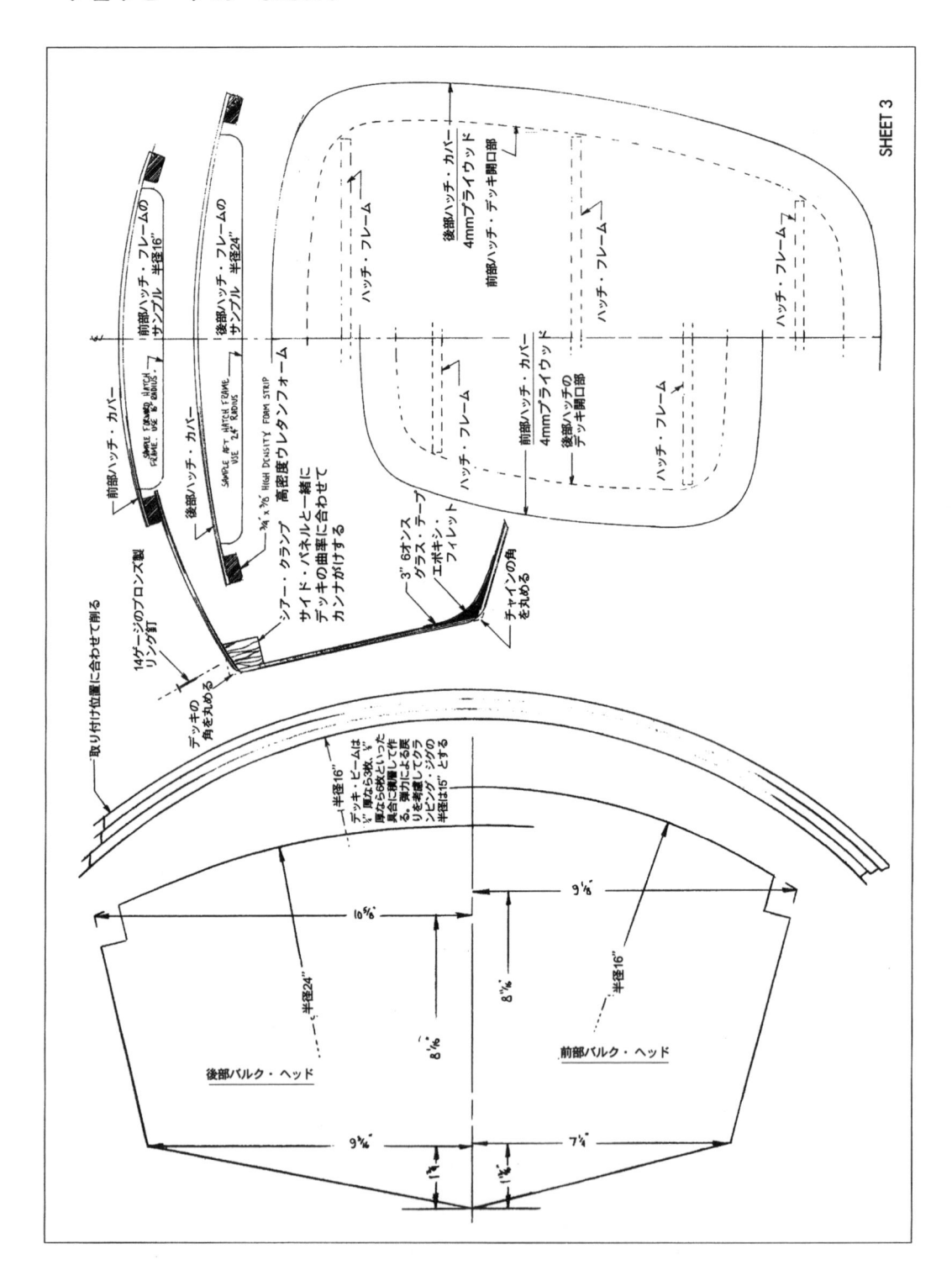

チェサピーク16　Sheet 3

チェサピーク16　Sheet4

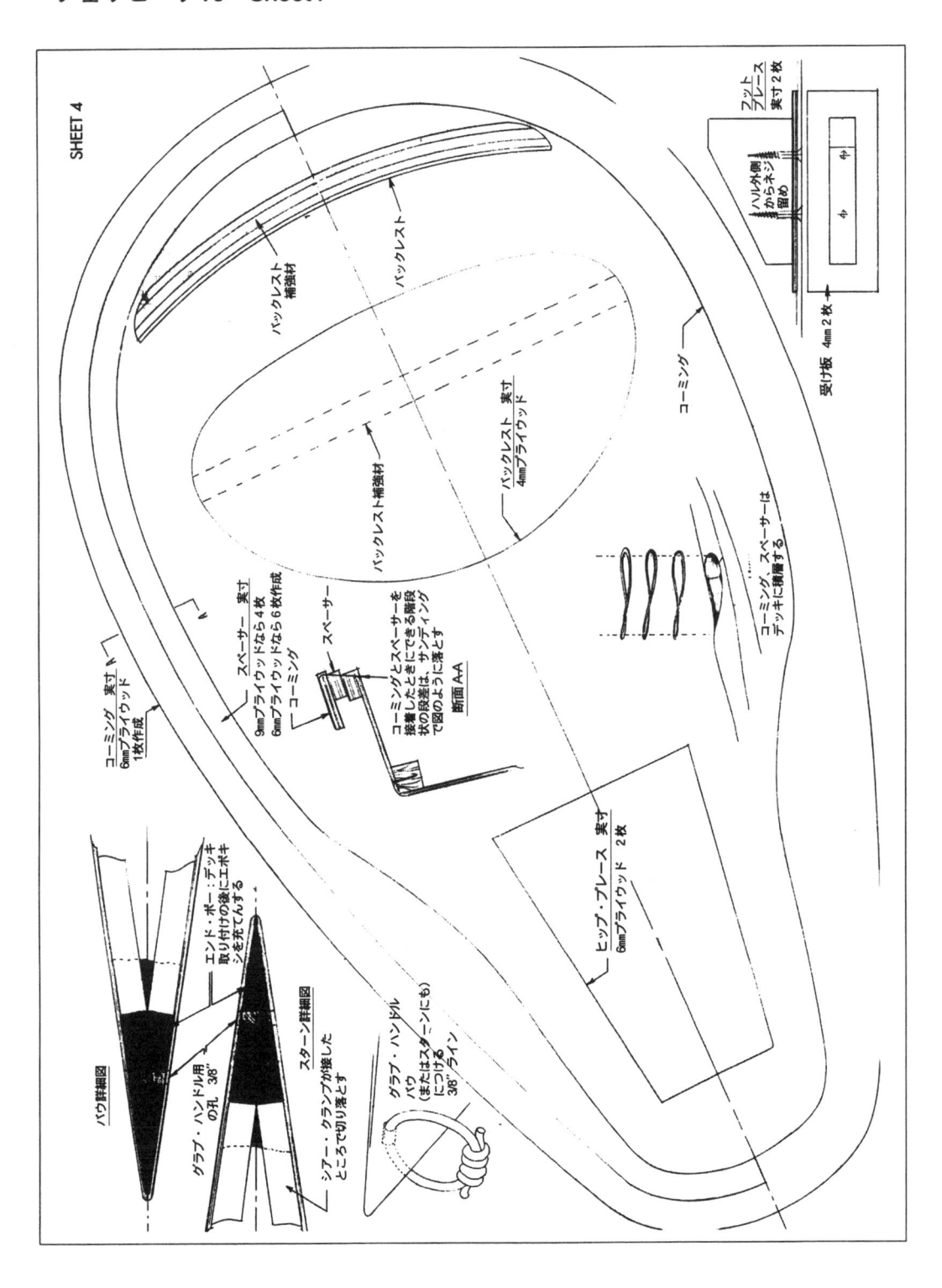

（55ページから続き）ノービス・パドラーにとっては手放し難い艇になることであろう。また、テクニックのあるパドラーの手にかかれば、長期の沿岸ツーリングも可能である。

チェサピーク16の材料表

- 4mm厚 BS1088 okoume マリン・プライウッド3枚
- 6mm厚BS1088 okoume マリン・プライウッド½枚
- 1インチ×¾インチ、32フィート長のスプルースやベイマツ、またはその他の軽く強い木材
- マリン・エポキシ（樹脂と硬化剤合わせて）2ガロン
- エポキシ用添加剤（シリカ、木粉）
- 38インチ幅、6オンスのファイバーグラス・クロス8ヤード
- 18ゲージの被膜のない銅線50フィート
- #10、1インチの青銅製ネジと仕上げ用ワッシャー30セット
- #8、1.5インチ青銅製木ネジ4個
- ¾インチ、14か15ゲージの青銅製リング釘4オンス
- ¾インチ厚、24インチ×24インチの発泡ウレタンフォーム
- 1インチ厚高密度発泡剤でできた目詰め材8フィート
- 1インチ幅プラスチック製Fastexバックル6個
- 1インチ幅ナイロン製帯ひも18フィート
- マツやベイマツ、または同等の木材2ボードフィート（1ボードフィートは1フィート×1フィート×1インチ）
- カヤック・バックバンド（背当て）と金具類（オプション）
- 1インチ幅ナイロン製帯ひも9フィート（プライウッドとウレタンフォームの背もたれをつける場合）
- カム・バックル2個（プライウッドとウレタンフォームの背もたれをつける場合）
- ラダーロック（テンション・ロック）・バックル1個（プライウッドとウレタンフォームの背もたれをつける場合）
- フットブレイス

ウエストリバー180（West River 180）

ウエストリバー180は、経験豊かなパドラーのための高速かつ武骨なマルチ・チャイン・カヤックとしてデザインした。そのハルは、多くのパドラーに高い評価を受けてきた前作のウエストリバー162と164のデザインをベースにしている。ウエストリバー180は喫水線長でほぼ17½フィートあり、パドラーの調子さえよければ申し分ないスピードを引き出すことができる。柱状係数は0.55と適度に大きく、この長い艇長を活かしきることができる。しっかりとした船底に22インチのビームを持ったハルは、浸水表面積を適度に小さく抑えながらも、十分な初期安定性を提供してくれる。この18フィート×22インチというカヤックのサイズは、多くのシーカヤック・レースの"ツーリング・クラス"において最大長および最小幅のリミットとなっている値である。ロー・プロファイルながら浮力のあるバウと、良好な二次安定性を実現するいくらかのフレヤー（ハルの張り出し）、そしてほどよいロッカーを同時に持ちあわせた一艇となっている。ツーリング・ボートということで、深さは11½インチほどある—私の11½サイズの足でゴムブーツをはいていても余裕で入る大きさだ。

ウエストリバー180のマルチ・チャイン・ハルは、チェサピークのハード・チャインのものに比べてパーツの数が多くなるので、レイアウトをして組み上げてゆくにはより一層の時間が必要になってくる。そこで、マルチ・チャインのカヤックをステッチ・アンド・グルー工法で製作する場合、ほとんどはプレカット・キットから製作されている。しかしながら、よいデザインを用意して細かいところまで注意を払えば、たとえ初めてカヤックを作る人でも設計図からマルチ・チャイン・カ

設計図

ウエストリバーは経験豊富なパドラーのための高速なツーリングカヤックである。

ヤックを完成させることは可能である。ウエストリバーを作るのに複雑な接合技術や手際のいる大工作業は必要ないが、レイアウトとパネルの切り出しには最大限の注意を払わなければならない。正確に部品を成形し、注意深く組み上げなければならず、さらにエポキシとファイバーグラスの作業は丁寧に行わねばならない。

ウエストリバーは、チェサピークに比べて高速で効率もよいが、安定性と操縦性では劣っている。カヤックの製作という点では、より挑戦しがいのあるモデルであろう。

ウエストリバー180の材料表

- 4mm厚 BS1088 オクメ・マリン・プライウッド4枚
- 6mm厚BS1088 オクメ・マリン・プライウッド1/2枚
- 1インチ×¾インチ、36フィート長のスプルースやベイマツ、またはその他の軽く強い木材
- マリン・エポキシ（樹脂と硬化剤合わせて）2ガロン
- エポキシ用添加剤（シリカ、木粉）
- 38インチ幅、6オンスのファイバーグラス・クロス12ヤード
- 18ゲージの被膜のない銅線100フィート
- #10、1インチの青銅製ネジと仕上げ用ワッシャー27セット
- #8、1½インチ青銅製木ネジ2個
- 1½インチ、14ゲージの青銅製リング釘
- ショック・コード24フィート
- ¾インチ厚、24インチ×24インチの発泡ウレタンフォーム
- 1インチ厚高密度発泡材でできた目詰め材8フィート
- 1インチ幅プラスティック製サイドリリース・バックル6個
- 1インチ幅ナイロン製帯ひも18フィート
- バック・バンド（背当て）
- フットブレイス

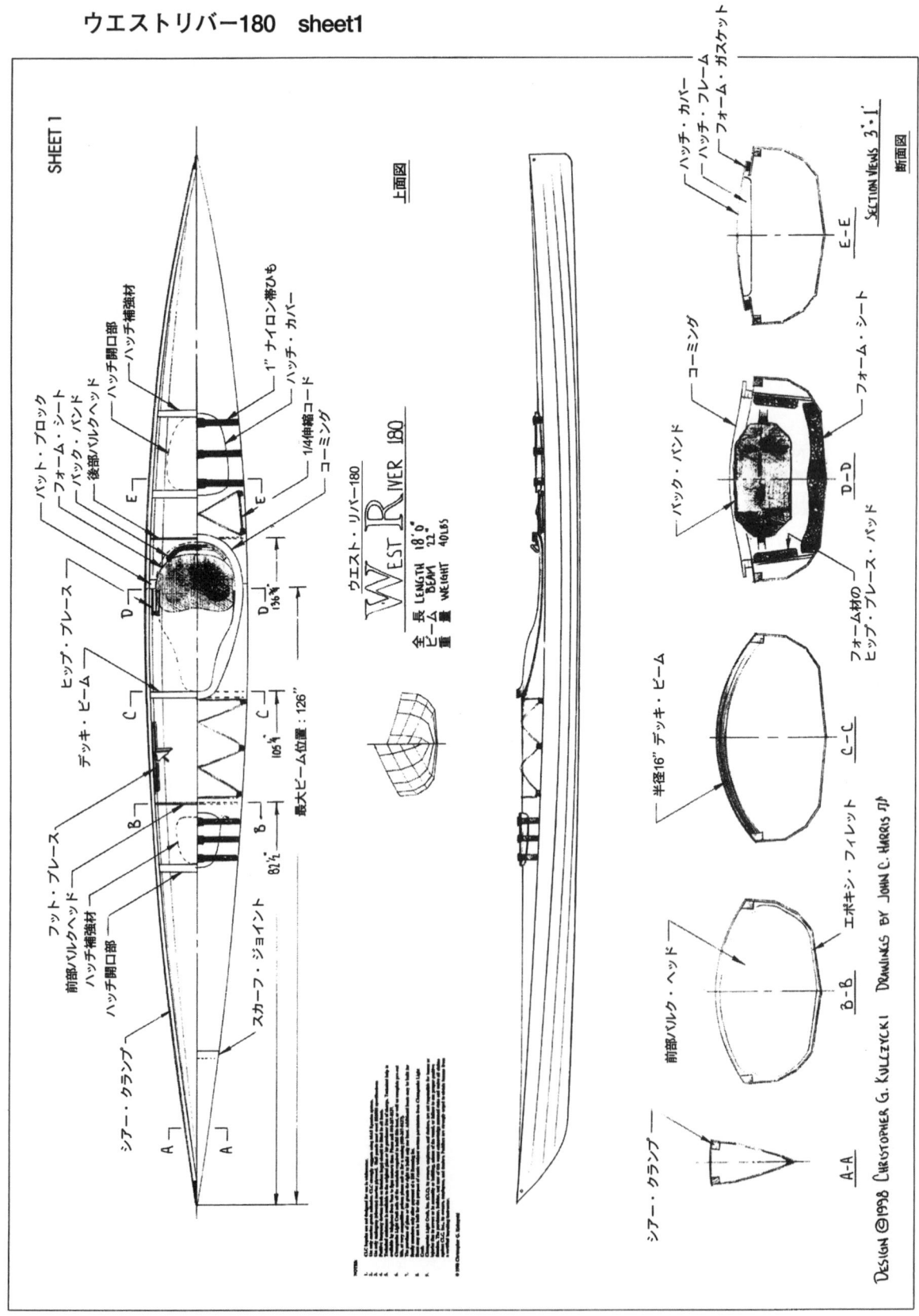

ウエストリバー180　sheet1

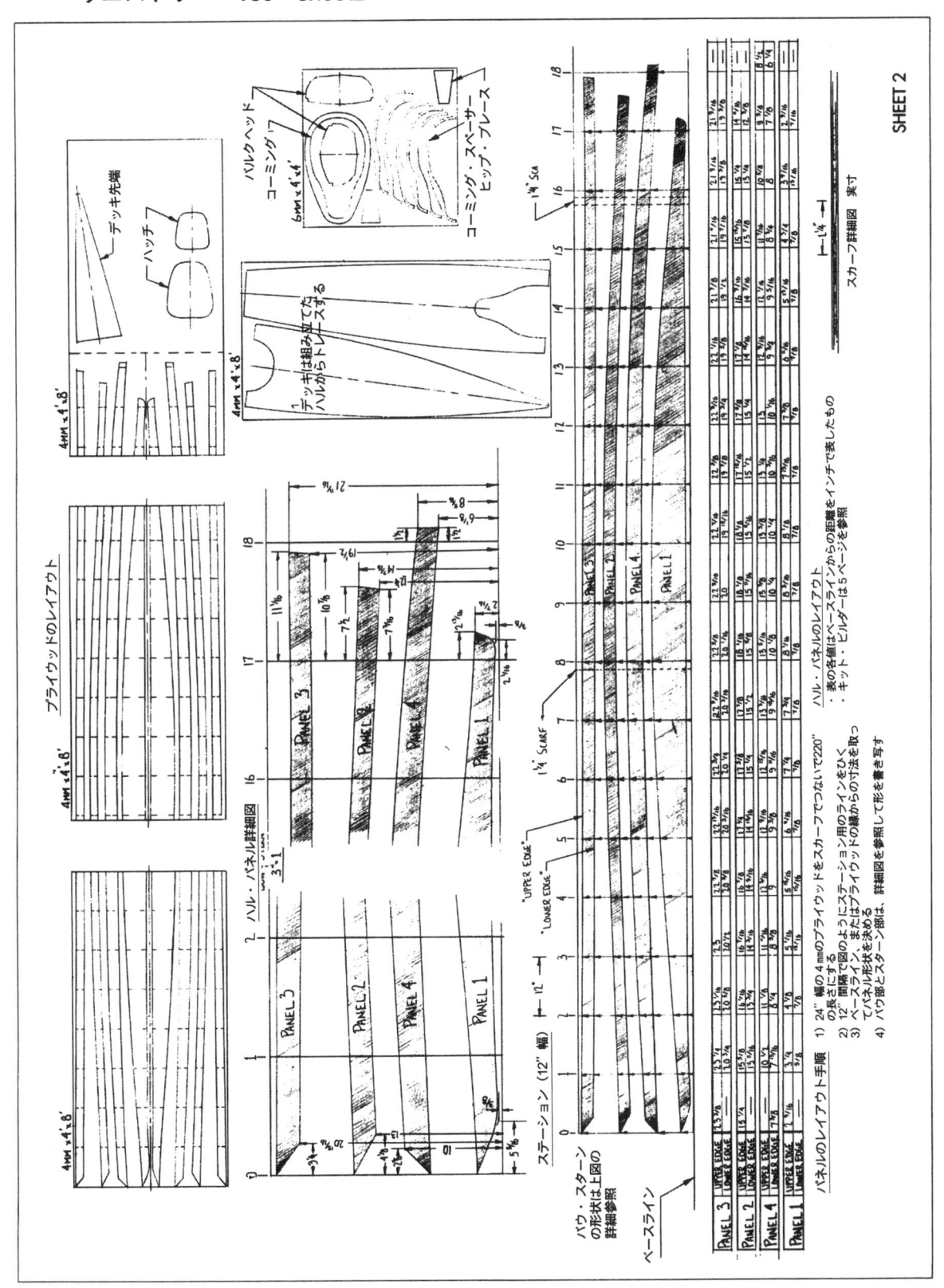

ウエストリバー180 sheet2

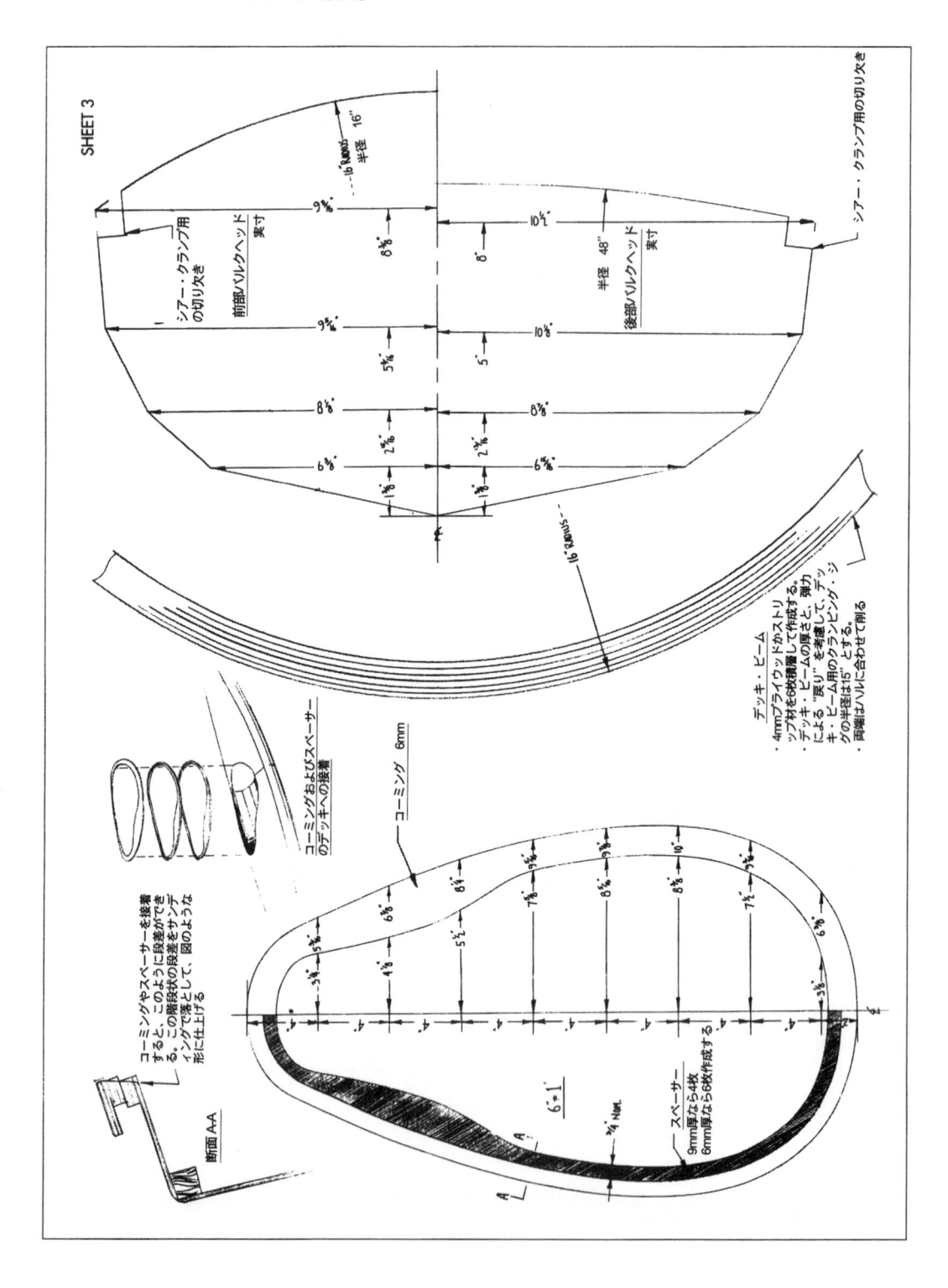

ウエストリバー180　sheet3

設計図

ウエストリバー180　sheet4

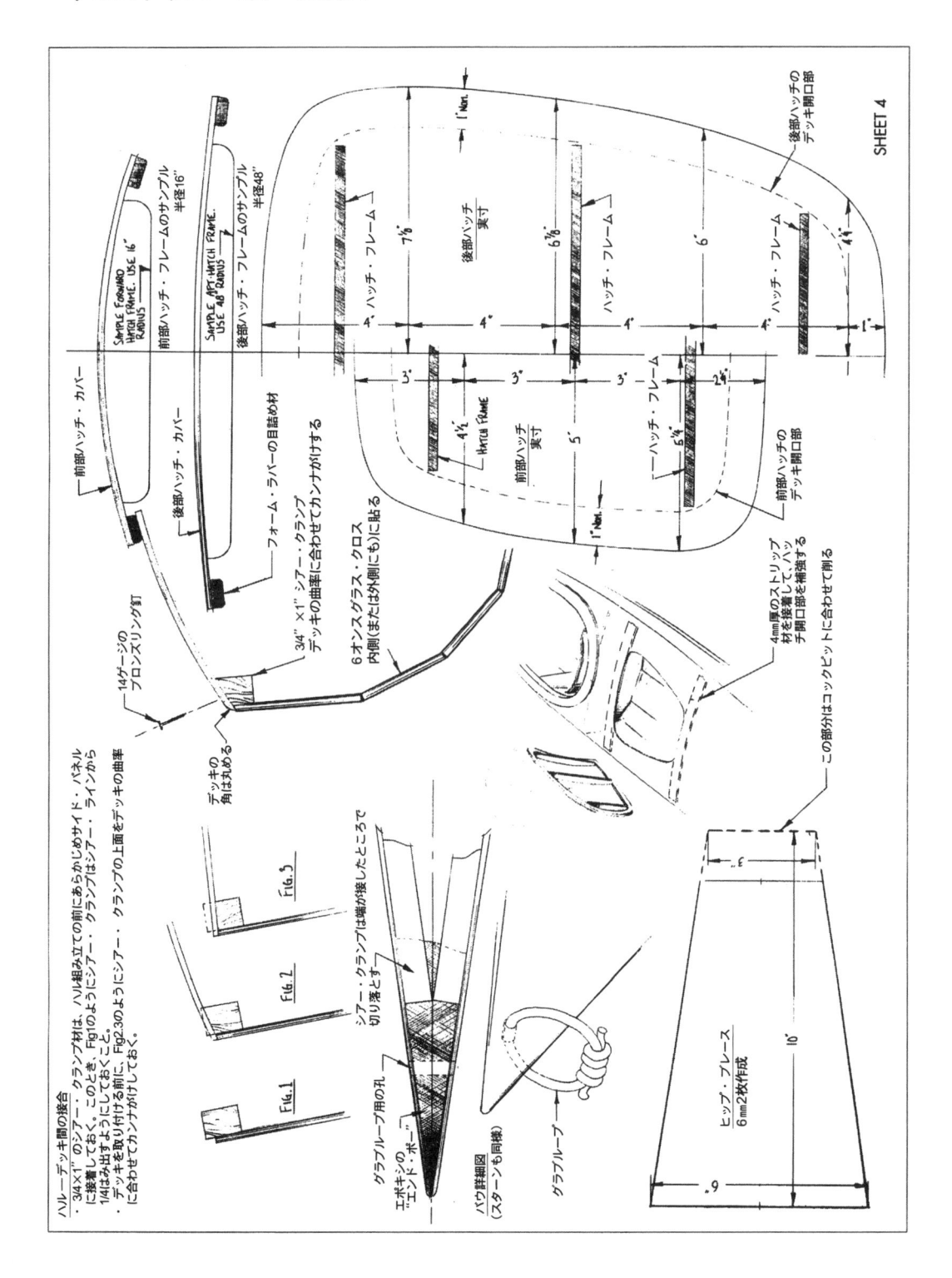

SHEET 4

後部ハッチのデッキ開口部

前部ハッチのデッキ開口部

ハッチ・フレーム

後部実寸

ハッチ・フレーム

前部ハッチ実寸

SAMPLE FORWARD HATCH FRAME. USE 16" RADIUS

SAMPLE AFT HATCH FRAME. USE 48" RADIUS

前部ハッチ・フレームのサンプル　半径16"

後部ハッチ・フレームのサンプル　半径48"

前部ハッチ・カバー

後部ハッチ・カバー

フォーム・ラバーの目詰め材

3/4" x 1" シアー・クランプ
デッキの曲率に合わせてカンナがけする

6オンスグラス・クロス
内側(または外側にも)に貼る

14ゲージの
ブロンズリング釘

デッキの
角は丸める

Fig.3

Fig.2

Fig.1

シアー・クランプは端が後接したところで切り落とす

エポキシの"エンド・ポミ"

グラスループ用の孔

バウ詳細図
(スターンも同様)

グラスループ

4mm厚のストリップ材を接着して、ハッチ開口部を補強する

この部分はコックピット開口部に合わせて削る

ヒップ・ブレース
6mm 2枚合成

ハル−デッキ間の接合
・3/4"×1"のシアー・クランプ材は、ハル組み立ての前にあらかじめサイド・パネルに接着しておく。このとき、Fig1のようにシアー・クランプはシアー・ラインから1/4はみ出すようにしておくこと。
・デッキを取り付ける前に、Fig2.3のようにシアー・クランプの上面をデッキの曲率に合わせてカンナがけしておく。

65

ウエストリバー180　sheet5

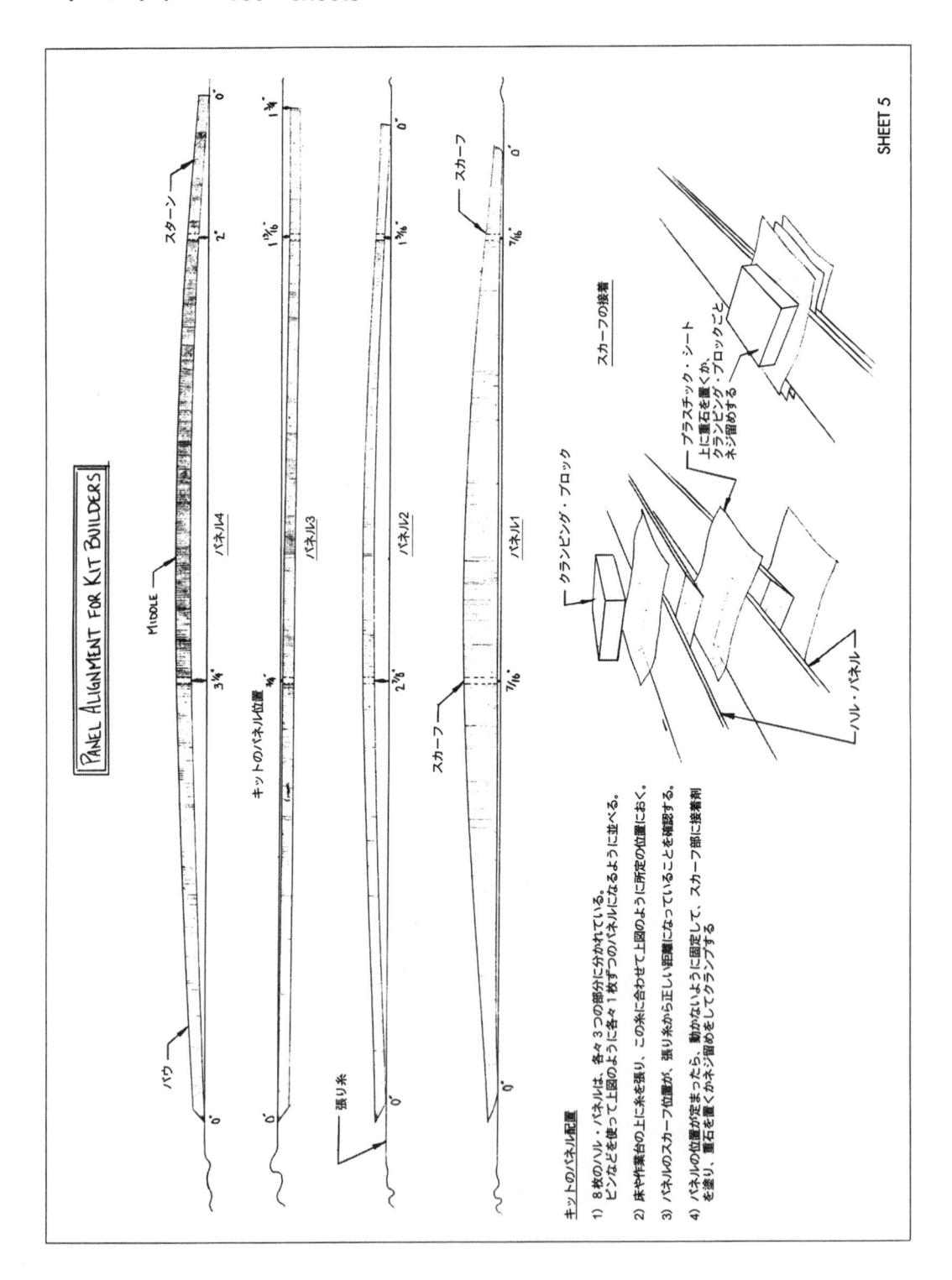

キットのパネル配置

1) 8枚のハル・パネルは、各々3つの部分に分かれている。ピンなどを使って上図のように各々1枚ずつのパネルになるように並べる。
2) 床甲作業台の上に米を張り、この米に合わせて上図のように所定の位置におく。
3) パネルのスカーフ位置が、張り米から正しい距離になっていることを確認する。
4) パネルの位置が定まったら、動かないように固定して、スカーフ部に接着剤を塗り、重石を置くかネジ留めをしてクランプする

設計図

屈強なパドラーならウエストリバーの速度性能の真価に満足するはずだ。

セバーン（Severn）

　セバーンは小型で超軽量の静水用カヤックである。14フィート7インチ長、25インチ幅で、重さは26ポンドである。体重180ポンド以下で、背があまり高すぎず、キャンピング道具などを積みたくないパドラーには最適である。シーカヤックに分類するつもりはないのだが、トラッキング性能はよく、さざ波の中でも操作性に優れている。軽量さと驚くほどの効率の良さが、この艇を特別な存在にしている。子供でも車の屋根からおろして水際まで担いでゆくことができるし、さらに、一旦水面に出ればその安定性は頼もしい限りで、パドリングに苦労することもほとんどない。喫水線長が短いため最高速度こそ高くはないのだが、滑るように進む艇は一日中よいペースで漕いでもパドラーを疲れさせることはないであろう。多くの人にとっては、この方が速度よりもずっと重要なことである。

　セバーンは短時間で作ることのできるボートではあるのだが—コンパウンデッド・プライウッド工法のものすべてにあてはまることだが—その製作工程には手際が必要なうえ、まるで直感的ではないのだ。この本の3種類のカヤックの中では、いちばん作るのが難しいだろう。セバーンのハルとデッキは3mm厚のプライウッドから構成されているので、4mm厚のプライウッドから作られているチェサピークやウエストリバーほど曲げるのは大変ではない。（71ページに続く）

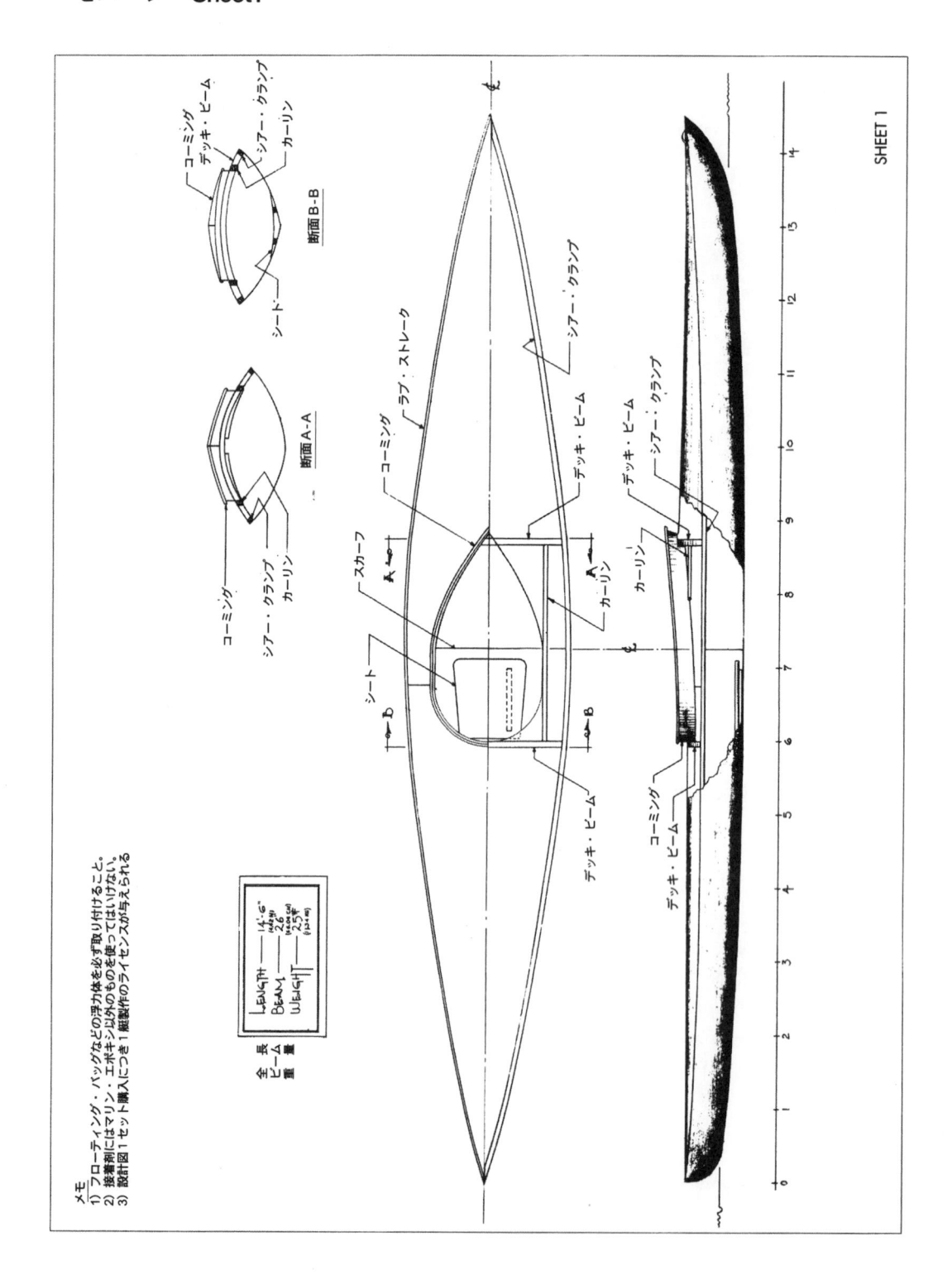

セバーン　Sheet1

設計図

セバーン　Sheet2

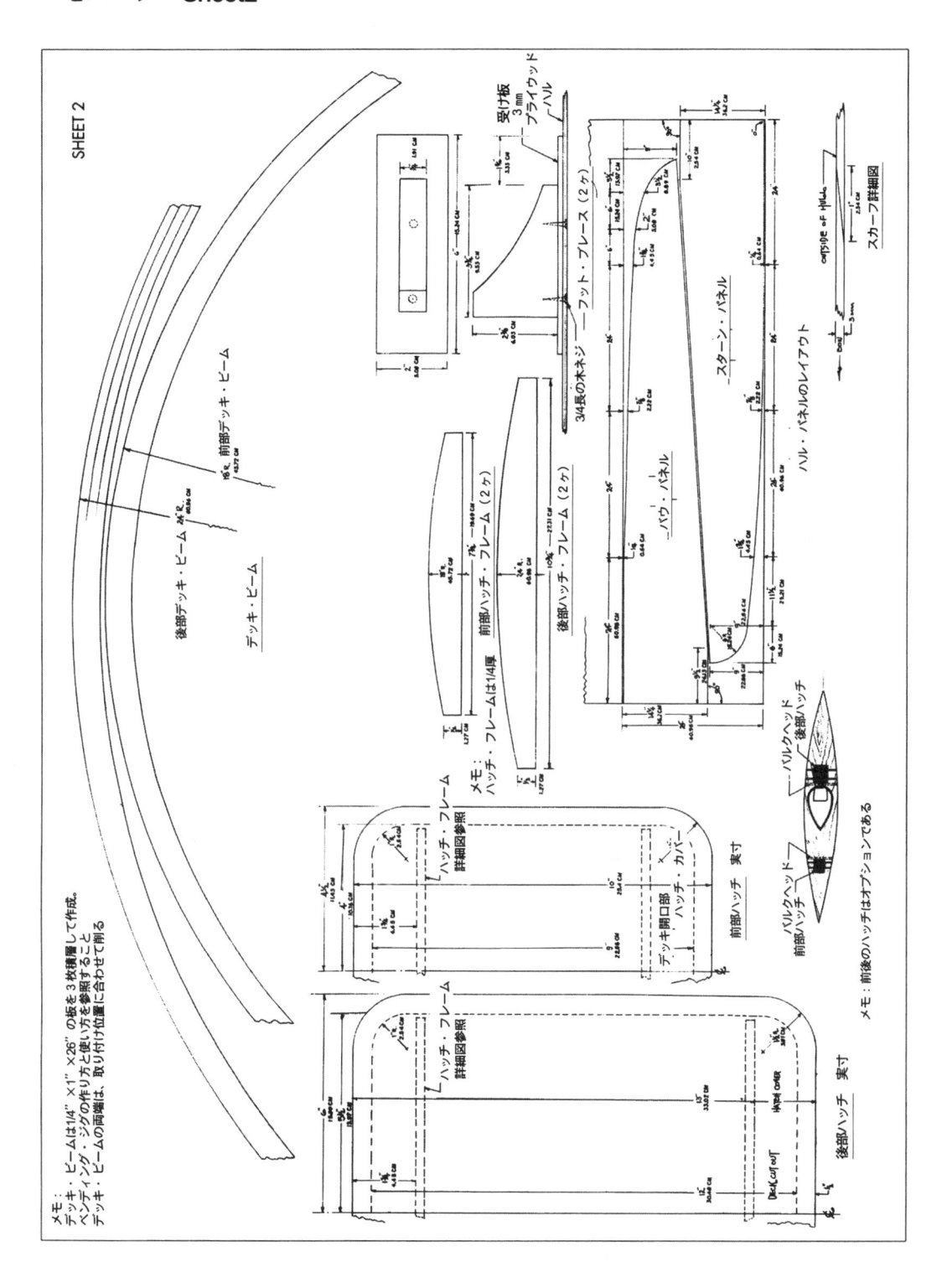

セバーン　Sheet3

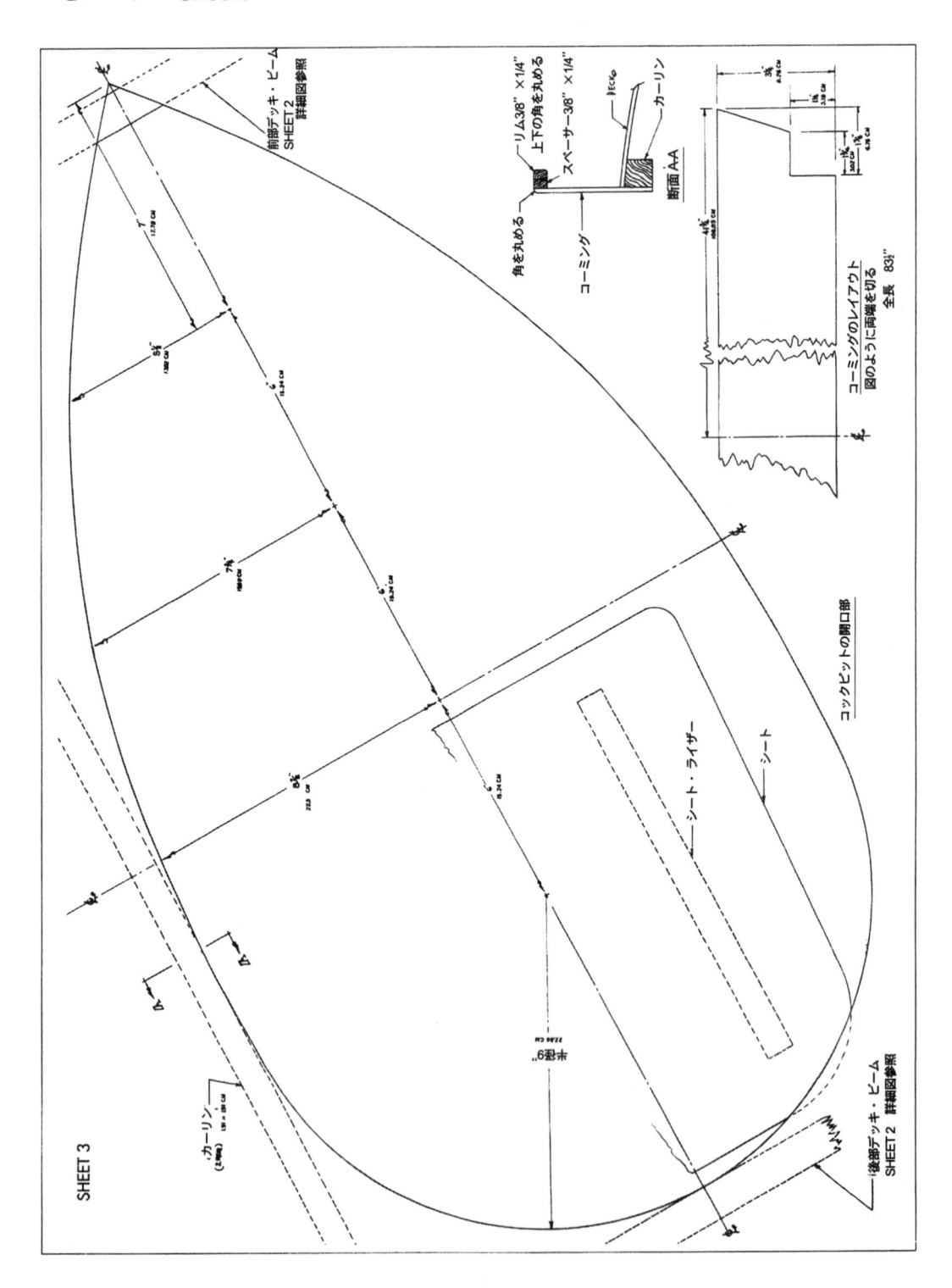

超軽量の静水用カヤックである小さなセバーンの重さはたった26ポンドである。小柄なパドラー向きではあるが、テストのために、200ポンドを超える私の体をセバーンの中にねじ込んでも大丈夫であった。

（67ページから続き）セバーンの製作には最高品質の3mm厚オコーメを使用しなければいけない：ハル部分を大きく曲げたりねじったりする作業があるので、粗悪なプライウッドだと目的のハル形状にしようと曲げたときに割れてしまうことがあるのだ。

セバーンの材料表
- 3mm厚 BS1088 オクメ・マリン・プライウッド2枚
- 6mm厚 BS1088 オクメ・マリン・プライウッド1/2枚
- ¾インチ×½インチ、36フィート長のスプルースやベイマツ、またはその他の軽く強い木材
- ¾インチ×¾インチ、6フィート長のスプルースやベイマツ、またはその他の軽く強い木材
- ¼インチ×½インチ、32フィート長のマホガニー、ナラ、チーク、その他の頑丈な装飾用木材
- ¼インチ×¼インチ、8フィート長のアッシュやホワイトオーク、その他の曲げやすい木材
- マリン・エポキシ（樹脂と硬化剤合わせて）1.5ガロン
- エポキシ用シリカ添加剤
- 38インチ幅、6オンスのファイバーグラス・クロス5ヤード
- 18ゲージの被膜のない銅線25フィート
- #10、1インチの青銅製ネジと仕上げ用ワッシャー8セット
- #8、1½インチの青銅製木ネジ8個

- ¾インチ、15ゲージの青銅製リング釘4オンス
- ショック・コード12フィート
- ¾インチ厚、24インチ×24の発泡ウレタン・フォーム
- バック・バンド（背当て）
- フットブレイス

Chapter6
ハル・パネルの製作

　ボートは曲線で構成されている。多くのビルダーにとっては厄介なことであるが、結局のところ、ただ直定規で直線を引いてばかりはいられず、曲線を引かなければならないのである。しかし2、3の技を使えば、ハル・パネルに曲線を描くのも難しいことではない。チェサピークのようなハード・チャインのボートをつくる場合なら、レイアウトのちょっとした誤りくらいは問題がなく製作できてしまう。一方、ウエストリバーやセバーンといったマルチ・チャイン艇やコンパウンデッド・プライウッドの艇では、"曲げ工程（bend up）"が上手くいくように、パネルへのレイアウトと切り出しは正確に行わなければならないのだ。

　チェサピークとウエストリバーを作るときには、ハル・パネルをレイアウトして切り出す前に、まずスカーフ・ジョイントによってプライウッド同士をつなぎ合わせてブランク（白紙の状態の大きなプライウッド）を作らなければならない。ブランクのサイズは設計図に記してある。ブランクがハル・パネルをすべて取れるだけの十分な大きさであるかぎり、スカーフ・ジョイントの位置はそう重要なことではない。別のプロジェクトで余ったり半端な大きさに切ってしまったプライウッドがあれば、あなた独自の方法で好きなようにレイアウトしてかまわない。

　セバーンを作る時には、4つのハル・パネルすべてを1枚のプライウッドから切り出してから、スカーフ・ジョイントによって2つの長いパネルを作りあげることになる。いちばん簡単なやり方としては、まず1枚のプライウッドの半分に前後両方のパネルをレイアウトしてからこれを半分に切り分け、2枚になったプライウッドを重ねて2組のパネルを切り出すとよい。この章では、まずスカーフジョイントの作り方を説明してからレイアウトについて述べるので、セバーンを作る際にはこの手順を

4枚のハル・パネルはスカーフを切る前に作業台の端にそろえておく。各階段部の幅は4mmプライウッドだと1¼インチになる。

逆にする必要がある。
　プレカット・キットから作るつもりなら、この章のほとんどの部分は読み飛ばしてもらってかまわないだろう。パネルとスカーフは切り出してあるだろうから、あとはきちんと並べて接着するだけである。

スカーフ・ジョイント
　通常、カヤックはプライウッド・シートよりも長いので、2枚かそれ以上の枚数のプライウッドをつなげる必要がでてくる。これに最も適したエレガントな方法がスカーフ・ジョイントで、単に2つの傾斜をつけた面を重ね合わせて接着するだけである。スカーフは接着剤で張り合わせる接合面を広くとるためのもので、ジョイント部の長さを板厚の8倍以上にすれば、接着部はその周りの木材と同じ強度が得られるのである。私はスカーフ部が弱点になっていないかどうかを試すために、スカーフ・ジョイントでつないだ板を数えきれないほど壊してきたが、すべての場合において、最初に亀裂が入ったのはその周りの部分であった。

小口カンナによるスカーフ部のカット
　まず初めに、カットするスカーフの内側のエッジに鉛筆でラインを引く；スカーフがパネルの厚みを高さとする"スロープ"だと考えると、このスロープが始まる頂上となるところを示しているのがこのラインである。8:1のスカーフをカットするつもりなら、3mm厚のプライウッドを接合する場合、このラインはスカーフの端から1インチのところになる（3mm×8で24mmとなり、これはほぼ1インチである）。 4mm厚のプライウッドを接合する場合、8:1のスカーフ幅は1¼インチとなる。スカーフするパネルの端を作業台の端に合わせて置く。作業台の端がガタガタに傷ついているようなら、作業の前にいらなくなったプライウッドなどのきれいな面を打ちつけておくとよいだろう。

ハル・パネルの製作

スカーフを切る最も簡単なやり方は、小口カンナを使うものだ。作業を始める前に、他のプライウッドを使って小口カンナの切れ味を確認しておいてほしい。指先で確かめるだけではだめである。プライウッドに含まれている接着剤によってカンナの切れ味はすぐに鈍くなってしまうので、数枚のスカーフを切ったところで研ぎ直すことになると思う。刃の出し方は小さくしておいた方がよい。一度に削る木の量を多くした方が時間の節約になるように思うだろうが、それをやると、遅かれ早かれ大きなカケラをむしりとってしまうはめになり、パネルをダメにしてしまうだろう。

上：スカーフを作る。カンナはパネルに対して約45度の角度を保つこと。
下：スカーフが仕上がるとベニヤの平行なパターンが現れる。

ベベル（スカーフ）を重ねる方法は、薄いプライウッド・パネルを接合する最も良い方法である。

鉛筆で引いたラインと、作業台の端に合わせたパネル下面の端との間の木材を、カンナで削り取る。カンナを少し傾け、プライウッドの端にそってゆっくりと削る。"スロープ"ができてきたら、プライウッドのベニヤの層が帯のようになって現れる、この帯同士が常に平行になるようにカンナをかけてゆく。鉛筆のラインと、作業台上で鳥の羽のように薄くなったプライウッドの端との間が、スムースでフラットになったら、作業は終了である。

　スカーフを作るもっと簡単で早い方法は、4枚のスカーフを一度に削るやり方である。これはまず、作業台の端に4枚のパネルをそろえて置いたら、いちばん上のパネルを後方にずらして、このパネルの端を下にあるパネルの鉛筆のラインにあわせる。これと同じように、スカーフを作るすべてのパネルを上から順に後方にずらしたら、全体を作業台にクランプするのだ。あとは、いちばん上にあるシートの鉛筆ラインと作業台の端との間を、一枚のシートでやったように削って、スロープをつくればよいのである。

　小口カンナでスカーフを作る方法は、説明するよりもやってみたほうが簡単だろう。いらなくなった板で練習すればすぐに要領がつかめるはずである。

スカーフをつくる他の方法

　小口カンナでスカーフを作る方法は単純でお手軽なものだが、プロのボートビルダー達は、生計をたてるために効率を追求した結果、もっと時間を節約できるスカーフ製作方法を生み出してきた。2艇以上のカヤックを作る予定ならば、ここで紹介するいくつかの方法を試してみる価値はある。

　私はベルト・サンダーを使って多くのスカーフを作っている。このテクニックは小口カンナを使った方法とよく似ている。まずスカーフの内側エッジに印をつけ、パネルを作業台の端に置いてずらしてゆく。そして、小口カンナの代わりに、サンディングで木材を削り取ることによってスロープを作るのだ。このとき、ベニヤの割れを防ぐため、ベルトがスロープを下るようにサンダーを保持して、上や横方向にサンディングしないようにすることが大切である。気を抜くと簡単に削りすぎ

ベルト・サンダーでスカーフとつくる。ペーパーがパネル下方向に削っていくようにしなければならない。

てしまうので、作業はゆっくりと行うことだ。スカーフの作成には80番のサンディング・ベルトが適しているようである。

　私はルーターとジグを使ってスカーフの製作をしたこともある。ルーターはほぞ穴用ビットの長いものをつけ、これを小さな板の上に固定する。ルーターを取り付けた板は、8:1のスカーフをカットするように角度をつけたフレーム・セットに沿って左右にスライドするようにする。このフレームやジグをスカーフするプライウッド・パネルの上に固定してしまえば、あとはこれに沿ってルーターを押してやるだけで、完璧なスカーフが製作できるのである。唯一の欠点は、すべての準備を整えるのに、カンナやベルト・サンダーでスカーフを作るのと同じくらい時間がかかってしまうことである。もちろん、商品を作っているような工房ならば、スカーフ製作専用にルーターやテーブルを用意して、ほとんど完璧なシステムにすることも可能だろう。

　この他、ウエスト・システム社が作っている丸ノコ用のアタッチメントを使ってみる手もある。これは、3/8インチまでの厚さのパネルにスカーフを作ることができるものである。このアタッチメントは、パネルに対して適当なノコの角度を保持するガイドが付いていて、このガイドをパネルにクランプした直定規にあてて動かせばよいのである。このシステムは確かに早いのだが、セッティングに要する時間は決して短いものではないし、複数のパネル一度に扱うことはできないようである。さらに、スカーフの仕上がりが他の方法に比べて粗いようである。

スカーフの接着

　失敗したという話は滅多にきかないのだが、スカーフ・ジョイントの接着をする時には格別の注意を払うべきであろう。作業場の気温はエポキシ・メーカーの指定する仕様の範囲内におさまっているだろうか？　樹脂と硬化剤は正しい比率で混合しているだろうか？　そして接合するパネル同士の位置は完璧だろうか？

　プレカットのパネルを接着する場合、例えばセバーンを作る時やキットから作る場合がこれにあてはまるのだが、パネルの位置をきちんと調整することが非常に重要である。まず、接着するパネルの上に基準線を引くか、または糸を張る（78ページの図参照）。そして、基準線の上にパネルを横たえて、少なくとも3ヵ所のオフセットを確認してほしい。このとき、両端に近い部分で1ヵ所づつ、もう1ヵ所は中心に近い部分のオフセットをチェックする；これらが設計図と一致していなければならない。また、パネルの適切な位置を作業場の上に写し書きしておくと、接着した時にパネルがずれてもすぐにわかる。ブランクを接着する場合には、単純に長い直定規を使って直線を確かめればよい。

　ワックス・ペーパーやプラスティック・フィルムをスカーフの下に敷いておく。1オンスか2オンスくらいのエポキシを混合し、シリカ・パウダーを添加してジャム程度の粘度にする。接合部の両面にエポキシを塗り広げる。スカーフのベベル同士を慎重に合わせ、でき上がった板が横に張っておいた糸に沿って真っ直ぐになっていることを確認する。クランプした時に接合部がずれないように、両パネルは作業台か床にクランプしておくかステープルで留めておく。クランプの圧力によってスカーフ・ジョイントの接合部は外側にスライドしようとするので、あらかじめパネルを固定しておくのだ。2枚目のワックス・ペーパーかプラスティック・フィルムでジョイント部を覆っておく。

　スカーフ・ジョイントをクランプするのには手際を要する。幅の細いパネルやストリップ材なら普通のC型クランプで大丈夫である。この時、クランプの負荷が分散するように、接合部には木製のパッドをはさんでおくのを忘れないように。また、クランプは締め過ぎてはいけない、接合部のエポキシが絞り出されることになる。あまりにきつく締めてしまうと、接合面同士は接していても、スカーフからすべてのエポキシが絞り出されてしまい、接合部が弱くなってしまうのだ。

　C型クランプで固定するには幅広すぎるパネルも多い—パネルの内側の方まではクランプのアゴがまるで届かないものだ。幅広のパネルをしっかり締めるには、ステープルか壁板用のネジを使う

真っ直ぐに張った糸を使ったプレカット・パネル（例ではセバーンのもの）の位置決め

のが最も簡単な方法である。接合部をワックス・ペーパーで覆い、その上にいらなくなった薄いプライウッドをストリップ状にしたものを載せて、接合部に沿って1インチ程度間隔にステープルを打ち込む。このときステープルには、上に載せたストリップ板とスカーフを貫通して作業台（硬い木の床でないことを祈る）の表面に達するだけの長さが必要である。私の場合、天井の防音板を取り付ける長いステープルを使用している。打ち込んだステープルは、さらに金槌を使って確実に根元まで打ちこむ。エポキシが硬化したら、かぶせたストリップ板ごとステープルを取り除けばよいのだ。ステープルが届くかぎりは、この方法でパネルを何枚でも重ねて接着することができる、ステープルで開いた小さい穴は、エポキシに木粉を混ぜたもので埋めればよい（80ページ図参照）。ハルを塗装するつもりなら、ステープルの代わりに小さめの壁板用ネジを使ってもよい。この場合、接合部の上に½インチ以上の厚みのある板切れを載せて、ネジは6インチごとに取り付ける。

上：接着の前にスカーフ部を幅の広い粘着テープでマスキングしておくと後で行うサンディングのときに助かる。余計なエポキシはテープを剥がすだけで取り除ける。
右：薄いパネルのスカーフをクランプするもう一つの方法は、壁板用ネジでボードごと作業台に留めてしまうものだ。エポキシはスカーフの両表面に塗られていることを確認する。
下：スカーフ部のクランプには重石を使用する方法もある。これは5ガロンの水のはいったバケツである。

　完璧主義な人だと小さな穴の跡がボートにたくさん残るこの方法は気に入らないであろう。こんな時は、接合部の上に重石をおいてパネルをクランプするとよい；5ガロンのバケツに水をいっぱいに入れるとちょうどよい重さになる。まず、パネルをテーブルや床の上に置き、接合部に重石をのせた時にパネル同士が外側に逃げないようにパネル両端を固定する。つぎに、スカーフ部にワックス・ペーパーを敷いて、いらない木片をその上に置く。木片は接合部と同じか若干大きめくらいがよい。こうすると接合部に全重量を集中することができるのだ。最後に、木片の上にバランスよく重石を載せて、パネルの位置がずれていないかをもう一度チェックする。

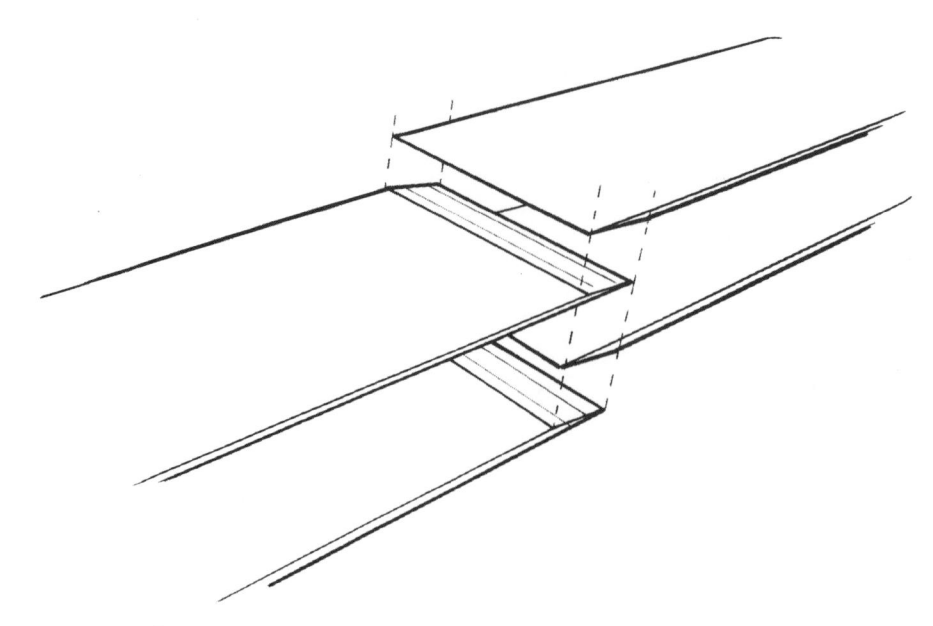

複数のスカーフをクランプすると、スカーフ同士がくっついてしまうかもしれない。ワックス・ペーパーかプラスティック（ラップシート）をパネルの間に挟んでおく。

スカーフ・ジョイントを行うと、大抵は絞り出されたエポキシを取り除くために多少のサンディングが必要となる。接合部をサンディングする時には、木材部分を削ってしまわないよう慎重に行ってほしい。

市販のスカーフ済みパネル

プライウッド販売会社によっては、2枚またはそれ以上の枚数をスカーフしたパネルを販売しているところもあるだろう。メリーランド州サドラーズビルにある ハーバー・セイルズ社（Harbor Sales）では、U.S.海軍士官学校の将官艇用に50フィート長のプライウッドを製作していて、これはアメリカ中でも最も長いプライウッドではないかと思う。またここでは、顧客が自分で持ち帰る手段があるとしたら、さらに長いシートの注文にも応じてくれるようである。ハーバー・セイルズ社がスカーフしたプライウッドは出来もよく値段も高くないのだが、どうやったら16フィートや20フィートものパネルを安く輸送できるだろう？　配達してもらえる範囲に住んでいるとか、大きなトラックを持っていたり借りたりできるとかいうのであれば、市販のスカーフされたパネルの購入を考えてみるのもよいかもしれない。

メリーランド州のハーバー・セイルズ社では50フィートまでシートをスカーフで接合できるが、どうやって家まで運ぶのか？

しかしながら、これらの輸送について考えると、私たちのほとんどは自前でスカーフしなければならないという結論に達するのである。

バット・ジョイント

　カヤックの設計図によってはスカーフ・ジョイントではなくバット・ジョイントが指定されていることがある。バット・ジョイントは、単に2枚の板の端と端を突き合わせて接着する工法で、バット・ブロックとよばれる小さなプライウッド片やファイバーグラス・テープを接合部の裏側から接着して強化している。この工法はあまりエレガントでないし重くなるうえ、バット・ジョイント部で板の曲がり方が変わってしまい、結果として、フラット・スポットを作ってしまうものである。

　このようなカヤック・キットを販売しているメーカーやデザイナーは、単に、日に数百というスカーフを製作

バット・ジョイントとスカーフ・ジョイントを並べてみた。両者を見比べてみてほしい。バット・ジョイントの方にはフラット・ポイントができていることに注目してほしい。バット・ジョイントをハル・パネルの接合につかってはならないのだ。

できるカスタム・メードの工作機械に投資したくないというだけの理由で、バット・ジョイントを採用しているのだと思う。それか、もしかするとバット・ジョイントの方が簡単に作ることができると宣伝したいのかもしれない。しかし、実際のところ分別のある製作者ならば、スカーフ・ジョイントであれバット・ジョイントであれ、パネルの位置は確認するであろうし、接着の前にはパネルを台に固定するであろう。唯一都合がよいと考えられるのは、設計図から作るビルダーがスカーフのカットをおぼえるために1、2時間を費やすのがどうしても嫌だ、という時ぐらいだろう。

　ボートのハルに、スカーフ・ジョイントよりもバット・ジョイントを好んで使うようなプロのボートビルダーを見つけるのは難しいだろう。デッキのように比較的平らな部分になら、バット・ジョイントの使用も考えられるし、かえって有効な場合もあるかもしれないが、見識のあるビルダーならハルにはスカーフ・ジョイントを使うものである。

パネルのレイアウト

　この本の3艇も含めて、ほとんどのカヤックの設計図はハル・パネルの正確な寸法を示したレイアウト図を載せている。普通、これはプライウッド・シートの端やベースラインからのオフセットによって記述されている。オフセットとは、基準線やパネルの端から垂直方向に測った寸法のことである。言い換えれば、このオフセットによって、ベースラインからの距離とベースライン上での位置（左右方向）が与えられ、これによってプライウッド上での位置が定まるのである。これは中学校の数学の授業で習った—2度と使わないと思っていた—直交座標系に似ている。これらの寸法をプライウッド・シート上に写し取り、各点を曲線でつなげばよいのである。

上：カーペンターズ・スクエア（差し金）を使い、ベースラインからの横方向、縦方向の距離を計ってオフセットを描く。
下：小さな折れくぎ（brad）を使って計測点の上にバテンをホールドし、スムースなカーブにする。

まず始めに、長い直定規かチョークラインを使ってプライウッドの上にベースラインを引く。床の上か長い作業台で行うのがベストである――プライウッドの端が作業台から垂れ下がらないようにすること。

十分に長い直定規がない場合には、新しいプライウッド・シートの縁を使うのもよいだろう。チョークラインを使う場合は、ケースから引き出した時に糸についた余分なチョークをかるく弾いて落としておく、そうしないと、パネル上で弾いた時に"とびちって"太すぎる線が残ってしまう。ベースラインは完全に真っ直ぐで読みやすいものでなければならないことを忘れないで欲しい。

ベースラインを順番に測っていって、ステーションと呼ばれるオフセット用のインターバルに区切ってゆく。ステーションは大抵の場合1フィート間隔となっていて、この本の3つの設計図も同じである。オフセットの寸法は差し金を使ってマークしてゆく。この時、ほとんどのステーションにはパネル下端までのオフセットと、パネル上端までのオフセットがあるので、その両方をマークする。また、両方のオフセットがベースラインに対して正確に直角となっていることを差し金でちゃんと確認する。さらに、チョークラインの線幅の真ん中からではなく、常に端から測るようにする。もちろん、チョークラインの端でもどちらか一方だけを使わねばならない。計

測した点には鉛筆で小さく十字を描いて印をつける。すべての点をレイアウトし終わったら、各点の寸法を再度チェックする—自分のヘマで板を再注文するトラブルはこれでなくなる。

次に、バテンを使ってオフセット・ポイントをつないでゆく。バテンはスムースに曲る細長い木製の板で、パネルの端を描くのに役立つフレキシブルな直定規のようなものである。バテンを固定するために、ダック（duck）とよばれる専用の鉛の重石を買ってもいいのだが、これでは緩やかなカーブしか描くことはできない。もっとよい方法としては、計測した各点に小さな釘やブラッド（brad、折れ釘、無頭釘）を打ち、これにバテンをあてがって、クランプや石、レンガ、またはアシスタントを使って固定するのだ。きれいな曲線を描くために、十分に時間をとって調整してほしい；凸凹やフラットな部分があってはならない。私の知る限り、カーブがきれいかどうかを判断する方法は、しばらくじっくりと眺めるしかないようである。バテンのきれいなカーブに満足がいったところで、そのカーブに沿って鉛筆で線を引く。バテンのカーブが不自然に見えたり、接していないブラッドがある時には、各オフセットを再度チェックしてみる。

バウとスターンのカーブがフルサイズで描かれている設計図もある。この場合、型紙をプライウッドの適当な位置に置き、型紙の上からプライウッドまでを千枚通しかピンで突き刺して印をつける。そうしたら、型紙をはがして、各点をつなげばよい。本や雑誌の設計図から始めるなら、これらのパターンをフルサイズのものに描き直す必要がある。これらのステム部分については多少のミスは無視できるものだが、可能なかぎり正確にやってほしい。

時には設計図に示された半径をたよりにカーブや円弧をレイアウトする必要が出てくるだろう。この本ではセバーンのステムがこの方式である。カーブの半径とは、同じ曲率をもつ円周の中心からの距離である。言い換えれば、円を描くコンパスの針から鉛筆の芯の先までの距離である。円弧をレイアウトするいちばんよいツールはトランメル（trammels、竿コンパス）という製図用のバー・コンパスであるが、気の利いた機械部品店や道具店なら見つけることができる（32ページ写真参照）。トランメルは木の棒に取り付けて使う；一方には鉛筆が付き、もう一方には針が付くようになっている。針側と鉛筆側のトランメルが適当な距離になるように調整し、コンパスのようにして使うのである。もちろん、より長い棒を作ってやれば、トランメルを使ってコンパスよりも大きな半径の円弧を描くことができる。トランメルをもっていない場合は、いらなくなった板に2つの穴をあけ、一方に鉛筆差し込み、もう一方にはカーブの中心に打ちこんだ釘を通せばよい；2つの穴の距離が半径となる。

パネルの切り出し

パネルをレイアウトして寸法もすべて再チェックし終わったら、つぎはパネルの切り出しである。手挽きノコや電動ノコ、丸ノコなど、どれを使ってもよいだろう。電動ノコを使うときは、インチあたりの歯数が10個の木工用ブレードを新調するとよい。丸ノコの場合は、クロスカット（横挽き）用の目の細かいブレードをつけて、パネル分以上深く切らないようにブレードの高さをセットする。切断中は安全眼鏡をかけて、木屑で目をやられないようにしよう。

ポート（左舷）とスターボード（右舷）で左右対称なパネルは、同一形状になるように、パネルを重ねて切り出すとよい。作業台の端にレイアウト・ラインをあててパネルを置く。カットの最中に互いがずれないよう、2枚のパネルを一緒にクランプしておく。

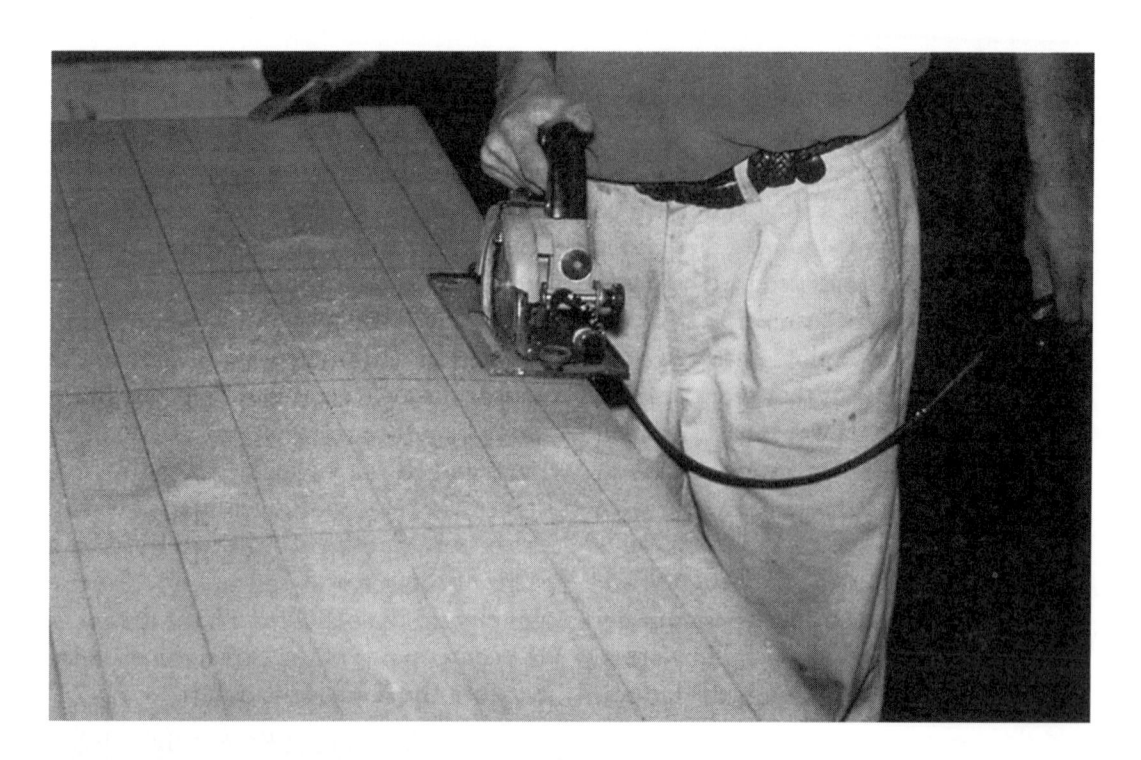

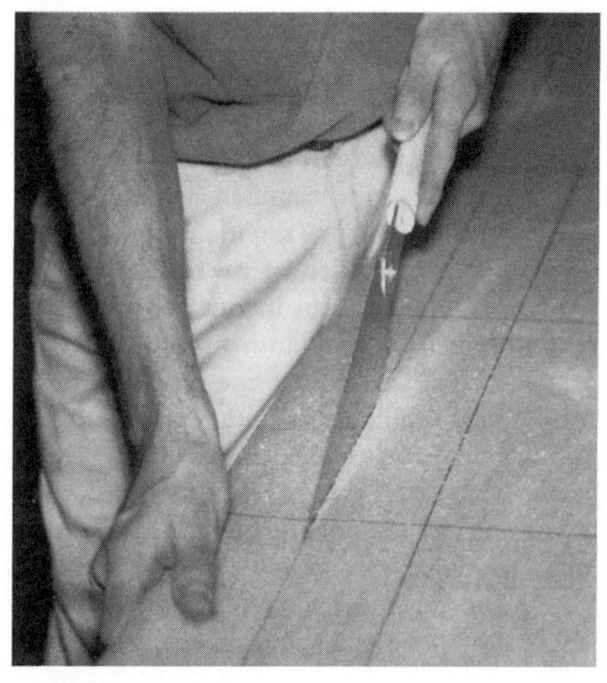

上：電動ノコの丁度よい速度をみつけて、レイアウト・ラインのすぐ外側を切る。
下：日本のノコギリはパネルを切り出すすぐれた道具である；写真のパネルはウエストリバー180のものである。

レイアウト・ラインの真上をカットしてはならない。腕に自信があるなら、1/16インチ分だけラインの外側を切るようにしよう。自信がないときは1/8インチでよい。こうして切った後で、小口カンナを使って正確な形状になるように削って仕上げるのだ。木を切断するのにはノコを動かすベストなスピードというものがある；必要以上の力を入れてノコを動かそうとしてはいけない。電動ノコを2本の手で動かしてやれば、簡単にこつを掴むことができるはずである。切り出してゆくのに従って、パネルを作業台の上で動かしてゆくことになるが、いつも切断個所の1インチ程度のところが台に支えられているようにする；これが緩んでしまうと、2枚のパネルが同じ形にならないのだ。パネルのカットに丸ノコを使う場合は、端の方のカーブが急なところでは、電動ノコや回し挽きノコに持ち換える。

ハル・パネルの製作

上：小口カンナをつかってパネルが正確にレイアウト・ラインと同じになるようカンナがけする。パネルはペアにしてカンナをかけて、同じ形になるようにする。
右：仕上がって組み立てを待つパネル。

　パネル・ラインの外側に残した部分を取り除くのに、私はノコギリよりも小口カンナの方を選ぶ。この方がラインの内側を削ってしまうことがほとんどないからである。それに、カンナの方がきれいなカーブが得られるし、削った跡が滑らかなのである。このとき、カンナの刃はよく研いでおくことと、あまり出し過ぎないことが重要である。カンナでやっていたのでは埒があかないと思うかもしれないが、ハード・チャイン艇のハル・パネルなら全部やっても約20分で削ることができるのだ。
　パネルを仕上げるときに忘れてはならないのは、ボートの両側が完全に、確実に、疑い無く同じ形をしてなくてはならないということである。さもなくば、カヤックは一方に引っ張らて、いくら漕いでも同じ所をぐるぐる回ってしまことになるのだ。繰り返すが、パネルが作業台の端から垂れ下がらないよう

にきちんと支えることは、非常に重要なことである。もしもパネルが垂れ下がっていると、上部のパネルが下部のパネルより若干大きくなってしまうのだ。カンナがけのときには、一方のパネルばかり削ってしまわないように、パネルに対してカンナを垂直に保つようにする。また、カンナをかけながらパネルを上から見下ろすように眺めて、形がちゃんとしているかを確かめる。調子にのるとすぐに平らな部分ができてしまうものである。このため、鉛筆で引いた線の幅の内側までカンナで削ってしまわないで、線が残るように外側までにしておいた方がよい。パネルが仕上がったなら、作業場の床においてみて、もう一度同じ形をしているかどうかをチェックしよう。

Chapter 7
ステッチ&グルー工法の基礎

　さあ、それでは出来上がったプライウッドのパネルをボートにしてゆこう。部品だったものがこんなにも早く形になるかと思うと興奮するではないか。この本のカヤックには、ハルの型枠や骨組みを使わずに作るので、多くの作業を行わないで済む。ただし、その代わりとして、ハルの形が上手くできるかどうかは、あなたのその目と技術のみにかかってくることになる。もちろん、パネルの形状によってハルの形状の大部分は決められてしまうのだが、ハルを組み立てるとき以外に、ハルを曲げたり、ねじったり、変形したりすることはできないのだ、ということを心しておいてほしい。ハルの形を保ったり、組み立てをガイドしてくれるハルの型枠がないということは、思ったより大きな問題ではないであろう。いつも一歩退いてハルを眺めるようにしていれば、どんなトラブルが潜んでいようとも見つけることができるはずだ。人間の対称性や形状を見分ける力というものは、人々が自覚しているよりもずっと優れたものなのである。とにかくよく見ることを忘れないでほしい。

　この章では、ハルをワイヤーで縫い上げ、ねじれをチェックし、エポキシとファイバーグラスでパネルを結合する基礎のところまでを取り上げてゆく。次の章では、それぞれのカヤックの組み立てについて別々の節で述べてゆくつもりである。そして、これらの3艇にどれほどの共通点があるかを理解しておけば、他の艇についても、まず問題なく対処できるようになるであろう。

シアー・クランプの取り付け
　ハルを結合する前にシアークランプを所定の位置に接着する。シアー・クランプとは、通常ハル

上：このように簡単なテーブルソー用のジグを使ってシアー・クランプのスカーフをカットする。
下：スカーフィング・ジグを使っているところ。

の上部—これをシアーと呼ぶ—に沿うように接着された2本の梁うけ材で、デッキをハルに接着するための接着面となる（89ページ上部の写真を参照）。エポキシが硬化するまでの間は、シアー・クランプに打たれたブロンズのリング釘やネジでデッキを固定することになる。またシアー・クランプは、アンカー・デッキの艤装やハッチ・ストラップの留め具、それにラダーの金具を取り付けるための場所となる。

　シアー・クランプを使いたがらないカヤック・デザイナーもいる。確かに、ハルとデッキをエポキシとファイバーグラスで接合することは可能だが、これはハルの内側から行わなければならないし、このベトベトして厄介な作業には、長い柄のついたブラシか、狭い場所をこわがらない小さな子供が必要になる。私達はシアー・クランプを取り付けることにしよう。

　シアー・クランプはハル・パネルの上部と同じ長さとなるので、必要な長さを得るためには、たぶん2本かそれ以上の部材をスカーフ・ジョイントしなくてはいけないことになるだろう。チェサピークとウエストリバーのシアー・クランプは¾インチ×1インチ、一方セバーンの方は¾インチ×½インチとなっているので、公称1インチ厚のスプルース材やベイマツ材、その他の強く柔軟な針葉樹の板材から縦挽きしてやるとよいだろう。テーブル・ソーがない時は、製材所にお金を払って切ってもらうとよい。

これらの部材はプライウッドのパネルよりずっと厚いので、スカーフもそのぶん長いものとなる。¾インチ厚のシアー・クランプのスカーフは長さ6インチ、½インチ厚のシアー・クランプでは長さ4インチである。プライウッドでやったように、小口カンナでスカーフを作ることもできるのだが、おおまかに手挽きノコで部材をカットしておいてからカンナで傾斜を仕上げた方が早くできる。

テーブル・ソーを使うと、シアー・クランプのスカーフをより簡単に作ることができる。部材を保持してブレードとの適切な角度を保つような木製のジグを作るのだ。ジグは部材といっしょにスライドするようにして、テーブル・ソーの溝の上にのせる。88ページ上部の写真のようなジグを使うと、たった1分か2分で一組のシアークランプのスカーフをカットすることができる。スカーフを接着したら、12時間ほどエポキシが硬化するのを待って、そのあと接合部からはみ出たエポキシをサンドペーパーで磨けばよい。

チェサピークとウエストリバーのシアー・クランプは、¼インチ"はみだして"接着する、すなわち、シアー・クランプをサイド・パネルの上端よりも¼インチ高くするのである。セバーンの場合は、シアー・クランプをパネルの上部端と同じ高さにして接着する。ここで、ハル・パネルと接着するのはシアー・クランプの幅の広い方の面なので間違わないでほしい。また、セバーンのシアー・クランプが両端まであるのに対し、チェサピークとウエストリバーのシアー・クランプは、バウとスターンの先端よりも短い位置までしかないことにも注意してほしい。これはチェサピークとウエストリバーのバウとスターンは、エンド・ポー（end-pour）とよばれる堅いエポキシのかたまりによって強化するためである。一方、重量を軽くするために、セバーンの設計図では、シアー・クランプの端は後で傾斜をつけてカットするよう指示して

上：ボートによっては、チェサピークやウエストリバーのように、シアー・クランプがハル・パネルの両端まで延びていないものがある。
下：シアー・クランプの取り付けには大量のクランプが必要になる。

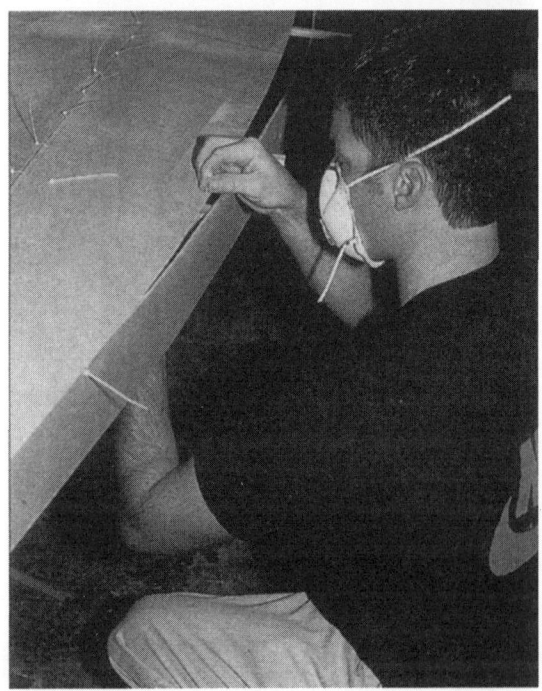

上：ワイヤーで締めてパネルをくっつけておく。
下：プラスティック製の結束タイなら作業は早いがより大きな穴が必要となる。

いる。

シアー・クランプをパネルに接着する時は、左右の2本を同時に行うのがよい。この方法なら、シアー・クランプを取り付ける時にお互いの位置を比べて、左右対称になっているかどうか確かめられるし、固定するクランプの数も半分で済むのだ。まず、パネルの裏側どうしを重ね合わせて、最終的に外側となる面が向かい合うようにする。重ねたパネルの内側の縁、つまり最終的にシアーの外側となるところにマスキング・テープを貼って、接着剤がはみ出ても2枚のハル・パネルがくっついてしまわないようにする。添加剤を加えたエポキシを、両方のシアー・クランプの長さ分まんべんなく塗布する。パネル上のシアー・クランプの位置を合わせ、6〜8インチごとにクランプで留めてゆく。最後にシアー・クランプが両パネルの内側にあることを確認する。笑ってはいけない—左側ハルを2つ作ったビルダーを、これまで2人以上は見てきているのだ。

縫い合わせ（ステッチング）

ステッチ・アンド・グルー工法による組み立ては、従来の木工用のクランプではハル外板をカヤックの形に留めておくことができないという問題を解決するものである。短い銅線やプラスティック・タイを使って、大きなパネルどうしをファイバーグラスのテープやクロスとエポキシで結合して固まるまでの間、これらのパネルを所定の位置に固定しておくのである。

ワイヤーを通す穴は、結合させる合わせ目に沿って3〜4インチごとに開ける。穴の直径はワイヤーやタイの直径よりもいくぶん大きめにする。18ゲージのワイヤーなら$1/16$インチ径のドリルを、またプラスティック・タイの最も小さいサイズのものなら$1/8$インチ径のドリルを用いるとよい。穴を開けるのは外板の端から$1/4$〜$3/8$インチ程度内側である。左右対称の外板は、2枚重ねて同時に穴を開ければ、穴の位置が一致して好都合である。

次に、合わせた板同士を縫い合わせる。ワイヤーを3インチの長さにカットして、両方の穴に通し、ハルの外側でしっかりと指でねじる。ほとんどのハード・チャイン艇の場合、まずボトム・パネルのステム（一般に船首のことだがここでは船尾も指す）を縫い合わせてから、キール・ラインへと進めて行き、最後にシアー・パネルとボトム・パネルをつなぐのが最も簡単なやり方である。マルチ・チャイン艇の場合は、最初にキール・ラインをつなぎ合わせ、それからビルジ・パネル（船底と船側の間の湾曲部）に加えていって、シアー・パネルまでを取り付ける。ステムは最後である。どちらの場合でも、ハルの形がはっきりするまでは、通したワイヤーはすべて緩めにねじっておくようにする。前後の位置決めができるように、パネルを所定の位置で押さえていてくれるアシスタントがいると、最も好都合である。まずはバウ

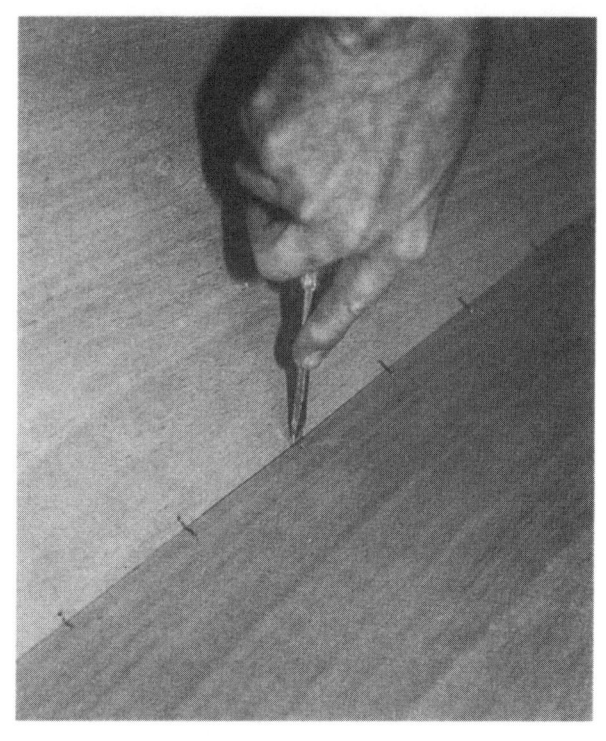

すべてのワイヤーを所定の位置に取り付けたら、ボートをひっくり返して上を向き、ドライバーでワイヤーを圧着する。

かスターンのどちらか一方をワイヤーで締める。縫い合わせ作業の時、ボートをずっと逆さまにしているビルダーが多いようだが、しゃがんだままでひっくり返ったボートの下に手を伸ばし、すべてのワイヤーを差し込んでいたのでは、難しいし時間がかかってしまう。もっと簡単な方法としては、まず膝をついて最初のワイヤーを2フィートかそれくらいおきで緩めに締めて、ハルを仮止めしてしまうのである。そのあとボートをひっくり返して残りのワイヤーを上から差し込むのだ。そうしたら再びひっくり返してワイヤーをねじってゆけばよいのである。

一度、すべてのワイヤーを所定の位置に差し込んで指でねじったら、ペンチでさらにきつくねじっておく。このときは、板同士が触れる程度にしておく。あまりきつく締め過ぎると、板がちぎれたりワイヤーがねじ切れたりしてしまうのだ。板を引き合わせるのが難しい個所があったら、穴をいくつか増やしてワイヤーを追加するとよい。合わせ目のカーブには注意を払っておくこと。ちゃんとできているだろうか？ もしそうでないならば、ワイヤーの締め方を調整したり、これを取り除いてカンナで手直ししたりする。最後にハルをひっくり返して、ワイヤーが合わせ目の内側にぴったりくっつくようにドライバーの先をつかって圧着する。

セバーンのようなボートは、バウとスターンをワイヤーで締めるときに、一旦作業を中断して、シアー・クランプどうしが先端でぴったり合うようにベベルを作る必要がある。このベベルを作るには、まず、片方のシアー・クランプがバウの先端と交わる点から、もう一方のシアー・クランプがスターン・パネルの先端と交わる点まで、チョークラインの糸を張り、これをはじいて両方のシアークランプにライン痕をつける。そうしたら、このラインとステムの端に沿ってシアー・クランプをカットするのである。この微妙なカットは手挽きノコで注意深くやること；ノコでは出っ張りをすこし切り取るくらいにして、シアー・クランプ同士がぴったり合うようにベベルを仕上げるのは、カンナでやった方がよいだろう。

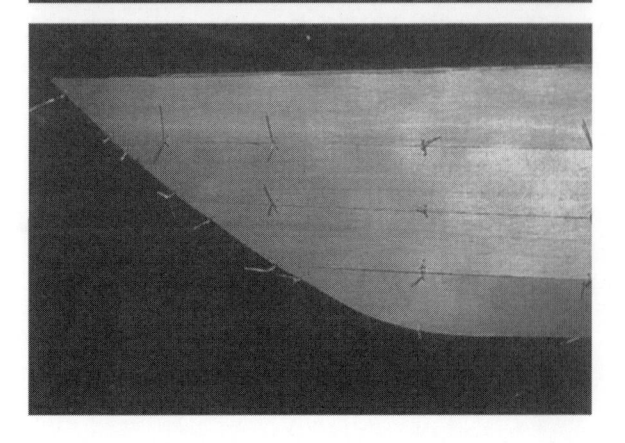

上：チョークラインでシアー・クランプのベベル部をマークする。
左：セバーンもそうだが、ボートによってはシアー・クランプの端にベベルを付けなければならない。
下：バウとスターンでパネルが完璧にそろっていることは重要である。

　バウとスターンをワイヤーで縫い合わせたら、ハルが左右対称になっているかどうかを確認する。外板が1/8インチでもずれていると、一方にばかり曲がって進むボートになってしまうのだ。それぞれペアとなっているハル・パネル同士が、これらは事前に同じ長さで正しい位置に置かれていることを確認したはずだが、バウとスターンで均等に合わせられているか、すなわち、どちらか一方だけ突き出していないかを確認してほしい。どちらかのパネルが突き出していたならば、木槌でたたいてみる。これで所定の位置にならなければ、ワイヤーを緩めてスライドさせ、出っ張りを戻すのだ。

ねじれのチェック

　ハル製作に骨組みやストロングバック（モールドを取り付ける真っ直ぐな土台）を使わないボートを作っていると、ねじれの出てしまうことがある。ウエストリバーのように、ハルを逆さまに置いて接着する場合、ボートを置く2台の馬が水平で、キールに対して垂直が保たれてさえいれば、接着したりファイバーグラスを張ったりする間、ねじれが出ることはない。しかし、チェサピークやセバーンのように、ハル上面を上にして作るボートの場合、接着している間は、注意深くハルを保持してねじれをチェックしなければならない。

　ワインディング（winding）と呼ばれるテクニックを使うと、カヤックが真っ直ぐになっているかどうかを素早くチェックすることができる。このテクニックは、ハルに渡して並べた2本の真っ直ぐな棒で照準を定め、これらが平行になっているかどうかを目で確かめるものである。まず、バウとスターンから等しい位置に印をつけ（私は4フィートにしている）、真っ直ぐで3フィート以上の長さの棒を2本、ハルを渡すようにしてこの印の上に正確に置く；これは正確に行うこと。そして、バウとスターンから2、3フィート離れてボート全体が見えるところに立ち、バウとスターンをライフルの照準器を覗くようにじっくりと見ながら、2本の棒がちょうど重なって見えるところまでしゃがみこんでゆくのだ。こうすると2本の棒が平行になっているか斜めになっているかを簡単に判断することができるのである。斜めになっているならば、ねじれをとるように、ハルの支持を調整する。ねじれがさらにひどい場合には、アシスタントにハルの片端を持ってもらって、もう一方の端をもって"逆にねじる"とよい。このテクニックの応用で、ボート全体を見渡す余裕のない小さな作業

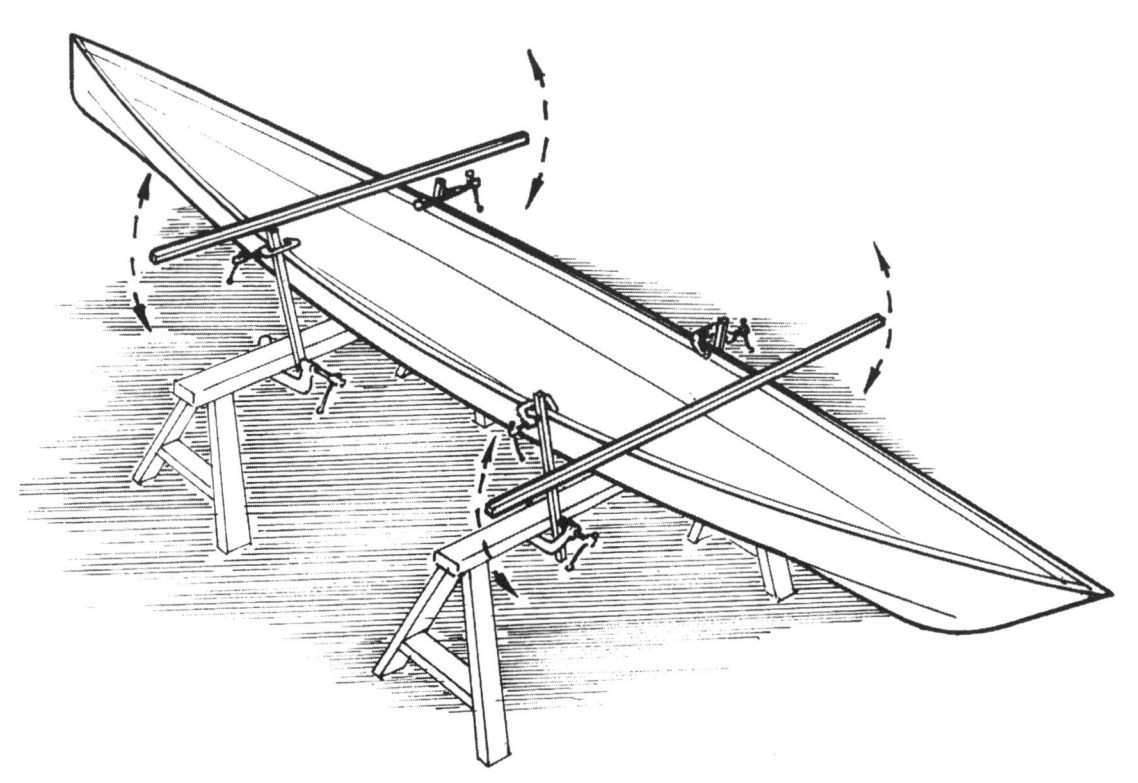

ワインディング（winding）はハルのねじれをチェックするテクニックである。

エポキシの節約

初めてボートを作るビルダーの多くは、必要以上のエポキシを使ってしまうものである。エポキシは高価だし重くなる原因となる。ここでは、お金を節約して、より軽いボートを作るために、エポキシをムダ使いしないいくつかのコツを紹介する。

- 一度に少量作る。エポキシを多量に作ると、少量の場合に比べて使用可能な時間が短くなってしまう。これは硬化時に発生する熱が効率良く発散しないためである。少量ずつ混合するようにしていれば、エポキシの固まるのが早すぎて、ミキシング・カップの底にホッケーのパック状の無駄な接着剤を残したりすることもなくなるだろう。
- 平らな面をエポキシで薄くコートする場合は、毛足の短い、黄色の発泡材でできたローラーを使うと、垂れたり流れたりしづらくなる。これでエポキシが節約できるだけでなくサンディングも楽になるだろう。
- ファイバーグラス・クロスの織り目が埋まってしまうかほとんど埋まるくらいになったら、それ以上エポキシは加えない。もうそれ以上強度は上がらず、ただ重量が増加するだけである。
- エポキシは計画的に使う。小さなパーツをいくつか接着するならば、エポキシをまぜる前に全部並べておく。そうすれば、次のパーツを用意している間にカップの中で硬化してしまこともない。
- 接合部には十分なエポキシを使うが、多すぎてはいけない。接合部をクランプすると、少しエポキシが絞り出されるはずである。しかし、エポキシが流れ出たり滴るほど出るようでは無駄遣いである。

場でも便利な方法として、2つの水平器を使うものもある。ここで注意しておくが、ワインディングにあまり入れ込んでいてはいけない；¼インチ以下の小さなひずみの場合、ボートのパフォーマンスにはほとんど影響はないのである。実際、驚くほど多くの市販のカヤックは少々ねじれているものである。

ワインディングが終わったら、両方のステムが垂直になっているか、ハルにひずみやねじれ、それに凹凸はないかもう一度確認する、あなたにとっては、これが最後のチャンスとなる。

フィレット

フィレットとは、2つのパーツをつないだとき、継ぎ目の内側につける厚いエポキシの縁材（bead、ビード）である。フィレットは、これを覆うファイバーグラスと一緒になって、構造部材の役をはたしており、これは伝統的なボートにおけるチェイン・ログやストリンガーに非常によく似ている。また、内側で角度のきついコーナーに丸みを持たせることで、ファイバーグラス・クロスが隙間なく貼れるようにしている。（ところで、ボート製作用語の"fillet"は"fill-it"と発音し、魚の切り身を表す発音"fill-lay"とは異なる。）

フィレットのサイズは、プライウッドの厚さと、接合するプライウッドのなす角度によって決まる。大雑把だがよい方法として、接合するプライウッドの厚さ分以上のフィレットを作る、というルールに従うとよい。しかしタイトな角、例えばスターンに近い部分のキールなどでは、ファイバーグラスで接合部をスムースに覆うことができるように、かなり厚いフィレットが必要となる。

フィレット用のエポキシを混合する時には、接着剤を吸収するフィラー（添加剤）を用いる。木粉なら安上がりだし、硬くて強いペーストを作ることができる。それに、茶色い色が木製ボートにはちょうどよい。さらに白いフィラーを少量加えることによって、プライウッドの色に一層近づけてもいいだろう。フィラーの中には、シリカ・パウダーのようにエポキシの中で浮遊した状態にな

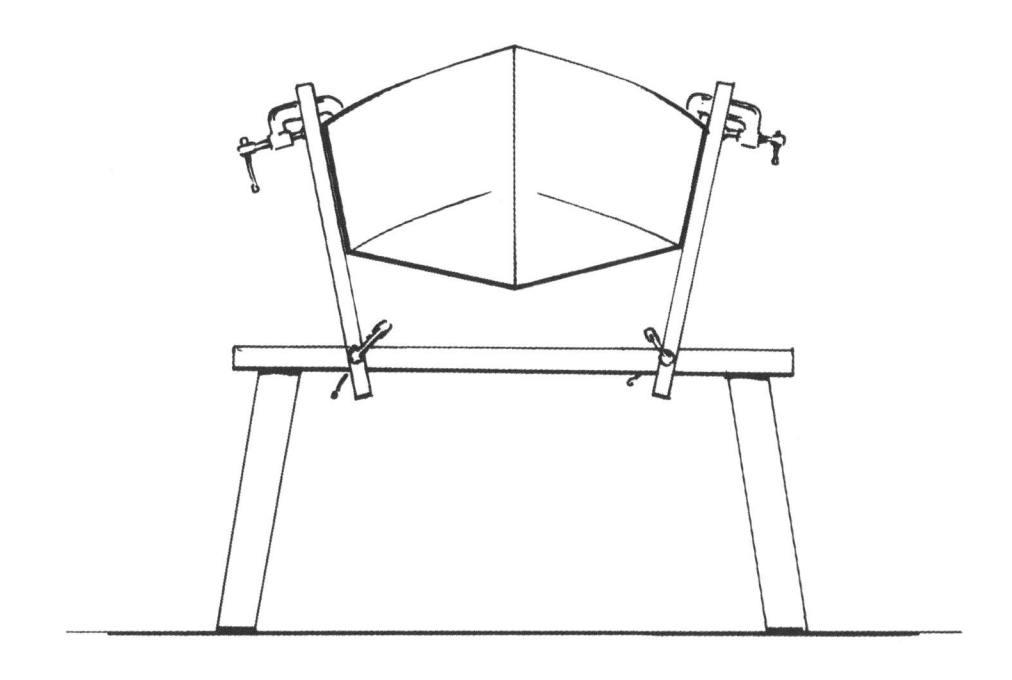

上：フィレットを作っている間、カヤックは固定しておく。
中：パネル接合部のフィレット。
下：余計なエポキシは硬化する前に取り除いておくことが重要である。

るものがあり、フィレットを作る時には、単独では用いるべきではない。この種のフィラーで作ったフィレットは非常に硬くなるのだが、接合部から流れ出してしまうのである。それでも、ビルダーによっては、木粉に敢えてシリカ・パウダーやマイクロバルーンを少量（容量で30％以下）加え、より滑らかで軽いフィレットを作っている者もいる。

　添加剤を加える前に、エポキシ樹脂と硬化剤は完全に混合しておくことを忘れないでいてほしい。ピーナッツ・バターくらいの柔らかさ—なめらかで厚ぼったくならない程度—で、引っぱりのばさなくても広がってくれるくらいのペーストを作ってほしい。エポキシが硬すぎる場合には、添加剤を混ぜてないエポキシで接合部をあらか

上：きれいなフィレットを作るためのホームメードのフィレット作りツール類。
左：ファイバーグラス・テープはフィレットが固まる前に貼る

じめコーティングしておいて、エポキシが密着せずにハルが弱くなってしまうことのないようにする。大量のエポキシは、熱を発して急速に固まるので、混ぜたエポキシはすぐに容器から外に出すようにする。エポキシの塊は、接合する継ぎ目に沿ってまんべんなく塗り広げる。

　よいフィレットを作る秘けつのひとつは、よい道具を使うことである。薄手のプライウッドや安いパテ用ヘラ（カー用品店で手に入る）を切りとって作った簡単なものでよい。上の写真のようなスプレッダーを一揃い作っておくとよいだろう。長めのスプレッダーがあると、カヤックの狭いバウやスターン部にフィレットを作るときに便利である。ビルダーによっては電球やスープ・スプーン、それに瓶詰の蓋な

ステッチ&グルー法の基礎

ファイバーグラス全体を浸したり、カヤックの内側全部をコートするのには、添加剤を入れていないエポキシを使う。

どをスプレッダーとして使っている者もいる。
　こういったスプレッダーを使い、接合部に沿ってエポキシを押し広げてゆく。スプレッダーの側面に絞り出されたエポキシは注意して残らずすくい取ること。フィレットでない部分のエポキシはきれいに取り除いておくことが大切である；ここで多すぎたエポキシを取り除いておけば、後でサンディングして取り除く必要はないのである。カヤックの両ステムにある狭く奥まったところにきれいなフィレットを作ることは難しい；幸運なことに、一旦デッキを被せてしまえば、この部分は誰の目にも届かなくなるのだ。
　ファイバーグラス・テープはフィレットが固まってしまう前にその上に貼り付ける。フィレットが固まってしまっている場合は、テープを貼り付けるに前に表面をスムースにサンディングしておかなければならない。ファイバーグラスはフィレットの上に載せてしわを延ばすようにすればよいだけなのだが、この時、きれいに作ったフィレットを変形させないように注意を払ってほしい。使用するテープの幅と種類は、必要な積層数と同じように、ボートの設計図や組み立て説明書に指定されているはずである。ハルの内側にテープを追加して貼っても、強度はほとんど向上しない；しかし、摩耗に対する耐久性を得るためなら、ハルの外側にテープを追加してもよいであろう。
　添加剤を入れていないエポキシをテープに塗る。使い捨ての剛毛ブラシを使ってファイバーグラスの上に塗布するのだが、このとき気泡や塗り残しがなくなるように注意深く作業すること。また、ハル内側の木材の面は全体をエポキシでコートして防水する；エポキシが足りなくなったら、必要な分だけを混合するように心がける。

ハルのグラッシング（glassing）
　ステッチ・アンド・グルー工法によるカヤックは、ハルの外側全体をファイバーグラスのクロスとエポキシで被覆（sheathing）しておくことをお薦めする。これをグラッシング（glassing）とよぶが、ハルをグラッシングすると、その強度は格段に向上し、摩耗に対しても強くなるのである。

97

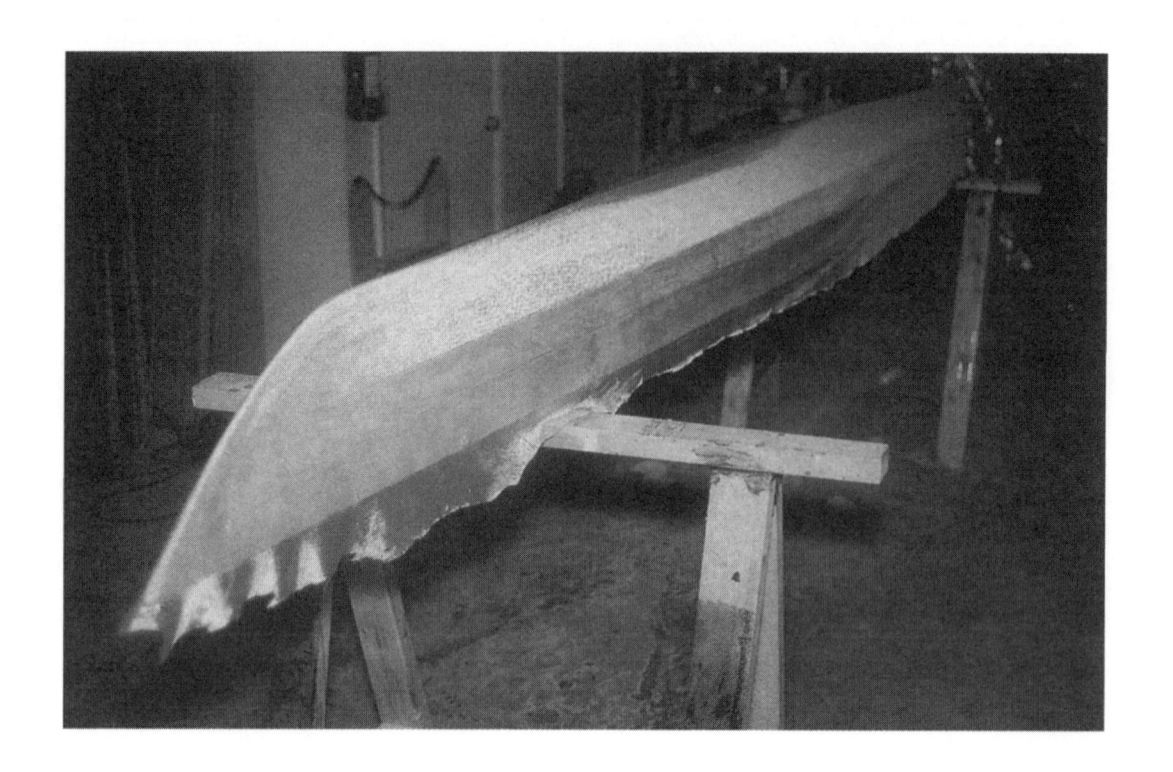

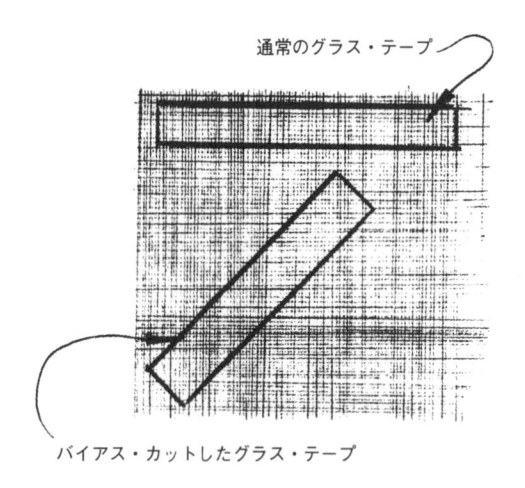

通常のグラス・テープ

バイアス・カットしたグラス・テープ

上：一枚のファイバーグラス・クロスでハル全体を覆う。
下：ファイバーグラス・クロスを45度のバイアスでカットしてバウやスターン用の伸び縮みしやすいパッチをつくる。

　ハルにグラッシングをする前に、締めたワイヤーはすべて引き抜くか切り取っておく。マルチ・チャイン艇の場合、フィレットの厚みは小さいので、ワイヤーはペンチで切って引き抜くことができる。しかし、ハード・チャイン艇ではフィレットが大きく、ワイヤーを取り除くのは難しいので、木の表面と平らに切ってしまう方がよい。大抵のビルダーは、ダイアゴナル・タイプのワイヤーカッターを使っているようだが、これだとワイヤーを切った後に小さな突起が残るので、ヤスリかサンドペーパーで平らに削っておかなければならない。ある有名なステッチ・アンド・グルーのボートビルダーは、すべてのワイヤーを取り除くことを提唱している。彼は、ワイヤーはそのうち緩んでファイバーグラスのクロスを突き通すかもしれない、と言うのだが、私はこれまでに自分が設計して進水した数千のボートで、そんなことが起こったという話は一度も聞いたことはない。それでも、すべてのワイヤーを取り除きたいというなら、配管工が使うトーチでワイヤーを暖めて、周りのエポキシを柔らかくしてから、ペンチで引き抜くとよい。
　ワイヤーを切り取るか取り除くかしたら、つぎに接合部からはみ出たエポキシをサンディングで落とす。ハルの接合部がすべてスムースな曲率になるように、サンドペーパーをかけて角を丸くする；ファイバーグラスは曲率のきついコーナーにはなかなかフィットしてくれないのである。ハー

ド・チャイン艇のステムとチャインは、1/8インチから3/16インチくらいの半径になるように角を丸めるが、これは万年筆とか細い葉巻と同じくらいと思ってもらえばよいだろう。マルチ・チャイン艇のハルの場合、角のきついところをなくすように軽くサンディングする程度でよいが、ステム部は十分に丸くしておかなければならない。

ハルの外側にはパネル同士の間に小さな隙間ができていると思う。ここは、例の"エポキシ製ピーナッツ・バター"で埋めておこう。プラスティックのスクイージーをコテのように使い、微量のペーストを接合部の隙間に詰め込むようにして塗り込み、それから、スクイージーの角を使ってはみ出したエポキシをきれいにこそぎ取るのだ。ここで余計なエポキシを取り去っておくことは重要である；固まった後でサンディングするよりも、固まる前にエポキシを拭い取るほうが簡単だということは常に頭に入れておいてほしい。

ファイバーグラスのシートを、ひっくり返したハルの上に敷く。シアー方向へとやさしく引っ張るようにしてクロスのしわをのばす。クロスはバウ側のカーブに対しては素直になじんでくれるはずだが、スターン側では、ボートにもよるが、クロスに切り込みを入れて重ね合わせたり、クロスを継ぎ足すことになることもあるだろう。私は両ステム部にもう一層のファイバーグラスを加えるようにしている。このパッチはバイアスをつけてカットしたもの、すなわち、前のページのスケッチに示すように、織り目に対して45度の角度でカットしたものである。バイアスカットしたファイバーグラス・クロスは、尖ったステム部により多くの繊維が交差するようになるために強く、またバウやスターンの形状にもなじませやすいのである。バイアスカットしたファイバーグラスはメーカーからも販売されているが、レギュラーサイズのファイバーグラスの残りものから自分で作った方が簡単だし、安上がりである。

約12オンスのエポキシを調合したら、ボートのキールに沿ってこれをぶちまける。そして、床に流れ出す前に、すばやくスクイージー（100ページの上の写真を参照）で薄く広げてゆくのだ。エポキシはハルの上から下へとシアーに向かってのばしてゆく。クロスがしわにならないように、まん中から両端に向かって作業を進める。必要ならばさらにエポキシを調合して作業を続けるのだが、エポキシの量はクロス全体が浸るのに必要な最小限にとどめておく；エポキシが多すぎてクロスが"浮いて"しまってはならないのだ。余計なエポキシはスクイージーを使ってクロスの下から絞り出しておこう。表面は平らでつやのない状態になるはずだ、白くなっている部分はエポキシが少なすぎ、一方、光っていたり盛り上がっている部分はエポキシが多すぎるのである。

エポキシがべとつかなくなったら、シアーの下に垂れ下がったクロスを万能ナイフでカットする。そして、2回めのエポキシ塗布でグラスの"模様"を埋める作業にとりかかる。この2回目のコーティングではフォーム・ローラーを使って薄い層を作ってゆく、ここでも、垂れたり流れ出したりしないようにする。また、強い化学結合を確実に得るためには、最初のコーティングから2、3日以内にエポキシを再塗布するのがベストである。実際は、エポキシが"ゲル化"し始めたら、すぐに再塗布を開始してもよいであろう。もし48時間以上間隔が空いた場合は、再塗布する前にハルを軽くサンディングしておく。通常、クロスの目を埋めるのに2層から4層のエポキシ・コートが必要になる。ビルダーの多くは、2回目の塗布の後にハルを軽くサンディングしておくと、非常にスムースな仕上がりになるとともに、後で行うサンディングにかかる時間も相当節約できるということを知っている。ただし、クロスまでサンディングしてしまわないように注意を払ってほしい。削りすぎるとクロスの繊維が出てきてしまうので、サンディングする時には2、3分ごとに手を止めて、あまり深くまで達していないかをチェックしておくことである。

クロスの目がほとんど見えなくなるまで、エポキシのコーティングを続ける；若干編み目がみえる部分があってもよいが、ハルのほとんどがスムースでつやのある状態になっていなければならないのだ。編み目を埋めるために、必要以上のエポキシを使ってはいけない、それでボートの強度が増すことはなく、重量が増えることになるだけである。

エンドポー（End-Pours）の作成

　木製カヤックの多くは、バウとスターンの先端部分に、エポキシを充填して固めた、エンドポーと呼ばれる詰め物をしている。ボートにハッチなどを取り付ける予定なら、デッキを所定の位置に取り付けた後でエンドポーを作ってもよいのだが、大抵はここで作っておいたほうが簡単である。下の写真に示すように、ハル両端の6インチ程度を、ダクト・テープやパッキング・テープで塞ぐ。ボートは端を下にして、立木や建物に立て掛けるようにして真っ直ぐに立てる。約8オンスのエポキシを調合し、添加剤を加えてシロップ程度の濃度にする。これをボートの端に注入して、そのまま固まらせるのである。上下をひっくり返して、もう一方の端について同じ作業を繰り返す。エンドポーを作る時には、エポキシの硬化剤として硬化の遅いものだけを使うこと。硬化の早いものを使うと、体積が大きいため、調合した樹脂が沸騰してしまうことがあるのだ。

上：ハルの外面をスクイージーでグラッシンングする。
下：エンドポーはハル両端を強化する。プラスティック製のパッキング・テープでバウをシールしておくことを忘れてはならない。

Chapter 8
ハルの組み立て

さて、ステッチ・アンド・グルー工法のハルの組み立てを理解したところで、このテクニックを3艇のボートに応用してゆこう。

チェサピークのハルの組み立て

シアー・クランプの取り付けが終わったら、2枚のサイド・パネルをシアー・クランプ同士向かい合わせて置く。各パネルのステムに沿って端から約3/8インチのところに、1/16インチの穴を4インチ間隔で数個開ける。バウとスターンを短い銅線で緩めに仮止めする。いらなくなった木材片をスプレッダー・スティックとして使い、最終的なビーム（艇幅）となる23 1/2インチ幅に2枚のパネルを広げておく。ビームはハルの内側ではなく外側の寸法だということを忘れないでほしい。2枚のボトム・パネルの内側と外側両方の縁から3/8インチのところに4インチ間隔で穴を開けてゆく。ドリルで穴を開ける時には、パネル同士

チェサピークのハルのワイヤー留めは、ひっくり返したサイド・パネルの上にボトム・パネルを載せることから始まる。いらなくなった棒を数本、サイド・パネルの上に渡して、ボトム・パネルを一時的に支えておく。ワイヤーやプラスティック製結束タイは2フィート程度の間隔で取り付ける。

上：大部分のワイヤーは、ボートの表を上にして差し込んでゆくのが最も簡単である。
左：ハルを再びひっくり返してワイヤーを調整する。

を重ねて2枚のパネルの穴が同じ位置になるようにしておく。

　内側の縁に沿って2枚のボトム・パネルどうしをワイヤーで緩めに仮留めする。サイド・パネルを逆さまにして置いておき、この上にワイヤーで仮留めしたボトム・パネルを載せる。カーブしたステム両端の真ん中にくるようにボトム・パネルを置いたら、ボトム・パネルの各穴の位置に合わせてサイド・パネル側にも穴を開けてゆく。ここで、ボトム・パネルとサイド・パネルとをワイヤーで緩めに留めておく。このとき、最も簡単な方法としては、まず24インチ程度の間隔でワイヤーを差し込んでおき、ハルを上に向けて、残りのワイヤーをすべて差し込むのだ。そして、再びハルをひっくり返して、

すべてのワイヤーをしっかりと締めてやるのである。これでハルの形が見えてくるはずだ。

　再びハルを上に向けたら、ドライバーの先端を使ってハル内側のワイヤーを押し込み、ワイヤーが木にぴったりくっつくようにする。接合部がスムースで段差がなくなるまで、ワイヤーをきつくしたり緩くしたりしてパネル位置を調整して、出っ張ったり窪んだりした部分がなくなるようにする。パネル同士は内側の角で接するようにしなければならないことを覚えておいてほしい。パネルの外形に膨らんだ部分があると継ぎ目に出っ張りができてしまうことがある；このような場合、ワイヤーをいくつか外して膨らんでいる側のパネルをカンナがけする必要がある。窪んだところには、マッチ棒や木片を詰めて適切な位置まで押し戻しておけばよい。

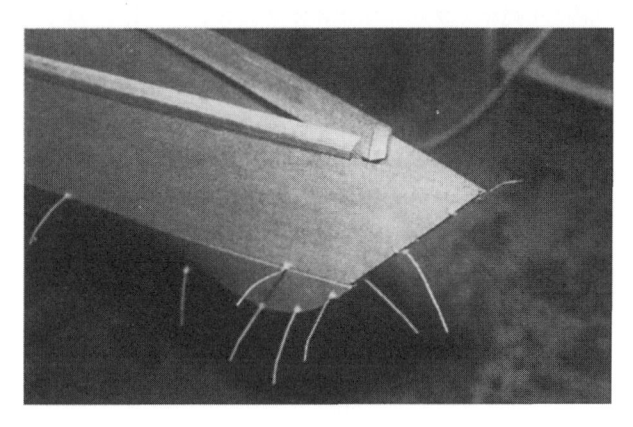

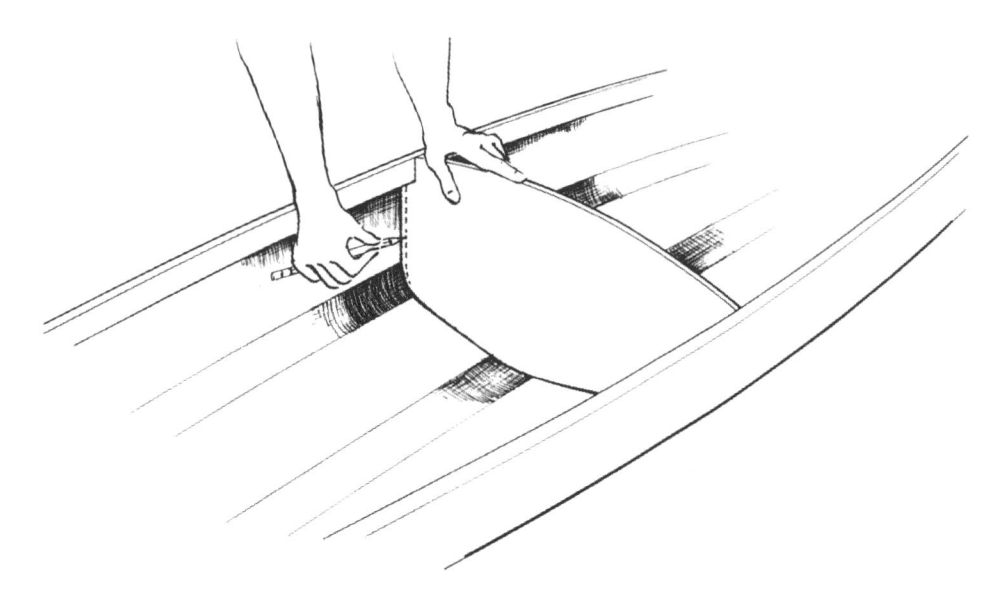

上：小さな木製のクサビできちんとフィットしていないキールの接合部を広げる。もちろんこのクサビはパネルにそろえて後でカットしておく。
中：ハルにエポキシを塗る前に、パネルがバウとスターンで完璧にそろっているか何度も確認すること。
下：バルクヘッドのけがき。バルクヘッドは少し大きめにカットしておいて、フィットする場所に挿入する。それから鉛筆をハルに沿わせて、必要となる正確な形をけがきする。バルクヘッドをこのラインにそって再びカットし、フィットするかチェックして、必要ならさらにけがきをする。

ハルの支持は注意深く行い、馬や作業台の上でひずみが出ないようにする。チャインの真下に木のブロックを4つ置くとうまく支持できるし、ハルをつり下げるようにしてもよいだろう。カヤックの最大幅となる部分のシアーに印をつける。バウからハルの最大幅部分までの距離は104インチで、この点での最大ビームは23½インチである。スプレッダー・スティックによってハルが正確にこのサイズになっていることを確認する。寸法のとおりなら、ハルが理想的な形状になっているということである。バウとスターンで4つのパネルが接合する辺りでは、ボトム・パネルが平らに開いてしまいやすい。このような時には、スプリング・クランプを使ってV字型になるようにしっかりと挟み込んでおく；ボトム・パネル両端の3インチは、ほとんど垂直になるはずである。ここでハルのねじれもチェックしておく。

　ワイヤーがちょうど覆われるように、きれいなフィレットを各接合部に沿って作る。必要な長さのファイバーグラス・テープをカットして、各フィレットを覆うように敷く。添加剤なしのエポキシを約16オンス調合し、テープの上から塗布して染み込ませる。エポキシが固まる前に、ボトム・パネルの形にカットしたファイバーグラスのクロスをコクピット部分（前後のバルクヘッドの間）に敷く。テープと同様に、クロスにもエポキシを染み込ませる。エポキシはテープやクロスに染み込ませるのに必要な分だけを使うように気をつける。余ったエポキシは、キール・ラインに沿って流し込んでおくと、カヤックの重量を数パウンド増やすことができる。

　バルクヘッドを設計図どおりの位置にワイヤーで固定する。バルクヘッドはハルが変形しない程度に緩くフィットするようにしておく。バルクヘッドをカンナで削るかサンディングするかしてちょうどよい大きさにしたら、その周囲に少量のエポキシでフィレットを作る（103ページのイラストと106ページ上部の図を参照）。

　エポキシが固まったら、ハルを慎重にひっくり返し、ワイヤーの結び目を切り落としてプライウッドと平らにする。接合部からはみ出したエポキシは、スクレイパーで削るかサンディングするかしてすべて取り除く。銅線の端の部分が残っていたら、サンディングかヤスリがけで削り落としておく。パネルとパネルの隙間は、添加剤を加えたエポキシですべて埋める。各チャイン、キール、そして両ステムの角は丸めて、グラッシングの際にクロスがスムースに敷けるようにする。

　Chapter7で説明したように、ハルの外側をファイバーグラスのクロスで覆う。最後にバウとスターンにはエンドポーを作る。

ウエストリバーのハルの組み立て

　まず初めに、ボトム・パネルの外形に沿って、縁から¼インチくらいのところに6インチ間隔でワイヤーの穴を開ける。2枚のボトム・パネルを、バウ側からキールラインに沿って緩めのワイヤーで留めてゆく。ワイヤーはハルの外側でねじって留めるのだが、ここではまだきつく締めないようにする。2段目のパネルもバウ側から始めるが、まずボトム・パネルの各穴に合わせてワイヤー穴を開けてゆく。ボトム・パネルと2段目のパネル2枚をワイヤーで緩めに留める。次に2段目のパネル上部の縁に沿って穴を開け、3段目のパネルの下部に、これに合わせて穴を開ける。3段目のパネル2枚を緩めに留めたら、4段目のパネルを所定の位置に取り付ける。すべてのパネルを艇身に沿ってワイヤーで留めたら、各パネルのバウとスターンの端に沿って2個ずつ穴を開け、両ステムに沿ってワイヤーで留める。

　スプレッダー・スティックを作って、シアー・クランプの間にはさみ、ハルを22インチの幅に広げる；これはハルの外側の寸法であることを忘れてはならない。バルクヘッドを設計図に示された位置にワイヤーで取り付ける。切り出しが正確でないと、バルクヘッドの位置や形を若干調整する必要があるかもしれない。ハルの形状が変わってしまってはいけないので、バルクヘッドがあまり

ハルの組み立て

きつくはまってしまうよりはむしろ緩めの方がよいだろう；バルクヘッドとハルの間にどんな隙間があってもエポキシで埋めることはできるはずである。

ハルを留めているワイヤーをすべてきつく締める。接合部がスムースで段差のなくなるまで、ワイヤーをきつくしたり緩くしたりしてパネル位置を調整し、出っ張ったり窪んだりした部分がなくなるようにする。これがハルの形をチェックする最後のチャンスとなるので、すべてのパネル接合部ができるだけ完璧になるよう、念入りに確かめてほしい。

各バルクヘッドの周囲にエポキシ・フィレットを作る。また、両ステムの内側にも大きめのフィレットを作る。ハルの尖った先端部は、その内側に届く長い棒を使ってパネル同士を接着する。フィレットの形を整えて滑らかに仕上げたら、はみ出したエポキシは残らずスクレイパーで掻き取っておく。

同じ高さで平行に並べた馬の上に、ハルをひっくり返して載せる。馬はバルクヘッドの近くにおいて、ハルがねじれていないことを確かめる。パネル

上：ハルを変形させないようにバルクヘッドは緩めにフィットさせる。
下：ウエストリバーではキールから外側へとワイヤーで留めてゆく。両ステム部は最後になる。

105

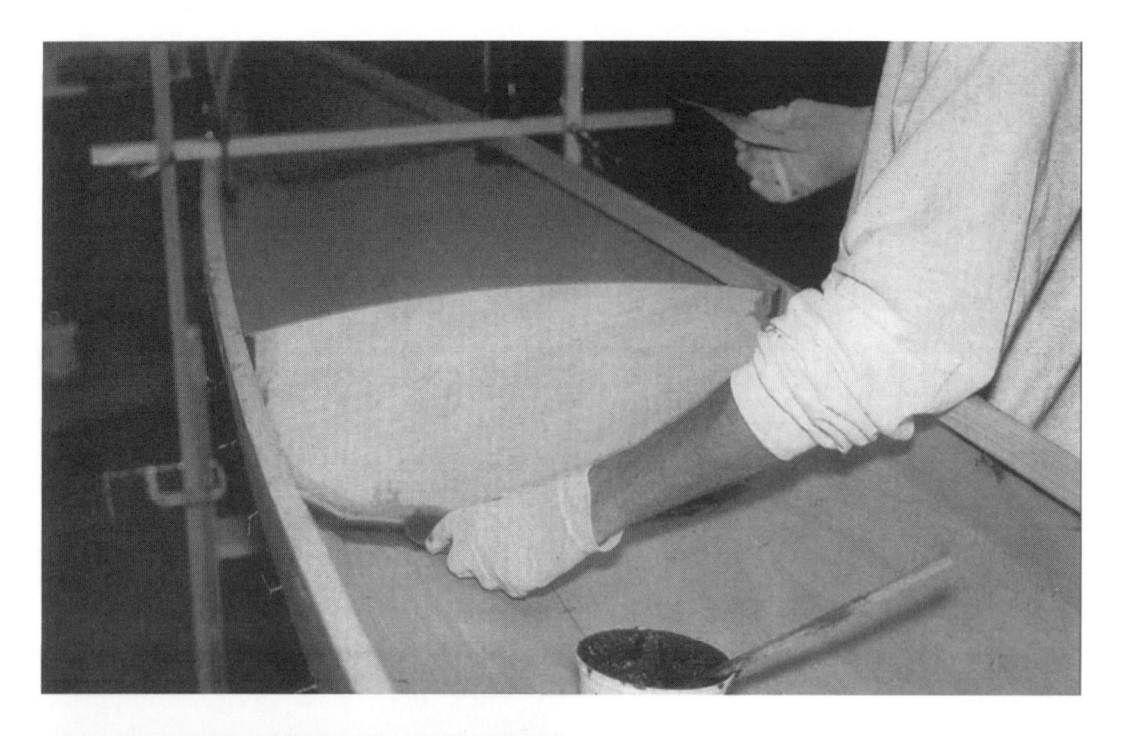

上：バルクヘッドの両サイドに、角に沿ってきれいにフィレットを作る。
下：ウエストリバーのステムにもフィレットを作る。

の間の隙間は、スクイージーを使って添加剤を加えたエポキシで埋める。エポキシが固まったらハルを返し、ワイヤーをカットして引き抜く。ステムに沿った部分のワイヤーは取り除くのが難しいだろう；これらはカットだけしてプライウッドと平らになるようにしておく。ハル外側の接合部といっしょに、ワイヤーの穴の痕なども埋めて仕上げる。

　ハルを軽くサンディングして、接合部を滑らかに整える。ステムがきれいな丸みを帯びるように、サンダーで角を丸くする。Chapter7で説明したように、ハルの外側をグラッシングする。

　ハル内側のバルクヘッドで仕切られた3つの部分それぞれに合わせて、ファイバーグラス・クロスをカットする。クロスはシアー・クランプのすぐ下までちゃんと届くようにカットしてほしい。ハルの内側を軽くサンディングする。ハル内側にクロスを

ハルの組み立て

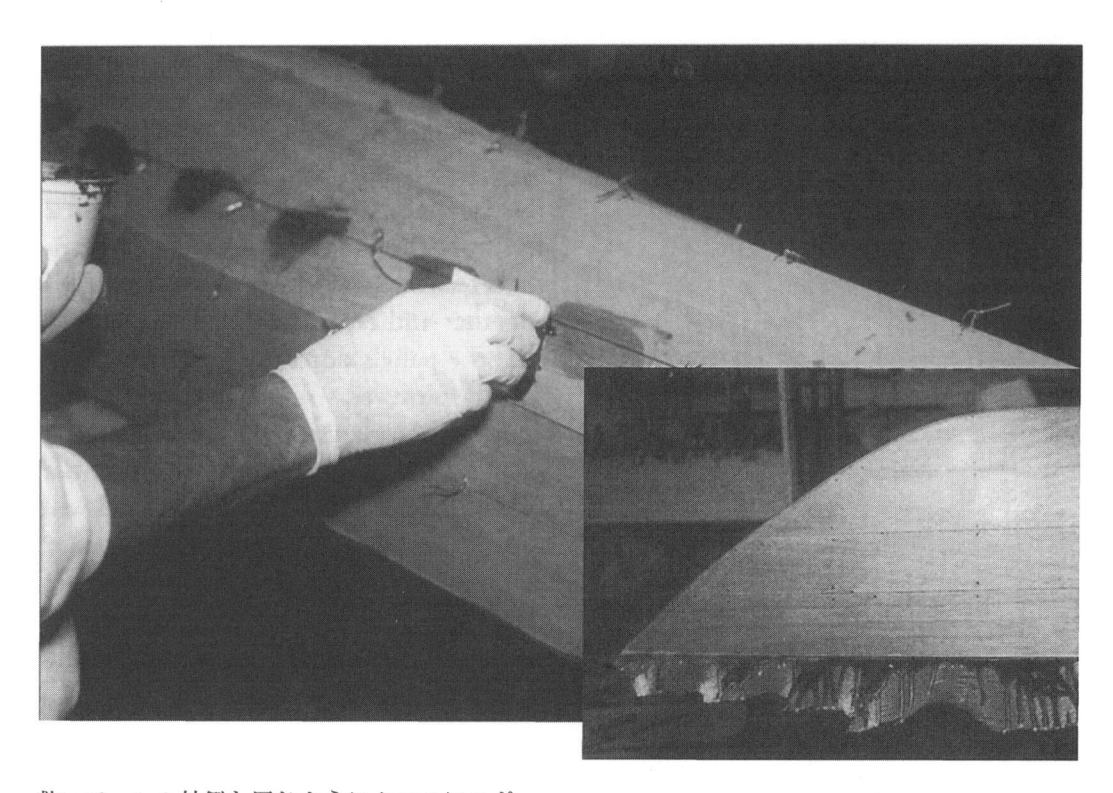

敷いて、ハル外側と同じようにクロスにエポキシを染み込ませてゆく。クロスのしわを端に向かって"押し出す"ように作業する。ステム用に細長いクロスを別にカットしておくと簡単である。ハル内側のクロスに関しては、編み目が消えるまでエポキシを塗る必要はないのだが、美的観点からコックピット内だけはきちんと仕上げたいというビルダーもいるようである。最後にChapter7に説明したようにエンドポーを作る。

セバーンのハルの接合

セバーンのハルの接合は、ここで取り上げる3つのハルのなかで最もトリッキーなものである。接合をする時に形を決めてくれるチャインが存在しないため、適切な形になっているかどうかはビルダーの眼で確かめなければならないのだ。また、ハル外板は、最初にグラス・テープを張った段階では、まだ最終的な形とは似ても似つかないのである。

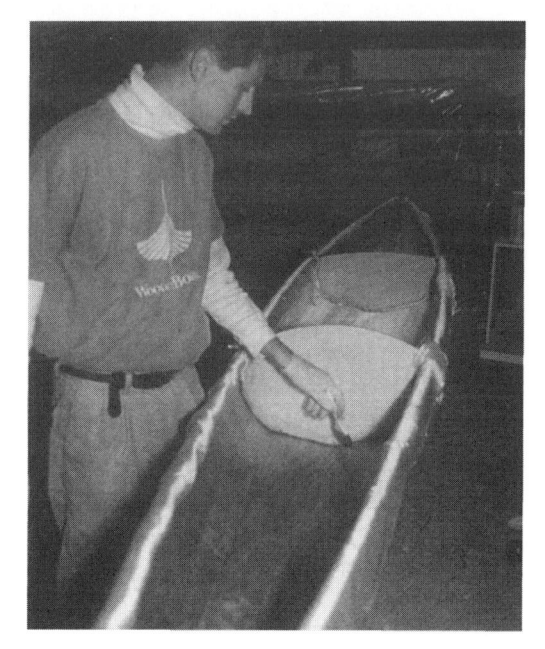

上：添加剤を加えたエポキシで、パネル同士の継ぎ目を埋めて平らにする。
中：ワイヤーを取り除いた後、ハルの外側全体をグラッシングする。
下：ウエストリバーのハルの内側にファイバーグラスを1層張る。

まずは、各パネルのキール・ラインをよく見て確認しておくこと。これが最後となる。キール・ラインがスムースできれいなカーブになっていることが非常に重要なので、必要ならば手直しをする。満足のゆく出来になったら、キール・ラインに沿って端から1/4インチのところに3インチ間隔でワイヤー用の穴を開けてゆく。2枚のハル外板を、シアー・クランプ部を上にして、キール・ラインどうしが向かい合うように馬の上に並べ、スカーフ部がちょうど接するようにする。馬の位置はパネルの端から約2フィートくらいにする。初めに、2枚のパネルの中央8フィートをワイヤーで留めて、テープを張ってゆく。8フィート全体にわたってパネルが接してはいないと思うが、これは問題ない。外板の中心部分を押し下げてU字型に曲げてやると、8フィート全体にわたってくっつくようになるはずである。この段階では、カヤックのハルというよりも、まるでミニチュアのスケートボード用スロープみたいだが、この状態で接着しテープを張ることになる。こんなおかしなポジションでハルを接合するなんて無理だと思うかもしれないが、私を信じてほしい―これができるのである。

両パネルのスカーフ部を中心にして、前後を48インチずつワイヤーで接合する。このとき、外板を押し下げながら、ボートの外側でワイヤーを緩めに締めるようにする。テープを張る時、スカーフ部の幅方向はほぼフラットになっていなければならない。この位置にパネルを保持するために、固定用のジグを作って、それを使うこともできる。スカーフ・ジョイント部にこのジグを置き、外板のシアー端をこれでクランプする。ジグはいらなくなった3/4インチ厚の板から切り出す。シアーはキールより約1インチ高くなるようにする。ジグはパネルが適切な浅いV字型になるように保持することになる。この時点で、馬に載せてあるパネルの両端は、垂れ下がったハルの中心部よりも、少なくとも2フィートは高くなっていること。また、ジグの部分に出っ張りや凹みがないようにしなければならず、もちろん、馬と馬の間のキール・ラインも、スムースなカーブを描いていなければならないのだ。

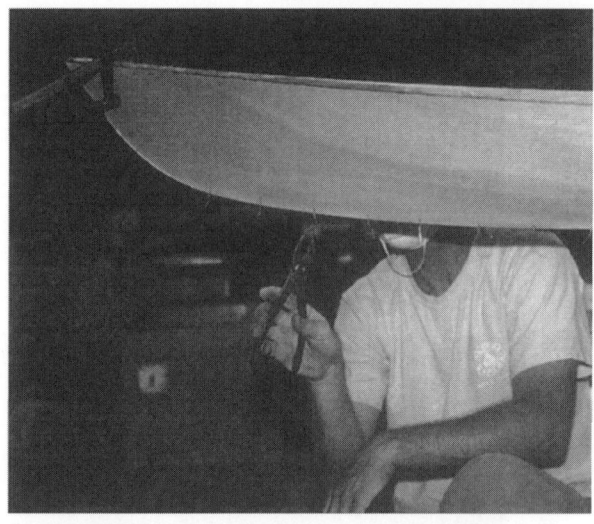

上：2台の馬の上においてセバーンのハルのワイヤー留めをする。
下：ワイヤーできつく締める。

ハルの組み立て

　ワイヤーをきつく締めて、2つのパネルが8フィート全体にわたって接するようにする。特にセバーンについて言えることだが、中心を通る継ぎ目がスムースなカーブを描き、凸凹や平らな部分のないようにすることが、特に重要である。もう一度念を押しておくが、ここで少しでも手落ちがあると、ハルを接合する時に取り返しのつかないことになってしまうのである。このため、もう一度チェックをしてみて、完璧にできていないようなら、躊躇せずにワイヤーをカットして、カンナやサンドペーパーでパネルの端の修正を行ってほしい。ここで2、3分使って継ぎ目をぴったり合わせておけば、後になって大変な思いをしないで済むのである。

　パネルの内側に2層、外側に1層のファイバーグラス・テープを張って、セバーンのキールを作り上げてゆく。ワイヤーを覆うように、小さめのフィレットを作る。8フィートのファイバーグラス・テープで継ぎ目を覆うように敷く。約8オンスのエポキシを、添加剤を加えずに調合する。テープにエポキシを染み込ませる。

上：奇妙に見えるが、これがエポキシを塗る直前のセバーンのハルの姿である。
下：ハル・パネルをゆっくりとひっくり返してキールの継ぎ目にテープを張る。

寒い季節のエポキシ作業

　秋がきて、木の葉が色づき、お百姓さんがカボチャの収穫を始めると、私達は衣類の山からジャケットを掘り出し、エポキシ・メーカーの技術相談窓口はエポキシが硬化しないという苦情でにぎやかになる。私はいつも低速硬化用のエポキシ硬化剤を薦めているが、それは高速の硬化剤に比べてとても扱いやすいからである。しかし夏に遅いということは、温度が低下すると遅くなりすぎてしまうということである。それではヒーターのない作業場しかない場合にはどうすればよいのだろうか？

- 自分で見つけるか、借りるか、あるいは建てるかして、とにかくできるだけヒーターのある作業場を手に入れる。いまある作業場が断熱されているのなら、ヒーターを置く場所を確保すればよい。エポキシは室温で使うように作られているので、これがベストな選択肢である。
- エポキシ・メーカーになんらかの高速硬化剤を注文する；これは非常に低い温度でエポキシを硬化させるものである。しかし高速の硬化剤は大抵アミン・ブラッシを形成しやすいことに注意する。塗装やオーバーコートをする時には、前もってボートを磨いておくことを忘れないように。
- たとえボートは寒いところに置いていても、エポキシの入れ物は暖かいところに置いておく。樹脂を暖めておけばまぜやすいし塗布しやすい。また、計量ポンプが故障するのを防ぐことができる。というのは、暖めたエポキシは粘度が低くなっていてポンピングしやすいからである。
- エポキシを塗布した後、ビニールのテープでボートを覆い、小型のヒーターで下から暖めてやる。冷え込んだ夜でもテープの下の空間だけは室温になるようにしておくのだ。しかし、ヒーターがテープにくっついて燃えてしまわないように十分に注意すること。電球一つでもテープの下の温度はかなり上がるはずである。
- 最後に、エポキシを適切に調合してさえいれば、いつかは固まるはずである。不幸にもこれが間違っていると、春が来ても硬化することはないだろう。

　最初のテープの上に、7½フィートの長さで2枚目のテープを敷き、さらにエポキシを染み込ませる。エポキシが固まったらボートをひっくり返して、滴り出たエポキシをサンディングで落とし、8フィートのテープをハル外側の継ぎ目にも張り付ける。次の工程に進む前に、エポキシを硬化させるため一晩おいておく。さて、それではバウとスターンのワイヤー締めに取りかかろう。ハルを引き寄せてくっつけてゆくにつれて、ハルの最終的な形状が見えてくるようになるはずである。また同時に、ボートが今にも破裂するのではないかと思ってしまうかもしれない—この工程では薄いプライウッドに大きな荷重をかけることになるのだ。高い材料を買った見返りはここで表れてくるのである！　とはいえ、安全のために、テープの両端の部分とキールに沿った部分には水をかけて湿らせておこう；ここは特に大きなストレスのかかる場所で、時々この部分のプライウッドに割れ目が生じることがあるのだ。先ほどのジグをスカーフ部からはずしたら、左右のパネル端を引き寄せて合わせ、ワイヤーで留めてゆく。最大ビーム（艇幅）が25インチになるまでハルを引き寄せる；この部分をパイプ・クランプや紐で固定しておく。バウとスターンのシアー・クランプをカットしてベベルを付け、先端でぴったり合うようにする。（シアー・クランプのベベルの切り方については91-92ページも参照せよ）

　この工法の問題点の一つは、キール・ライン上でテープ端の部分にできてしまう膨らみで、これを取り除くことが難しいのである。この部分の継ぎ目がいくら締めても閉じない場合、張っておいたテープを継ぎ目に沿って約3インチ切り広げる。弓ノコ（hacksaw）の刃を使って数インチの長さにスリットを切ったら、この部分でさらに2、3カ所をテープごとワイヤー締めして、継ぎ目を綴じ

ハルの組み立て

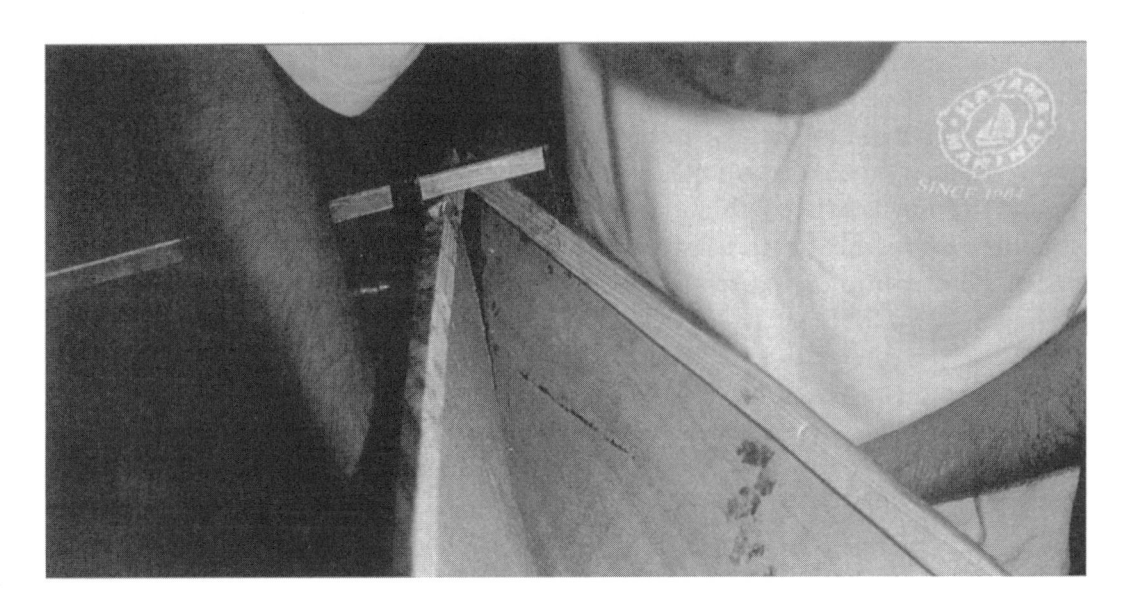

てゆく。また、時々、セバーンのハルにはキール・ラインの継ぎ目に沿った窪みが表れてしまうことがある。これはハル外板をカンナがけで平らにしすぎた時に起こるもので、この場合、窪んだ場所の継ぎ目に沿ってテープにスリットを入れ、少し外側に押しだし、再びテープを張ることによって修復ができる。この時、再度テープを張る間は、継ぎ目に木製のクサビやマッチ棒を差し込んで、適切な形にしておく必要があるかもしれない。

ハルの継ぎ目に沿って両先端部分までフィレットを作り、ファイバーグラス・テープを貼り付けてゆく。フィレットは、少なくともワイヤーを覆うくらいの厚さにしなければならない。テープはまだ固まっていない状態のフィレットの上に敷く；真ん中に張ってあ

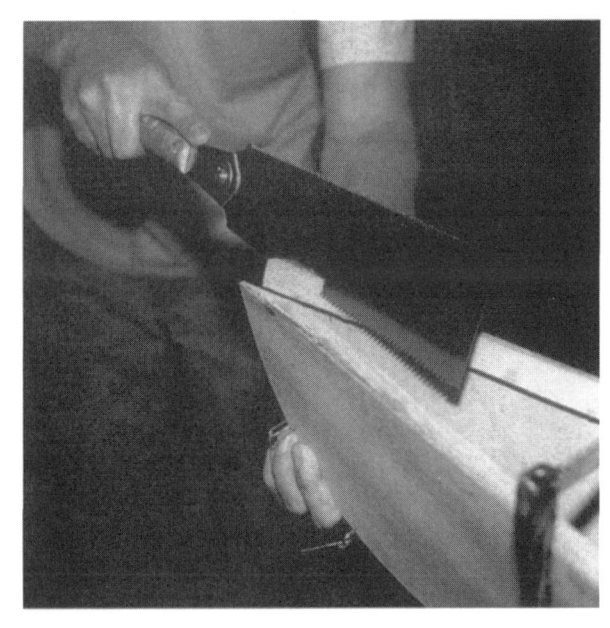

上：ワイヤーを取り付けるためにハルを引き寄せる；ハル中央からステムに向かって作業してゆく。
下：手挽きノコをつかってベベルをカットする。

るテープと、数インチ重なるようにする。ハル両端の狭くなった部分には、薄い木片か使い捨てのブラシを使って、テープとエポキシを押し込むようにする。

ボートの内側のエポキシが硬化したら、ハルをひっくり返してワイヤーの結び目をカットし、接合部からしみ出たエポキシをサンディングするかスクレイパーで掻き落とすかする。この時、盛り上がったテープの角を一緒にサンディングしておくのもいいアイディアである。最後に、4オンスのクロスでハルの外側をグラッシングする。

セバーンではエンドポーを作っていないことに注意してほしい。これはボートの重量を削減するためで、フラットウォーター用カヤックはシーカヤックほど頑丈にする必要がないからである。

Chapter 9
デッキの取り付け

　デッキはパドリングする時に目に映るところだし、人があなたのボートを見る時には最初に目を向けるところである。きっと木製であることを引き立たせるためにニス仕上げをするだろうから、デッキの取り付けは手際よく行うように細心の注意を払ってほしい。ハルの小さなひび割れくらいなら、コンパウンドで少々磨いて、きれいに塗装すれば大抵は隠せるのだが、デッキのひっかき傷やへこみ、裂け目などはどうしても目立ってしまうのだ。

　幸いなことに、すでにハルを完成させているあなたの木工技術はレベルアップしているはずだし、デッキの取り付けはハルの製作よりも簡単である。デッキの取り付けはエキサイティングな工程である。この工程の終わりには、完成したボートの姿が見えてくるのである。残された仕事はまだ非常に多いけれども、デッキを所定の位置に取り付けてしまえば、もう山を越えたのも同然である。

　デッキを取り付ける前に、デッキの形状を定めて支える構造部材を取り付けなければならない。これには、デッキ・ビームやバルクヘッド、カーリンの作成と取り付け、それにシアー・クランプ上部のカンナがけも含まれるだろう。また、ハルを閉じてしまう前に、フット・ブレイスの受け板、セール・リグ、ダイヤフラム型ビルジ・ポンプ、またその他アクセサリーの取り付けもしておきたいところだろう。

デッキ・ビーム

　デッキ・ビームは、ハルのシアーとシアーの間を橋渡しするように架けられた構造部材で、デッキやコーミングを支え、ハルが適切なビーム（艇幅）を保つようにし、さらにカヤック全体に剛性

を与えている。この本の3艇のデッキ・ビームは、デッキと同様にカーブしている；すなわち、キャンバーが付いていて、ジグの上にストリップ材（細長く切った板）を積層して作られている。このストリップ材には、薄いスプルース材やマツ材、または残った3mmか4mmのプライウッドから切り出したものを使えばよい。

　デッキ・ビームの半径は曲率を表している。半径が小さいほどキャンバーは大きく、デッキは高くなり、半径が大きいほどデッキは平たくなる。3艇のデッキ・ビームの半径は設計図に示したとおりである。中学校の幾何の授業では教科書にボートの絵ばかり描いていた私と違って、半径とは中心から円や円弧の端までの距離だということなどは説明するまでもないだろう。

　カヤックの容量を増やしたい場合や、ひざの部分を広くしたい場合には、デッキ・ビームの半径を少し小さくすればよいのだが、ボートの外見は変わってしまう。シングル・カヤックのデッキとしては、前部を15インチから24インチ、コックピットの後ろ側は24インチから48インチの半径が適していると思う。前後のデッキのキャンバーが異なっていて、間の部分がうまくつながるかどうか心配するビルダーもいるが、オクメ・プライウッドには高い柔軟性があるので、非常にスムースに調和してくれる。もちろん、デッキのキャンバーは必ずしも同一半径の円弧（ラジアル）である必要はない；パラボラ形状や、2種類の半径を組み合わせたもの、その他この種のスムースな曲線ならどれを使ってもよいのである。デッキ・ビームの厚さは、シングル・カヤックで¾インチ程度、ダブル・カヤックでは1インチ程度が必要である。

デッキ・ビームの製作

　下の写真に示すような簡単なジグなら、数分程度で作ることができるだろう。まず、必要な半径

簡単なジグをつかってデッキ・ビームを積層する。

の円弧をいらなくなった3/4インチ厚の板の上に描く。設計図に示してある半径はデッキ・ビームの最上部までの寸法なので、ジグとなる円弧の半径はビームの厚さ分を差し引いておかなければならないことを覚えておいてほしい。デッキ・ビームをジグから取り外すと、その弾力で少し広がるため、私は設計図に示された値よりも1インチ小さい半径にジグをカットするようにしている。例えば、設計図にデッキが半径18インチと指定されていて、デッキ・ビームの厚さが1インチあるのなら、広がる分を考えて、ジグは16インチの半径としてカットすればよいのである。

このような円弧を描くには、トランメルを使うのがいちばん簡単な方法である。トランメルをもっていない場合には、余った薄手の板に¼インチの穴を2つ開ければよい；穴の間の距離を所要の半径と等しくしておくのだ。片方の穴に鉛筆を入れて、もう一方には釘を差し込む；釘を円弧の中心に刺し、鉛筆をぐるりと動かして弧を描くのである。もちろん、ほとんどの設計図にはデッキ・ビームの実物大の図面が載っているので、これを直接ジグに写せばよいのだ。円弧に沿って板をカットしたら、最後に、円弧の端から約1インチあけてクランプの入る大きな穴を開けておく。

ジグを作る別の方法として、円弧に沿って木のブロックを板にネジ留めする方法がある。このタイプのジグは、作るのが少々難しいが、ストリップ材を揃えて固定しておくのが容易である；もしボートを何艇も作るつもりなら、手間をかけてみる価値はあるだろう。

プライウッドや板材からストリップ材を切りだして、デッキ・ビームに必要なサイズにする。デッキ・ビームを作る時は、所定の長さよりも2、3インチ長くしておいてほしい；長さは後で調整するのである。ストリップ材は薄いほど簡単に曲げることができ、ジグにも固定しやすく、さらに出来上がりで広がる量も少ない。ムク材から作ったストリップ材は、木目がすべてのビームの軸方向に向いているため、プライウッドのものより強靭である。プライウッドでストリップ材を作る場合には、表面の木目がビームの軸方向に向くようにするべきである。

ストリップ材をビニールのシートの上においで、接合面に添加剤を加えたエポキシを塗布する。ストリップ材を重ね合わせ、ジグにくっつかないようビニールのシートで包む。前のページのように、重ねたストリップ材をジグの上にクランプして、固まるまで一晩置いておく。デッキ・ビームを取り外す前にエポキシが硬化していることを確認する、固まっていれば、エポキシを爪で押しても凹まないはずである。スクレーパーやサンドペーパー、またはカンナなどを使って、ストリップ材の間から絞り出されたエポキシをすべて取り除く。デッキ・ビームの内側の角を丸める。

デッキ・ビームの取り付け

ビームが所定の寸法になるようにハルを固定した上で、シアー・クランプに前後のデッキ・ビームの位置の印をつける。デッキ・ビームを設計図上の位置でシアー・クランプに固定して、その位置での長さで印をつける。デッキ・ビームをカットする角度は、シアー・クランプの内側に直角定規をあててきめる。116ページの写真のようにして、デッキ・ビームの側面にこの角度をけがきする。シアー・クランプは内側に向かって斜めになっているので、いま描いた線のとおりにデッキ・ビームをカットすると、ビームの寸法が大きくなりすぎてしまう。これは、単に寸法が合うまでデッキ・ビームを短くカットしてゆけばよいだけなのだが、永年の経験から言って、けがきした線の内側を各1/4インチずつカットすると、理想に近い長さのデッキ・ビームになるはずである。

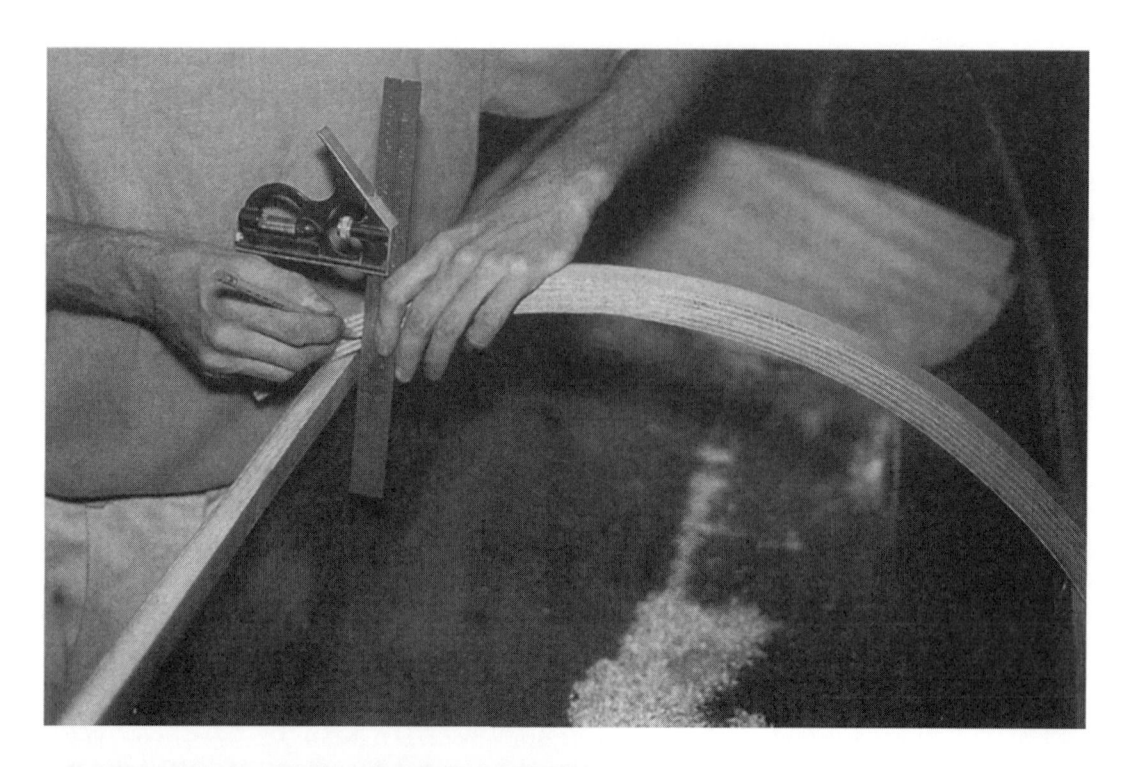

上：ハルの上に固定して、デッキ・ビームの長さをけがきする。
下：デッキ・ビームはハルやシアークランプからデッキビームの端までネジを貫通させて取り付ける。

印をつけた位置にデッキ・ビームを接着してネジ留めする。ネジはシアー・クランプを貫通してデッキビームの端まで届くものでなければならない。シアー・クランプが割れないように、あらかじめドリルでネジ穴を開けておく。ネジの頭はハルの表面に合わせて平らになるようにする。

カーリンの取り付け

　カーリンは前方と後方をつなぐ重要なデッキ・ビームの一部である。コックピット周りの強度を上げるもので、デザインによってはコーミングを接着する面になることもある。カーリンは、コックピット開口部の脇を通って、前後のデッキ・ビームやバルクヘッドをつないでいる。カーリンは、コーミングが積層によって作られているシングル・カヤックの場合にはほとんど採用されることはないが、セバーンに関しては、プライウッドを曲げてコーミングが作られているため、カーリンが必要になっている。多くの2人乗りのカヤック、特にオープン・デッキ艇ではカーリンが必要となる。

デッキ・ビームとカーリンを取り付けたセバーン

　カーリンの上部端を水平に、側面は垂直になるようにして、カーリンを所定の位置に接着する。所定の位置に固定するために、デッキ・ビームを貫通する細く長いネジを使ってもよいし、クランプしておくだけでもよい。ここでパーフェクトな接合をしようとあまり悩むことはないのである。これはデッキ・ビームとシアー・クランプ間の接合についても言えることなのだが、デッキ自体がこれらの接合を強化するフランジの役割を果たしてくれるのだ。エポキシが硬化したら、デッキ・ビームのカーブに合わせてカーリンの上端をカンナがけしておく。

シアー・クランプのカンナがけ

　カヤックのデッキとハルのなす角はぴったり90度ではないが、シアー・クランプの角はそうなっている。それゆえ、ガンネルからガンネルまでデッキがスムースなカーブを描くために、シアー・クランプの上部の面にはカンナがけが必要なのである。デッキとハルのなす角度は均一ではなく、シアー・クランプの場所によって変化しているのだ。

　何をやらせようって言うのだ、と首をふっている木工初心者のあなたが目に浮かぶようである；落ち着いてほしい、これにはうまいやり方があるのだ。経験を積んだボートビルダーでさえ、このようなうねりのある傾斜を見た目だけで正確にカンナがけするなどというのは困難であることは承知している。しかし、デッキの裏面と同じカーブをもったテンプレートがあれば、どの角度で、どれだけの木を削り落とせばいいのかを正確に目で確認することができるのである、これなら簡単ではないか。デッキの裏面の半径は、もちろんデッキ・ビームやバルクヘッドの上部の半径と同じなのである。そこで、厚紙やプライウッドの切れ端にデッキ・ビームの円弧を写し取ったら、これを切り取ってテンプレートを作るのである。テンプレートをシアー・クランプの間に渡して固定し、あとどのくらいの量をカンナがけすればよいのかを判断する。ある程度カンナがけしたら、削りす

ぎていないかテンプレートを当ててもう一度確認し、シアー・クランプがテンプレートと一致するまでこれを続ける。サイド・パネルまで削る必要があるかもしれないが、気にしなくてよい。それが正常なのである。

　デッキ・ビームやバルクヘッドの半径は前部と後部で異なるので、2つのテンプレートが必要になる。これらを使って、コックピットとハル両端までの部分のシアー・クランプは、うまく削ることができるだろう。しかしコックピットのある部分についてはどうすればいいのだろうか？　大丈夫、コックピットの付近、デッキ・ビームの間にある短い区間のシアー・クランプなら、バウ側とスターン側のシアー・クランプが削り終わっていれば、目分量で簡単にカンナがけすることができる。シアー・クランプの上面まで視線を下げて、その少し上からシアー・クランプを眺めてみればよい。前部と後部をつなげるために必要な傾斜は、簡単に判断できるはずである。最後にひとつ助言をしておく。デッキのキャンバーは、通常、バウとスターンの先から1フィートくらいのところで終わるので、シアー・クランプの最後の1フィートは平らにカンナがけすることになる。

　初めてのビルダーの多くはこの工程でびびってしまうが、カンナさえ研いであれば実に単純で、30分以上かからない作業である。また完璧にできなくとも、隙間を埋めてくれる偉大なエポキシがある。

デッキの切り出し

　設計図を注意して見たなら、私がデッキの寸法を記入し忘れたのではないかと疑問に思うかもしれない。これは、デッキの形を写し取るテンプレートとして、完成したハルを使った方が簡単なのでわざと記入していないのである。

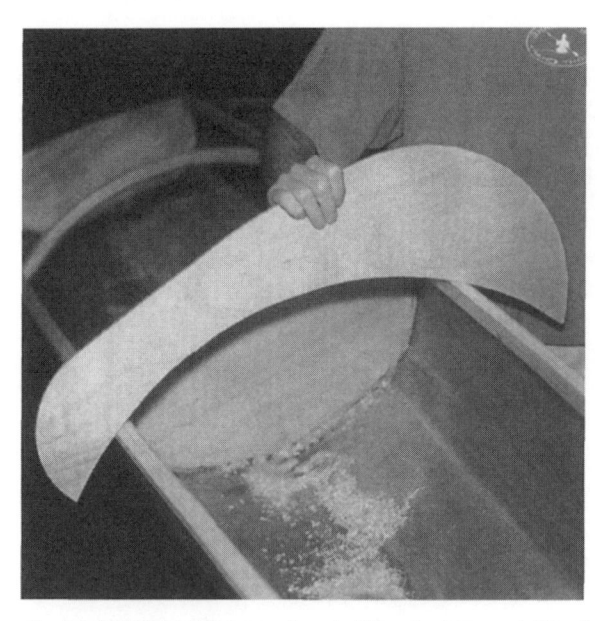

デッキの裏側と同じ曲率のテンプレートを使って、シアー・クランプのカンナがけの目安とする。

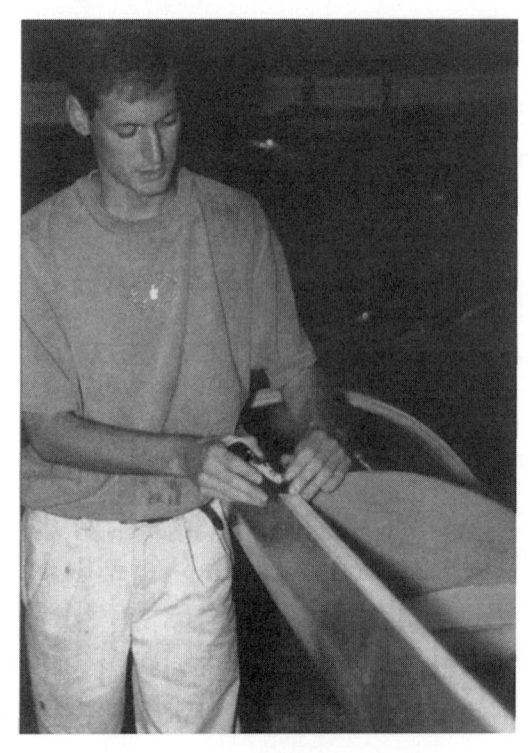

シアー・クランプは、長く、均等なストロークで削る。

デッキの取り付け

　デッキの前部と後部の両方を1枚のプライウッド・シートから切り出すので、シートには互いに反対向きの輪郭を描く必要があるだろう。ハルの上にプライウッドをおいて、デッキ・ビームにあわせて曲げてから、板の下に手を入れて輪郭を写し取る。デッキの前部と後部は、コックピットの最大幅部分で合わせるようにする；この結果、2つの大きなデッキ・パネルは、最短の継ぎ目で接合されることになる。接合部の位置は、デッキ・パネルに輪郭を写し取る前に、あらかじめシアー・クランプの上に記しておく。

　プロレスラーでもないかぎり、プライウッドの裏面に輪郭を描いている間、これを押し下げていてもらうアシスタントが必要である。アシスタントがシアー・クランプやバルクヘッド、デッキ・ビームなどの上にプライウッドを押し付けている間に、あなたがハルの形をトレースするのである。これを前部と後部の両方について行う。パネルは、コックピットの接合部で1インチか2インチ重なるようにしておく；完璧な接合部を作

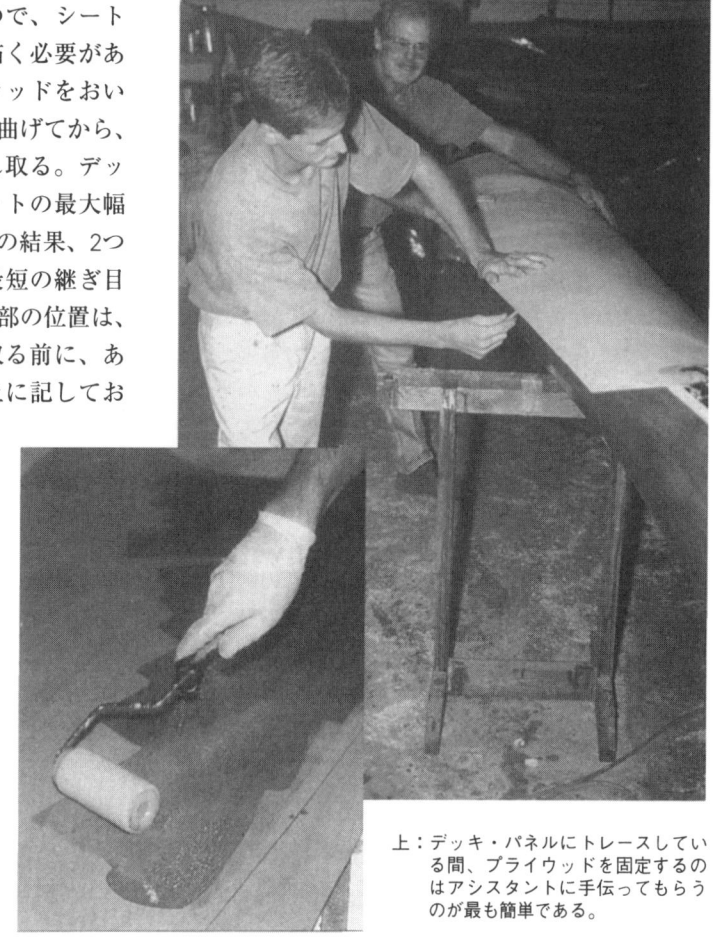

上：デッキ・パネルにトレースしている間、プライウッドを固定するのはアシスタントに手伝ってもらうのが最も簡単である。

左：デッキの裏側を添加剤なしのエポキシでシールするが、エポキシがまだ柔らかい内にデッキを取り付ける。

るため、後で仕上げることになる。取り付けの時にもデッキを曲げていてほしいので、アシスタントには待機してくれるようにお願いしておこう。手伝ってくれる人がみつからない時は、ハルの上にプライウッドを固定するのにタイダウン・ストラップ（カートップに使うタイプのもの）を使うとよい。

　チェサピークやウエストリバー180を含め、大きなボートの場合、バウに3枚目のデッキをスカーフ・ジョイントしなくてはならない場合がある。輪郭を描いたら、スカーフ部を余分に取っておくが、これはメインの部分を切り出した後にすること。

　デッキのパネルは、トレースしたラインより1インチほど大きめに切り出す。チェサピークやウエストリバー、その他の長いカヤックを作っている場合、スカーフ・ジョイント用の延長部は前部デッキ側に作る；この延長部は横幅も大きめにしておく。つまり、コックピット開口部は数インチ小さめに切り出しておくことになる。

　デッキを取り付ける前に、デッキの裏面やハルの内側にあるすべてのパーツをエポキシで"密閉"しておくのがベストな方法で、そうしておかないと、後でバウとスターンの中を這いずり回るハメ

になる。フォーム・ローラーを使ってすべてのパーツにエポキシをコートする。ただし、デッキの内側は取り付ける直前にコートする；エポキシが固まってしまうと、木材が硬くなってデッキを曲げるのが難しくなってしまうのである。

デッキの取り付け

　デッキとハルの固定は、主としてこれら両者間の接合部に使われたエポキシが担うことになる。しかし、エポキシが固まるまでの間は、機械的な接合、すなわちクランプしておかなければならない。ステッチ&グルーのテクニックを使って固定しておくこともできるのだが、この場合、シアー・クランプを貫通するようにドリルで穴を開けなければならない。簡単な方法は、シアー・クランプに釘や木ネジを打ち込むことである。私の場合は、長さが¾インチで14から15ゲージの青銅製リング釘をよく使っており、これだと固定力も優れているし、釘の頭も薄くできていてプライウッドのデッキ表面と平らに打ち込むことができるのである。また、手軽な上に、光沢仕上げのデッキに小気味よいパターンを簡単に作ることができる。この釘のためになら、カヤックの重量が数オンス増えても苦にはならない。

　デッキをハルの上に固定しておくのに、木ネジも使ってもよい。しかしながら、木ネジの頭は大抵厚くなっているため、平らになるまでねじ込むと、薄いデッキを完全に貫通してしまって、固定力はほんのわずかになってしまう。一つの解決策としては、なべ頭の木ネジを使って、エポキシが硬化したらこれを取り除くという手がある。この時できる穴は仕上げの前に埋めておかなければならない。このように、一時的に木ネジを使うやり方に価値があるのは、おそらく、レーシング・ボートの重量を1オンスでも減らそう躍起になっている時くらいであろう。もし、釘も木ネジも使いたくないというのなら、ダクト・テープやタイダウン・ストラップでデッキをクランプすることもできる。しかし、この方法は時間もかかるし、難しいので、最初のボートには釘か木ネジを使うこと

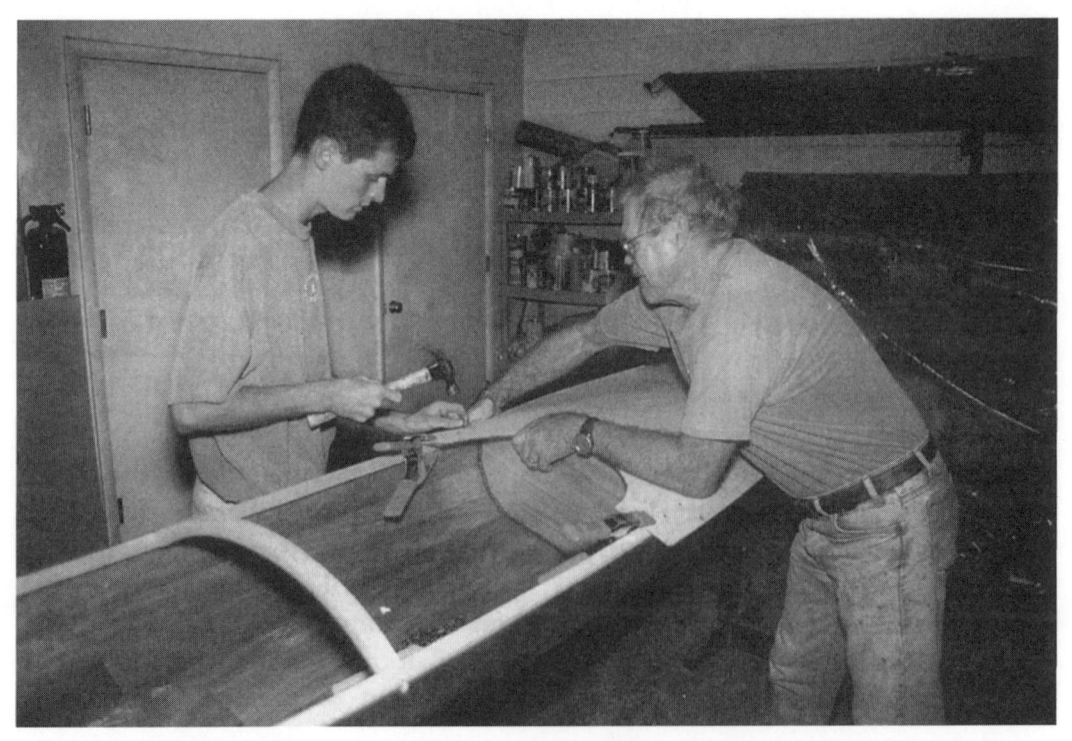

ブロンズのリング釘とエポキシを使ってデッキを取り付ける；ここでも、釘を打っている間、パネルを固定してくれるアシスタントがいるとベストである。

デッキの取り付け

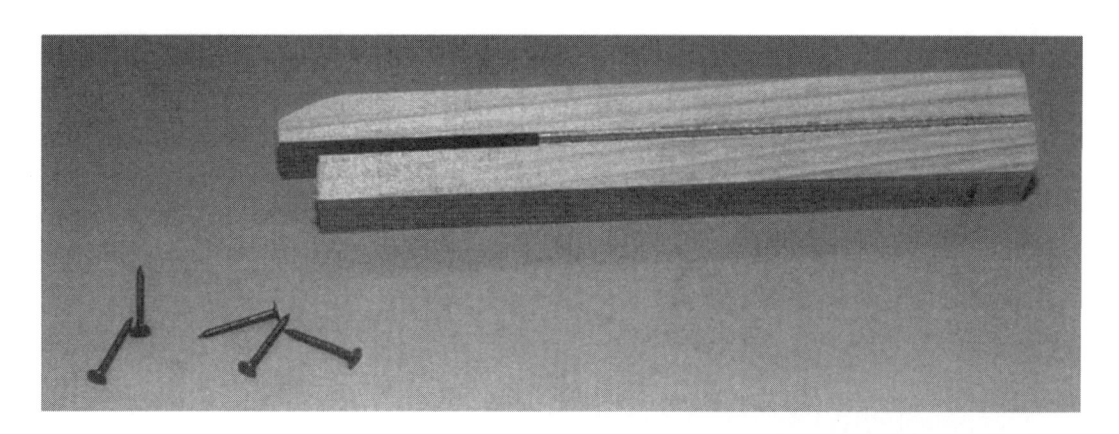

を強くすすめる。木工職人、特に家具やキャビネットを作っている人達の中には、留め具が露出しているのを嫌う者もいるだろうが、ボート製作においては全く問題にならないのである。

デッキの取り付けは、まず、後方のデッキに覆われる部分のシアー・クランプ、デッキ・ビーム、バルクヘッド、そしてカーリンに添加剤を加えたエポキシを塗布することから始まる。後方のデッキ・パネルを、ハルの所定の位置まで持ってゆく。デッキ・パネルをハルに置く時は、接着面の上でスライドさせて裏面全体にエポキシが付着しないように、なるべく正面から接するように心掛けてほしい。釘打ちを始める前に、デッキがしっかりとデッキ・ビームの上に載っていることを確認する。ビルダーによっては、後方のバルクヘッドやデッキ・ビームの周りにタイダウン・ストラップを巻き、これでデッキを固定するのと同時に、しっかり曲げて適切なキャンバーをが付くようにする方法を取っている。

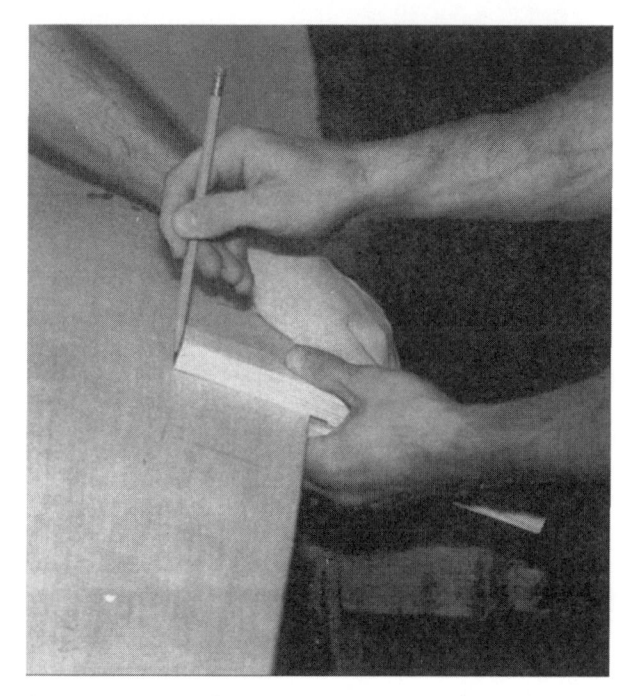

上と下：このゲージを作っておくと、シアークランプのまん中へのネジの位置決めがやりやすい。

釘打ちやネジ留めは、コックピットのすぐ後ろにあるデッキ・ビームもしくはバルクヘッドの部分から始めて、スターンに向かって左舷側と右舷側を交互に留めてゆく。釘や木ネジは約4インチごとに取り付けてゆくが、左右がちゃんと対称に配置されるように注意すること。できれば、アシスタントがデッキの位置を合わせてしっかり曲げている間に、釘打ちをするとよい。スターンまで留め終わったら、後方デッキ・ビームまたはバルクヘッドに戻り、今度はボートの中央に向かって釘を打つ。ただし、真ん中のデッキ接合部近辺にはまだ釘を打たないでおく。

後方デッキパネルを留め終わったならば、次は前方デッキの下にあるシアー・クランプ、デッキ・ビーム、バルクヘッド、そしてカーリンの上に添加剤を加えたエポキシを塗布する。前方デッキ・パネルをハルの上に置いて、後方デッキと1インチか2インチ重なるようにする。この2枚のメイ

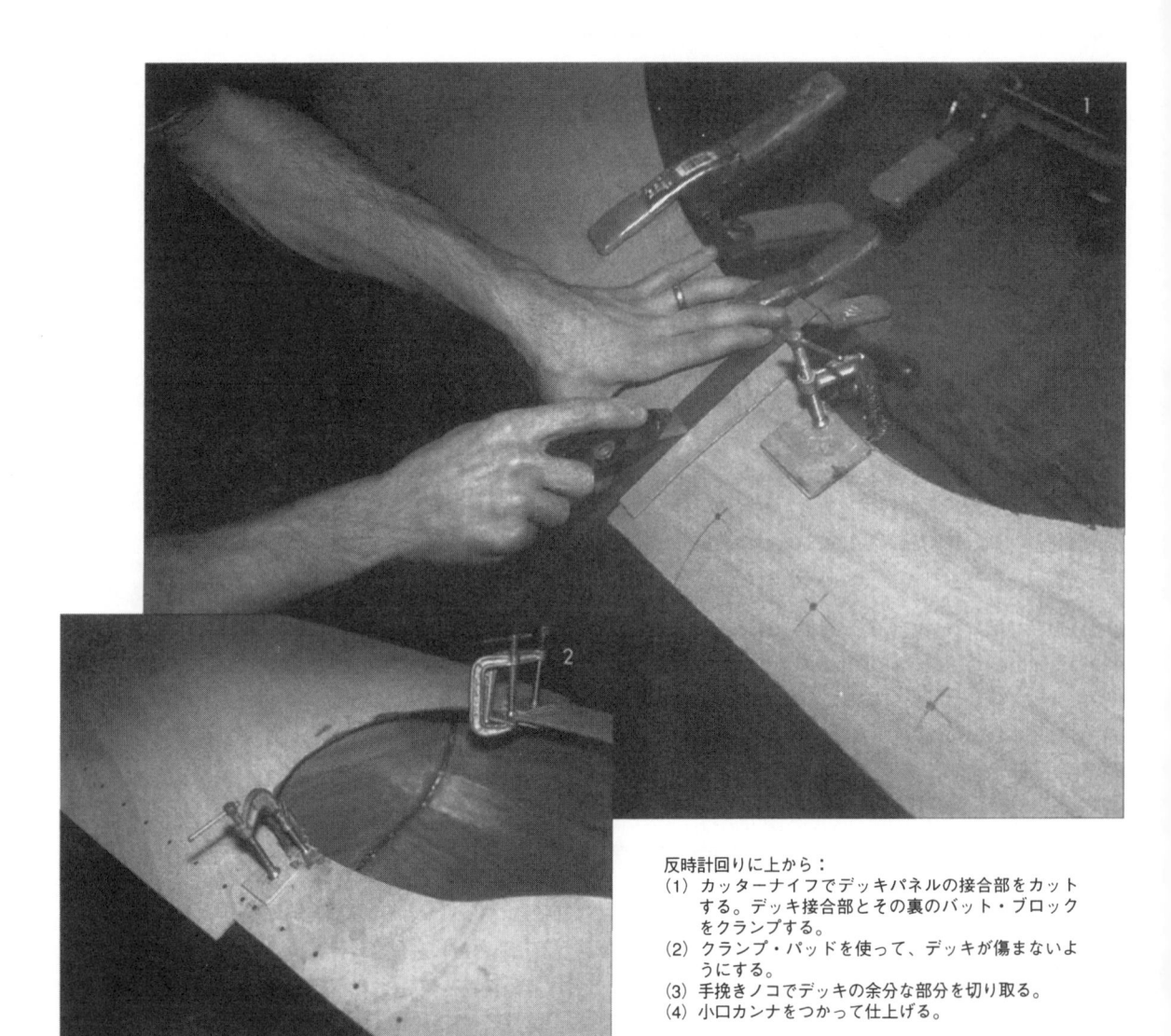

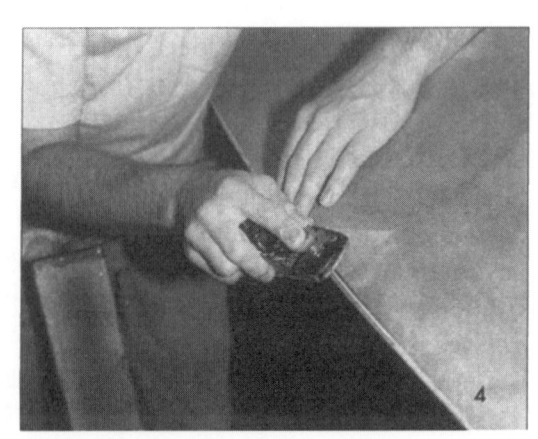

反時計回りに上から：
(1) カッターナイフでデッキパネルの接合部をカットする。デッキ接合部とその裏のバット・ブロックをクランプする。
(2) クランプ・パッドを使って、デッキが傷まないようにする。
(3) 手挽きノコでデッキの余分な部分を切り取る。
(4) 小口カンナをつかって仕上げる。

ン・デッキ・パネルはスカーフ接合する必要はない、接合部の下にバット・ブロックを当てて補強するだけでよい。

　前方デッキについても、最もカーブのきついコックピットのすぐ前方のデッキ・ビームのところから釘打ちしてゆく。釘打ちは、ストラップを使うかアシスタントに手伝ってもらって、デッキの位置を合わせてしっかり曲げながらバウに向かって進める。前方バルクヘッドがある場合は、これにデッキがしっかり接していることを確認する。

　カッターナイフで前部デッキが重なっている部分の後方デッキをカットする。プライウッドをナイフでカットするには同じ所を10回以上なぞることになるはずである。後方デッキから切り取る部分を取り除いたら、前方デッキに釘を打つ。このときデッキ・パネルの間に隙間がないようにする。バット・ブロックとなる小さな木片を、接合部の裏側に接着して補強する。

　ハルとデッキの接合部のエポキシが硬化した後、デッキの余計な部分を手挽きノコか電動ノコを使って切り取る。1/8インチ程度を残してデッキをカットし、あとは小口カンナで仕上げてゆく。ルーターを使ってデッキを仕上げることも可能だが、ハルとデッキの接合部は90度にはなっていないことを忘れないでほしい。ルーターは、このツールに慣れていて使いこなす自信のある人だけが使うとよい。

ハル・デッキ接合部の仕上げ

　ハル・デッキ接合部は、単に角を丸く落としてもよいし、ラブレイル (rubrail) を取り付けてもよい。

　最近は、ほとんどのカヤックが、ハル・デッキ接合部の角を丸く落とす仕上げとなっている。まずは小口カンナで接合部の角をおおまかに落とす。スカーフを作った時と同じように、プライウッドの端の帯模様をよく見て、この層がなめらかで均等な幅を保つように心掛ける。そしてサンダーで接合部を仕上げる。ハルとデッキの間にある隙間は、どんな小さなものでも、添加剤を加えたエポキシでかならず埋めておく。

　カヤックのハル・デッキ接合部はよくぶつける部分で、ボートを運んでいる時などは特に強く打ちつけられることになる。ラブレイルやラビング・ストレイク (rubbing strake) と呼ばれる板材は、この接合部を保護すると同時に、洒落た飾り板にもなっている。しかし、ラビング・ストレイクには、この他にも大切な役割のあることがわかった：不規則な波の中をパドリングする時、デッキまで上がってきてしまうような波をはね返してパドラーを濡れにくくしてくれるのだ。パワーボートのガンネルをみれば、他のものでも同様の効果を期待していることがわかるだろう。

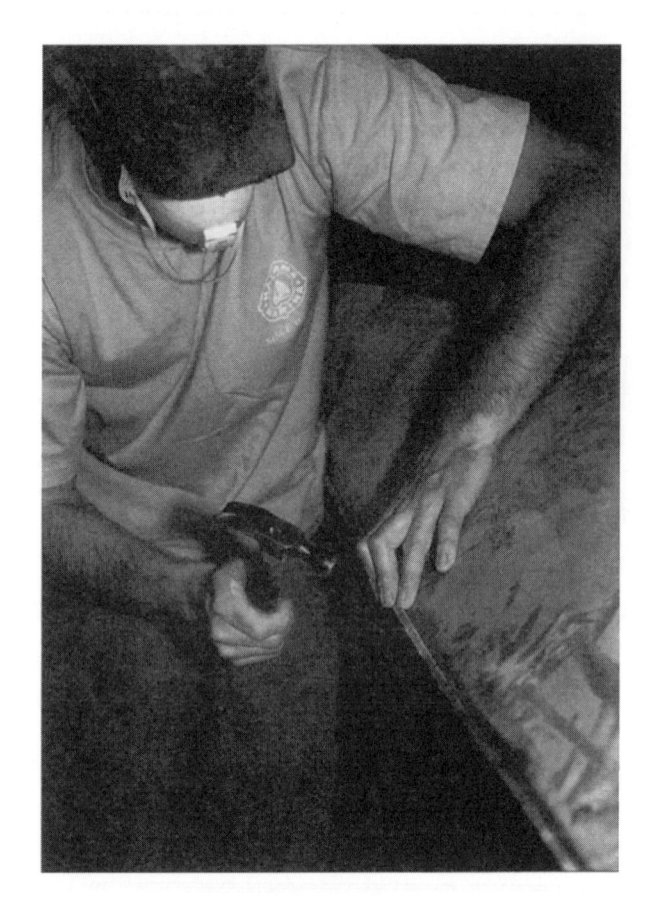

マホガニーやアッシュ、チーク、それにホワイトオークなどを使うと、よい感じのラブレイルを作ることができる。木目の真っ直ぐなものを選んで、¼インチ×⅛インチのストリップ状に自分で切り出すか、そのサイズのものを手に入れる。短い場合はスカーフ・ジョイントで必要な長さまで継ぎ足せばよい。ストリップ材に添加剤を加えたエポキシを塗布して、¼インチ長の頭の小さい真鍮の釘を4インチ程度の間隔で打ちつけてゆく。ところで、釘が本当に真鍮でできているかどうかは確かめておいてほしい。ものによってはただ真鍮をメッキしただけのものがあり、この場合錆びてしまうのだ。ラブレイルをバウとスターンに合わせてカットし、下のスケッチのようにテーパー加工して、見た目をよくしておく。

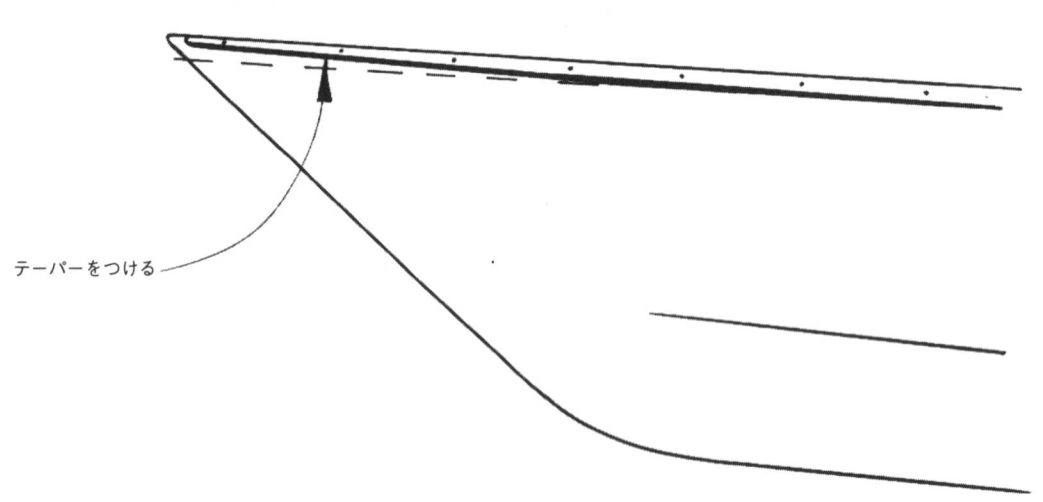

テーパーをつける

上：ラブレイルはハル・デッキ接合部をガードすると同時に、洒落た装飾となっている。
下：ラブレイルのバウとスターン部にテーパーをつけて優雅な外観にする。

その他のデッキ

平らなプライウッド面からなるデッキを指示しているカヤックもある。通常、前部デッキが尖った形をしている。バウ部はフラットで、コックピットのすぐ前が尖っているもの、または前部デッキ全体が2つの3角形のパネルからできていて、これらが真ん中で合わさった形のものがあると思う。これらの部材は普通、縫い合わせた上にテープを使ってつなぎ合わせてある。後方デッキも尖った形をしていることもあるが、単に平らな一枚のシートのままなことが多いようである。このタイプのデッキには、私はあまり利点が見出せないように思う。

たまにプライウッドのハルで布製のデッキをしたカヤックを見かけることがあるだろう。これは普通、シアー・クランプに取り付けた薄い木製のフレームの上に、航空機用のダクロン繊維やキャンバスを張ったものである。布製のデッキはとても見た目がよく、かつ非常に軽い。しかしこれを取り付けるには、プライウッドのデッキ以上に多くの作業が必要である。布製デッキにしようかと思っている人は、ジョージ・パッツの「ウッド＆カンバス・カヤック・ビルディング（Wood and Canvas Kayak Building）」という良い本が出ているのでこれを読むと良い。

Chapter10
コーミング、ヒップブレイス、ハッチ、フットブレイス

　コーミング、ヒップブレイス、ハッチ、それにフットブレイスを取り付けると、空っぽだった大きなハルとデッキはカヤックへと生まれ変わる。これらのパーツには注意を払っておく価値がある；ここは居心地や性能に直接影響するところなのだ。たとえハルの出来が世界一でも、ハッチやスプレイスカートから水が漏れたり、フットブレイスの位置が悪かったら、パドリングは楽しくないものになってしまだろう。

プライウッドを積層して作るコーミング
　コーミングのサイズは居心地を左右する重要な要素である。カヤックに座った時、デッキの下に膝を突っ張っておけるだけでなく、両膝を立てることもできると、特に長旅の時にありがたいものである。スプレイスカートは、自分で作らないで済むように、フィットするものを購入するようにしよう。

　多くのシーカヤックのコーミングはプライウッドを積層して作られたものである。設計図に示してあるように、2、3枚をスペーサーとしてデッキに接着した上に、幅広のリムが接着されたものである。このタイプのコーミングは、スプレイスカートをしっかりと固定してくれるし、耐久性もあり、その上どんなサイズでも作ることができるのである。チェサピークとウエストリバーのコーミングは、非常に大きなパドラーは別として、誰にでも合うサイズとして設計してある。確実にローリングやブレイシングができるように、膝を突っ張る部分（ニーブレイス）はちゃんと確保してあ

る。とはいえ、設計図のコーミングは簡単に変更することができる。もっと長めにすることもできるのだが、36インチより長くはしない方がよいだろう。

　幅も広くしたり狭くしたり、あるいはニーブレイスを省いたりして形を変更することもできるだろう。もちろんコックピットの長さを変更すれば、前部デッキ・ビームを移動する必要も出てくるはずだが、大して難しい作業ではない。一言だけ注意：経験豊富なパドラーでなければ、設計図どおりのコックピットにしておいてほしい。

　スペーサーやコーミング・リングをレイアウトするのに、実物大の図面を使うが、この本をもとに作業を進めているのであれば、プライウッドの上に実物大のコーミングを描き直す。9mm厚のプライウッドを使う場合、スペーサーは2セット必要となり、6mm厚の場合は3セット必要である。プライウッドを節約するために、各スペーサーは2つの部分に分けて切り出す；半分にしたものを"入れ子"状にレイアウトするとよい。カットはゆっくり正確に行う；いい加減にカットするとコーミングを接着した後のサンディングで余計に時間がかかることになるのだ。上部のリング(コーミング・リム)は6mm厚のプライウッドから分割せずに1枚の部材として切り出す。カヤックを手荒に扱いがちな人は、リムをファイバーグラス・クロスで覆って強度を高めておくとよい。

　バウからスターンに糸を張り、鉛筆で印をつけて中心を出して、コックピットの位置決めをやり易くしておく。コーミング・リムをデッキの上に置く。この時、コーミング・リムが前部デッキ・ビームと後部デッキ・ビームまたはバルクヘッドの上にくるようにすること。後ろ側をデッキ・ビームではなく後方バルクに合わせる場合は、コーミング・リムの内側の縁を½インチだけバルクヘッドより前にくるようにしておく。スペーサーの位置決めのために、リムの内側の縁をデッキの上にトレースする。

　一段目のスペーサーの両面に添加剤を加えたエポキシを塗布してデッキの上に位置を合

上：取り付けの前に、コーミング・パーツのすべてに添加剤を加えたエポキシを塗布する。
下：コックピットのクランプはボートのセンター・ラインから始める。

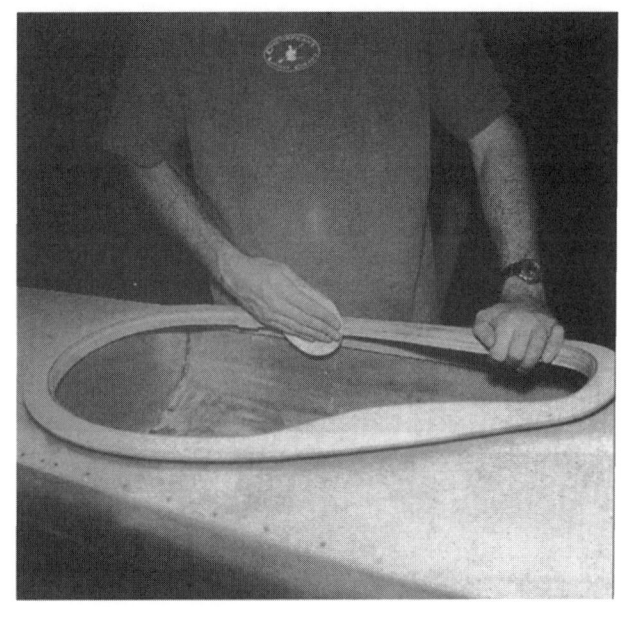

コーミング、ヒップブレイス、ハッチ、フットブレイス

わせておく。両側のスペーサーの継ぎ目近くに真鍮の無頭くぎ（brad）を打って、デッキに固定する。残りのスペーサーを、同じ方法で取り付けてゆく。コーミング・リムをスペーサーの上においたら、全部一緒にクランプする。リムにクラックが入らないように、クランプするときはボートのセンター・ラインから始めて、両サイドへ向かって進めてゆくことが重要である。また、クランプで凹んでしまわないように、リムとクランプの間には板切れをはさんでおく。後で固くなったエポキシにスプレイスカートが引っ掛からないように、リムの下から絞り出されたエポキシはきれいに拭き取っておく。スペーサーとリムがきちんと揃っていることを確かめて、必要ならば、

積層したコーミングをスムースに仕上げるには、サンディングに2時間ほど必要になるだろう。

クランプを緩め、スペーサーを木鎚でたたいて調整する。最後に、リムの下を覗いて隙間がないかをチェックする。

エポキシが硬化したら、クランプを外して、コックピットの内側にはみ出したデッキパネル部を

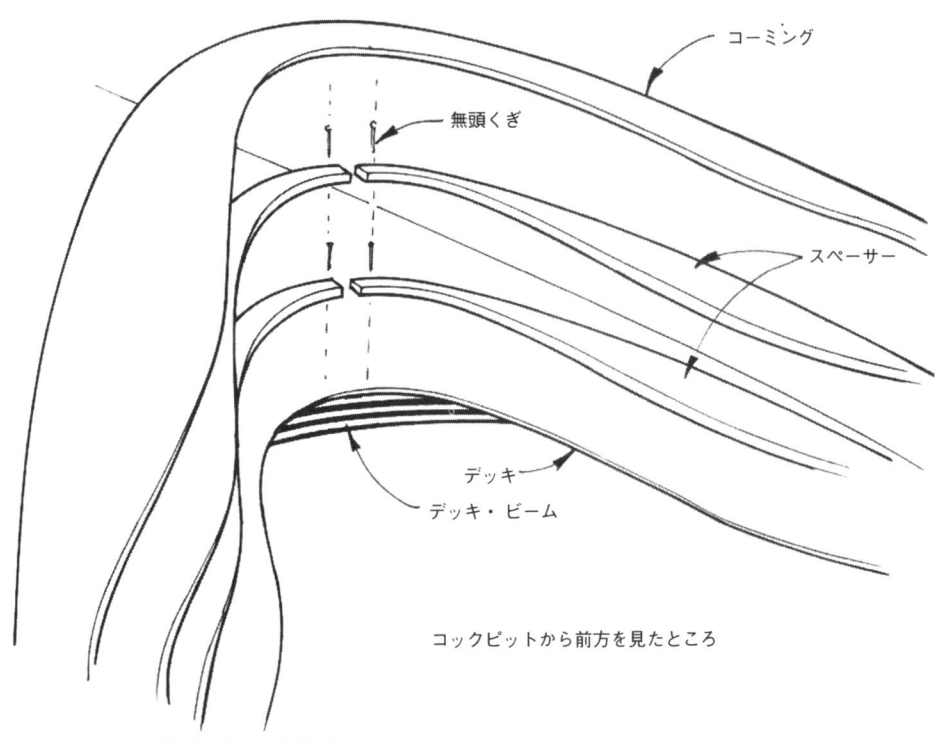

コックピットから前方を見たところ

無頭くぎを使ってコーミング部品を所定の位置に固定する。

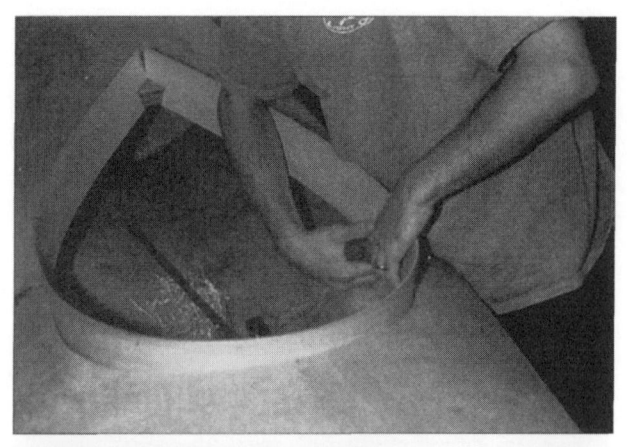

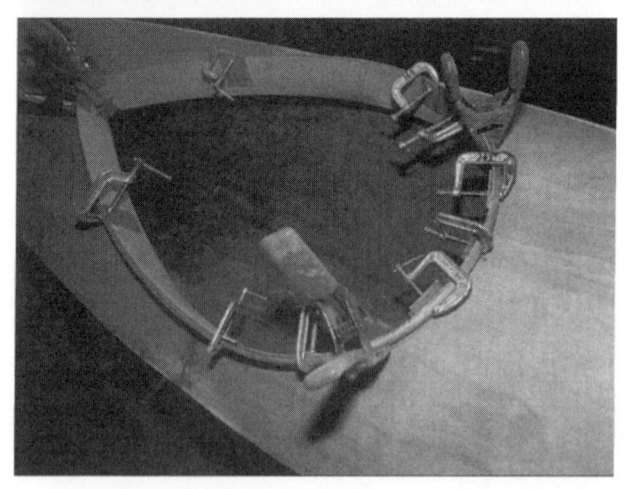

削って仕上げる。部品のカットや置き方が正確でないと、内側がスムースで段差が無くなるまで、たっぷりサンディングをすることになる。スペーサーとコーミング・リングをデッキのキャンバーに合わせるように曲げると、コーミングの内側には小さな階段状の段差ができる。これをスムースにするのに、南京鉋やランダム・サンダー(random-orbital sander)を使うと早いのだが、仕上げの段階には少々力仕事が必要になる。コーミングの仕上げに、少なくとも2時間はかかると考えておいてほしい。コックピットのリムの内側と外側の角をとっておくことを忘れてはならない。仕上げが終わったら、開口部の内側には整然としたプライウッドの層が現れているはずである―さて、冷えたビールを飲む準備をしなくては。でも、ちょっと待った。作業を終わる前に、コーミング周りの露出したプライウッドの端面に、はけ塗りでエポキシをコーティングするのだ；浸透しきったら、2層目も塗布しておく。

プライウッドを曲げて作るコーミング

　セバーンのコーミングは、3¼インチ幅の3mm厚オクメ・プライウッド1枚を使って、涙型のコックピット開口部の周囲を囲むような形に曲げて作る。これをデッキ・ビーム、カーリン、およびデッキに接着し、デッキの下にエポキシのフィレットを作って補強している。

　まず、コックピットの開口部を切り取るところから始める。これは非常に正確な作業が必要なので、厚紙で実寸大のテンプレートを作っておいて、デッキ・パネルにこの形を写し、それから電動ノコか回し挽きノコで開口部をカットする。切断面を

上：コクピット・コーミングがフィットしているかチェックし、必要に応じて調整する。
中：エポキシが硬化するまでの間、いらなくなったプライウッドでつっかえ棒を作ってコクピットに渡し、コーミングをカーリンにクランプして固定しておく。
下：セバーンのコクピット・コーミング・リムは、薄く柔軟な木材を2層重ねて作る。

コーミング、ヒップブレイス、ハッチ、フットブレイス

スムースにサンディングして、デッキとコーミングの間に隙間ができないようにする。次に、プライウッドからストリップ状のコーミング・パーツを切り出して、開口部の内側に合わせてこれを曲げ入れる。ストリップが曲げにくかったり、割れ目が入ってしまいそうな場合は、最初にプライウッドを濡らしておいてから、所定の位置にクランプして、一晩乾燥させておけばよい。ストリップ材が乾燥したら、これをカーリンとデッキビームに接着する。エポキシが硬化するまでの間、開口部の横方向に、いらなくなった木材でつっかえ棒をしてコックピットを押し広げるとともに、コックピットをカーリンとデッキ・ビームにクランプして、デッキにコーミング・ストリップを密着させておく。デッキとコックピット・コーミング接合部の裏側に沿ってエポキシ・フィレットを作り、接合部を補強する。

セバーンのコックピット・リムは、2枚の薄いストリップ材をコーミングの最上部に接着して作る。ストリップ材は1/4インチ×3/8インチのアッシュ材か他の曲げやすい木材を使用する。これも水に漬けて湿らせておくのが賢明かもしれない。所定の位置に接着したら、正面部分でぴったり合うようにベベルを付けてカットする。

プライウッドを曲げて作ったコーミングを、デッキ、カーリン、およびデッキ・ビームに接着する。

このスタイルのコーミングを初めて作った時には、どのくらい強度があるのかわからなかったので、内側に2層目のプライウッドを積層しようかとも考えた。しかし、単層の3mm厚プライウッドのまま、今まで8年の間持ちこたえているところをみると、強度は十分なようである。コーミングの強度をさらに上げようというのなら、内側と外側にファイバーグラス・クロスを一層張り付けてもよいであろう。

ヒップブレイス

ヒップブレイスは、ブレイシングやローリングをした時に、パドラーがシートから滑り落ちないようにするためのものである。この本で取り上げるカヤックのヒップブレイスは、市販のシート・ユニットからいただいたシートの両側に木材を縦に取り付けただけのもの、または厚手の発泡材から切り出してボートに直接接着したものである。

最も簡単なヒップブレイスは、設計図にあるような6mm厚プライウッドを台形に切り出したものである。ヒップブレイスをどこに設置するかは、実際にボートの中に座って決める；後で3/4インチ厚の発泡材を張り付けることは忘れないでほしい。ヒップブレイスを正確な長さに切り出したら、決めた位置において、シートの端とコクピット開口部のすぐ外側のデッキ下面に接着する。ヒップブレイスには強度がなければならないので、その上部と下部にエポキシのフィレットを作って補強

しておく。ヒップブレイス用の発泡材は、3インチ厚の硬質ウレタンフォームから切り出すのがベストである。帯ノコか回し挽きノコでカットして、スムースにサンディングするのだが、コックピットのニス塗りが終わるまでは接着してはならない。ヒップブレイス付きのシートを購入した場合は、ファイバーグラスのカヤックと同じように、メーカーの説明書どおりに取り付けるだけでよい。

ハッチ

　ハッチはバルクヘッドで仕切られた空間を利用可能にして、キャンピング用品の他、持っていこうと思ったものは何でも入れてしまえる便利な収納場所にしてくれるものである。ほとんどのハッチは完全防水にはなっていない；私が設計した自分用のボートのハッチも同様である。実際のところ、プラスティックやファイバーグラスのカヤックでも、大部分のハッチは完全防水にはなっていないのである。しかし、これは思ったほど悲観的なことではないのだ。というのも、賢明なパドラーならば、防水バッグのなかに装備のほとんどをしまっておくからである。一日パドリングすれば、どんなハッチでも数オンスの水がどこからともなく入り込んできてしまうものだが、カヤックの浮力にはこれといった影響は出ないはずである。しかし、新品のニコンは間違いなく壊れてしまうだろう。どんなハッチでも水は漏れるものと考えておいて間違いは無いので、カメラや寝袋、衣服は防水バッグに入れておくようにしよう。テントに少し水が入っても大したことではないが、トイレット・ペーパーが濡れていた日には、せっかくのキャンプが台無しである。

　完全防水のハッチがどうしても必要な場合は、プラスティック製の不格好なインスペクション・プレートをデッキに取り付ければよい。実のところ、バルクヘッドに取り付ける方が良いやり方である；インスペクション・プレートを使った場合、大したものは出し入れできないので、見えないところに取り付けたほうがよいだろう。もしくは、同様に見た目がよくない上、非常に高価だが、性能は優秀なブリティッシュVCP社（British VCP）のラバー・ハッチを使うこともできる。これは、ハッチカバーとリムからなるキットが入手できる；ファイバーグラスのカヤック用のものであるが、木製カヤックのデッキにも使用可能である(133ページの上の写真を参照)。

　私が自分のボートに使っているハッチ・カバーはすべて同じデザインのものである。これは簡単なプライウッドのカバーで、小さなフレームを接着してデッキと同じキャンバーになるようにしてある。ハッチカバーの周囲に幅広の目詰め材を接着して、ハッチ・カバーとデッキを密閉している。デッキとシアー・クランプにネジ留めしたナイロン製のストラップで、ハッチ・カバーがずれないように固定する。設計図には前部と後部のハッチを切り出すための実物大のテンプレートが載っているはずである；Chapter 5の設計図を使用している場合は、実物大に描き直さなければならない。大きさや形を変更するのなら描き直してもよいのだが、このままでも、私の持ち物でいちばん大きな冬用の寝袋は後部ハッチに簡単に入るし、テントは前部ハッチに入る；ハッチをさらに大きくしても得することはほとんど無いだろうし、デッキの強度は落ちてしまうことになるだろう。

　まず、ハッチ付近のデッキに薄く中心線を引くことから始める。後部ハッチは、コーミングとの間にパドル・ブレードを取り付けられるように十分後ろに配置して、パドル・フロートを使った水上でのリエントリーが楽にできるようにする。前部ハッチは、前部バルクヘッドのすぐ前に配置する。テンプレートの中心線とボートの中心線を重ねて、切り抜く輪郭をトレースする。電動ノコか回し挽きノコの刃を最初に入れるための穴をドリルで開け、それから開口部をカットしてゆく。開口部の前縁部と後縁部に沿って約2インチ幅の木片を接着する。この補強材(stiffeners)は、デッキの下でシアー・クランプからシアー・クランプへ渡るようにしなければならない。クランプする時はP133下の写真図のようにする。

コーミング、ヒップブレイス、ハッチ、フットブレイス

　ハッチ・カバーのフレームには短くて厚めのプライウッドか軟材を使用し、これにカーブを写して切り出し、所定の形を作成する。このフレームは、デッキ開口部にぴったりフィットするようにしなければならず、またデッキのキャンバーとも一致していなければならない。実際にデッキに当ててチェックし、必要に応じてサンディングで調整する。できあがったハッチ・フレームを、ハッチ・カバーの裏面に添加剤を加えたエポキシで接着する。各フレームのそれぞれの端をすべてクランプしておく。クランプした時にハッチがねじれていないように気をつける。

　ハッチ・カバーにエポキシを浸透させたら、ニスを塗り（Chapter12を参照せよ）、134ページ（写真中）に示すように、ハッチ・カバーの周囲に発泡材の目詰め材を接着する。目詰め材には、できるだけ厚く、幅広で、柔らかいものを使用する。¾インチ×⅜インチのウレタンフォームで、糊の付いているものがベストである。

　デッキにニスを塗ったあと、ハッチ・ストラップを#10の木ネジとワッシャーでシアー・クランプに取り付ける。各ストラップは、161ページの下の写真のように、約1インチを下方に折り込み、火であぶった釘で溶かしてネジ穴を開ける。ストラップはハッチ・フレームの上を通るようにハッチ・カバーの上に張り、シアークランプにネジ留めする。最後に、ストラップにはバックルを取り付ける。

　この他、木製カヤックに見られるハッチのデザインとしては、ハッチの切り出し部分と同じサイズのカバーを、デッキ

上：バルクヘッドに開けたインスペクション用の穴は、小さなものしか積まないつもりなら、デッキ・ハッチとしても使うことができる。これはマリン用品店で手に入る。
下：ハッチ部の補強材をハッチ開口部の前後の縁の下にハルを横切るように取り付ける。これによってデッキの剛性を高めているので、必ず付けること。

上：ハッチ・カバーにハッチ・フレームを接着する。
左：ニス塗りした後に、ハッチの周囲に目詰め材を
　　接着する。
下：ハッチを固定するためにサイドリリースのバッ
　　クル付きストラップを取り付けるが、デッキの
　　ニス塗りが終わるまでは取り付けてはならない。

の下面に接着したフレームの上に載せて蓋にするものがある。このタイプのハッチは、デッキに全く出っ張りのないデザインにできるので、とてもなめらかな外観のカヤックを作ることができる。このタイプのハッチでは、小さなスイベル・ラッチで蓋を固定している場合が多いのだが、経験から言うと、これはザルのように水が漏れてしまうのだ。

フットブレイス

効率のよいパドリングのためには、しっかりとしていて位置もきちんと調整されたフットブレイスが不可欠である。パドリングによって発生するほとんどの力は、フットブレイスを介してカヤックに伝達されるし、そうなっているべきなのである。ラダーのついたカヤックなら、スライドしたり回転したりしてラダーをコントロールするフットブレイスがなくてはならない。また、あなたのカヤックを他の人もパドルすることがあるのなら、様々な足の長さに対応するために、位置を変更できるタイプのフットブレイスを取り付けるべきである。フットブレイスは、足の親指の付け根で押さえられる位置にあり、同時にパドラーは自分のひざをデッキに軽く当てることができるくらいのところになければいけない。そのため、フットブレイスを取り付ける時には、事前にボートの中に座ってみて、適当な位置に印をつけておくのが賢いやり方である。

最も簡単なフットブレイスの作り方は、カヤックの内側に木製のブロックを接着する方法である。このフットブレイスは軽くて安上がりだが、他の人にフィットするよう調整することができないし、長い航海でゆったりしたい時などに、足の位置を調整しようとしてもできない。私はすべてのカヤックに位置調節ができるフットブレイスの取り付けを薦めている。アルミニウムとプラスチックでできた ノースウエスト・デザイン社（Northwest Design）のフットブレイス（Yakimaフットブレイスともよばれる）は、ホワイトウォーター・カヤッカーが好んで使っているもので、市販されているものの中ではおそらく、強度、出来の良さともに最高のものであろう。もう少し安価なものとしては、キーパー社（Keeper）のプラスチック製フットブレイスも選択肢の一つである。

フットブレイスには巨大な負荷がかかる；パドラーが踏ん張ってフットブレイスを引き剥がしてしまうのは珍しいことではない。この負荷はフットブレイスの下につけた受け板（backing plate）によって分散させたほうがよい。受け板は3mm厚か4mm厚のプライウッドでできた長方形の板で、フットブレイスをハルの内側にエポキシで張りつけるファイバーグラス・テープよりも、幅、長さともに数インチ大きなものがいいだろう。アルミニウムのレールをもつフットブレイスはきちんと接着するのが難しい。アルミニウムの表面は空気に触れるとすぐに酸化するが、表面が酸化していなければアルミニウムとエポキシはより強く結合する。接着力を高める方法としては、アルミニウムの接着面に少しエポキシを塗布し、その上を粗めのサンド・ペーパーでウエット・サンド（wet-

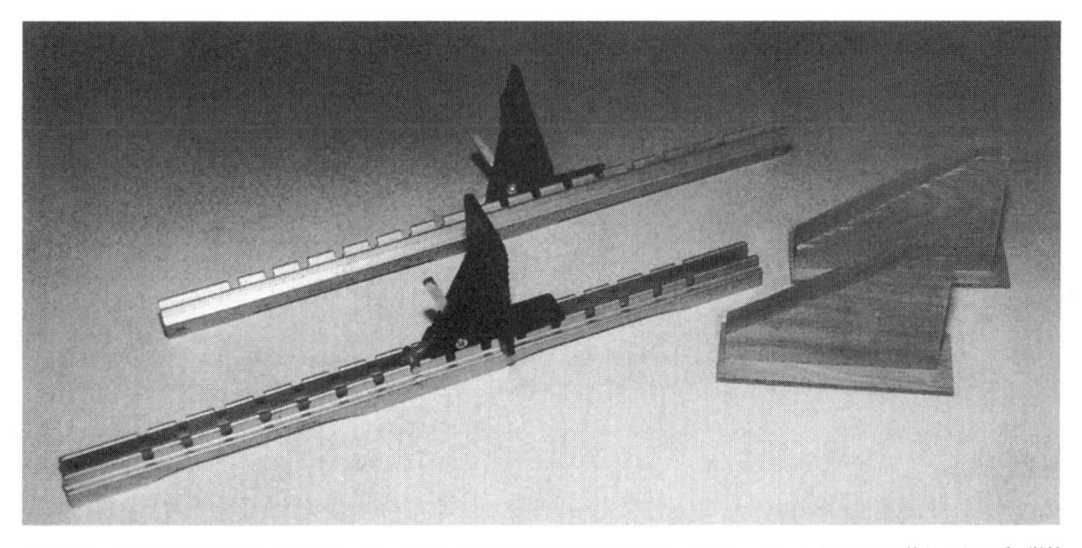

大抵のボートには市販のアジャスタブル・フットブレイスを取り付けるのがよい。しかし、ボートをひとりで使うのならば、単純な木製のフットブレイスでもよいだろう。

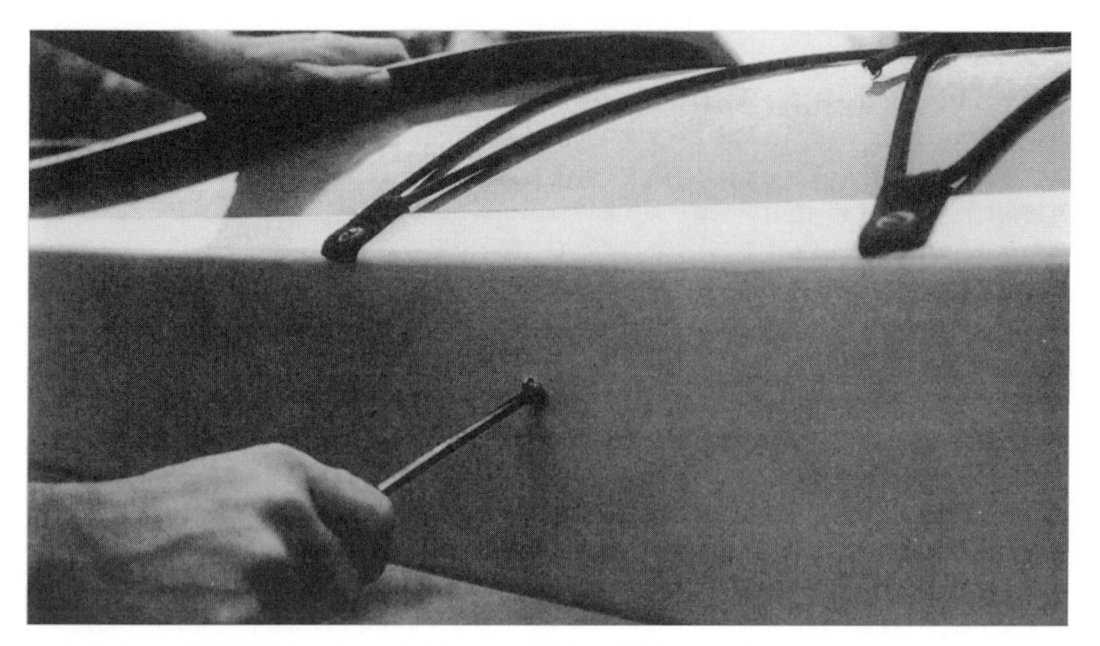

フットブレイスには巨大な負荷がかかるので、ネジをハルまで貫通させて固定するべきである。

sand）する方法がある。この少量のエポキシによってサンディングした新しい面に空気が接触するのを防いでくれるのである。そして、エポキシがまだ固まらないうちにレールをネジ留めする；調整機構部には少しでもエポキシが付着しないように注意してほしい。3M社の5200シーラント剤はプラスティック製のフットブレイスを取り付けるのに使うことができる。また、接着した上に、フットブレイスはハルの外側からもボルト留めしておく必要がある。

　ラダーを取り付ける計画ならば、次章で説明するスライディング・フットブレイスが必要になってくる。

Chapter11
ラダーとスケグの取り付け

　風の強い日やロングツーリングでラフウォーターの中をパドルしたり、カヤックにキャンピング用品を積み込んだ時には、新しいカヤックにラダーやリトラクタブルのスケグを取り付けようかと思うはずである。一方、穏やかで安全な水域をパドリングするのがほとんどならば、シンプルなボートをわざわざ複雑にする意味はほとんどない―ラダーやスケグは必要になった時にいつでも取り付けられるのである。

ラダー
　ラダーやラダー・キットは多くのカヤック・ショップや通販カタログで購入することができる。ほとんどのものは特定のプラスティック製やファイバーグラス製のカヤックのために設計されたものであるが、通常、ちょっと手を加えてやれば木製カヤックにも使えるようになる。私はフェザークラフト社（Feathercraft）のラダーを薦める。これは私が試してきた中でも最も出来が良く信頼性も高いものである。以下ではこのブランドのものに限定した取り付け方法を説明しているが、他の多くについても機能や外見はほとんど同じであり、取り付けについてもほとんど同じ方法でできるはずである。また、ここで取り上げるフットブレイスはChapter10で述べたノースウエスト・デザイン社のヤキマタイプについての説明であるが、これもラダーと同じことがいえるはずである。

ラダーの取り付け
ラダーを取り付ける前に、エンドポーを作らなければならない。すなわち、ハル端をエポキシで充填して、ラダー用のピントル穴からの浸水を防ぎ、取り付け部分付近の強度を高めるのである。こ

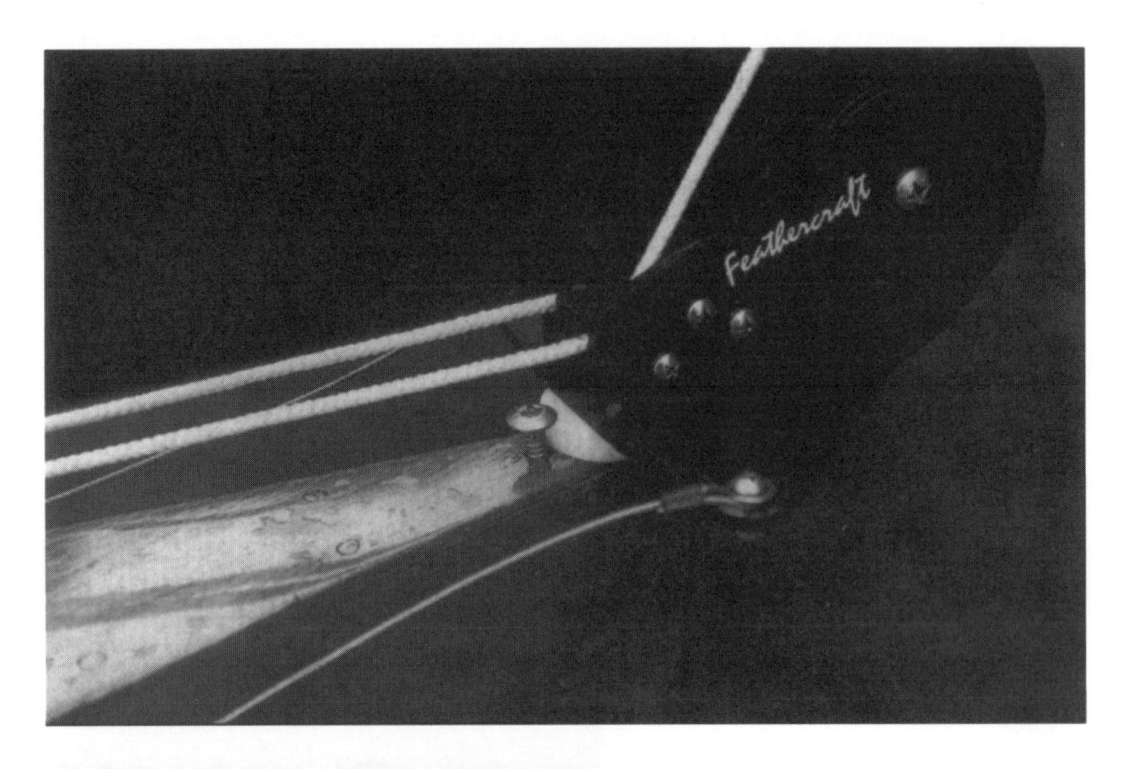

上：エンドポーにつくったピントル穴にラダーをマウントする。このネジはロールしたときにラダーが落ちるのを防ぐためにある。
下：ラダー用のピントル穴は完璧に垂直にしなければならない。

れはハル製作の過程ですでに行っていることと思う；もしまだなら、Chapter7を参照してほしい。エンドポーが硬化した後、3/8インチ径のドリルでデッキにピントルを受ける穴を開ける。ラダーをスターン付近に仮置きして、穴の前後の位置を検討する。ラダーがスターンの外側を回転できるようになっていなければいけないのだ。カヤックを水平にして、取り付け穴が垂直になっていることを確認する。これはボートの真後ろに立って、ドリルをキール・ラインに合わせるようにすると簡単である。ラダーを取り付けてみた時、スターンの先端がラダーの回転を妨げているようだったら、スターン側を少しカンナで削ってやって、そこをもう一度グラッシングしておく。スターンがオーバーハングしているセバーンや、以前設計したケープ・チャールズ、トレッド・アボンといったカヤックの場合、ラダーが回転できるようにするため、手挽きノコでハルの端を1インチから3インチカットする必要がある。

ラダーとスケグの取り付け

次に、ドリルによりプライウッドが露出した取り付け穴の上端部分をエポキシでシールしておく。少量の防水グリースをピントルに塗りこんだら、ラダーをマウントする。ピントルの周りに金属製のブッシュを取り付ける必要はない。年に1、2回ほどピントルにグリースを塗っておけば、エポキシでできたエンドポーの優れたベアリング性能が落ちることはない。

最後に、前ページの上の写真や下図左のイラストのように、ラダー・ヘッドの前に突き出した白いプラスチックの円盤のすぐ前に保持用ネジ（retaining screw）をつける。このネジの頭がラダーを押さえ付けていて、ロールや転覆したときに脱落しないようになっているのだ。最近の新しいラダーの中にはネジの代わりに小さなプラスチック製のフィット用パーツが内蔵されているものもあるようだ。

前作の中で、私はプラスチックやファイバーグラス製のカヤック用に作られた様々なラダー・マウントの中から、木製カヤックに合うものを選んで取り付けるよう薦めた。しかしながら、水の中を引きずるようなラダー・マウントはボートを遅くし、決してうまくフィットしているとは思えなかったし、適したものを見つけるのも難しかった。あれから数年を経て、ここで取り上げたようなラダー・マウントの方が優れていることがわかってからは、過去7年間というもの、この方法以外使ってはいない。

ステアリング・ケーブルの取り付け

ラダー本体の取り付けは、まだこの工程の半分でしかない。このあと、ステアリング・ケーブルを張り、ラダーの引き上げケーブルを調整して、スライディング・フットブレイスを取り付けなければならないのだ。ステアリング・ケーブルのハウジングは、ラダーの前方約2フィートの位置でデッキを通りぬける。このケーブルはできるだけ曲がりが少なくなるようにしたいので、ラダーへの取り付け位置、デッキを通りぬける点、そしてバルクヘッドを通過する点が、ほぼ直線上に並ぶようにする。ケーブルがデッキ上に出るところで急に曲がらないように、デッキを通す穴は45度以下の角度になるように開ける。デッキとバルクヘッドへのケーブル・ハウジング部には、3M社の5200

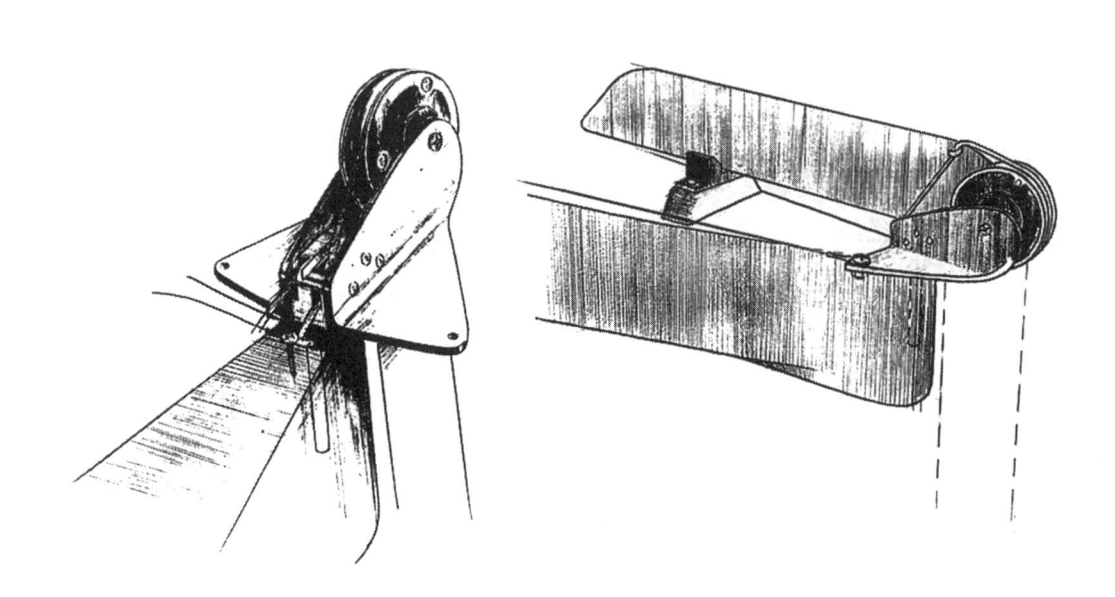

左：この円盤とネジによってボートがひっくり返った時にラダーが落ちるのを防いでいる。
右：ラダーは引き上げた時にV型ブロックにはまるようになっている。

シーラントや透明のシリコン・コーキングを一塗りしてシールしておく。ケーブル・ハウジングのデッキ側出口のすぐ後方にプラスティック製のケーブル・アンカーを取り付ける；これは、ケーブルによってコーキングしたシールがずれたりはがれたりするのを防ぐためである。ケーブル・アンカーを留めるネジは、デッキだけでなくシアー・クランプまでしっかり届くものを使わなければいけない。また、ケーブル・ハウジングは、カヤックの内側のシアー・クランプにも数カ所で取り付けておいた方がよいだろう。

　ワイヤー・ケーブルをハウジングに通して、三角形をしたラダーの"ウイング"部分に小型のボルトとナットで留める。ボルトの周りに小さな輪を作ってきつめに巻き、スウェージで留める。できればスウェージング・ツールを使って、スウェージをガッチリ締める；なければバイス・グリップか大きめのプライヤーを使う。緊急時に緩んだりしないようにここはしっかりと締めておいてほしい。ボルトに関しては、これを中心にケーブルが自由に回るようにしておかなければならないので、きつく締め過ぎてはならない。

スライディング・フットブレイスの取り付け

　ラダー用のフットブレイスは、ラダーをコントロールするためにスライドしなければならないので、Chapter10で述べたアジャスタブルなフットブレイスの機能はレール（track）の方に組み込んでおいて、ハルにこのレールを取り付けるようにしなければいけない。こうしておけば、フットパッドの後ろのトリガー機構を使ってフットブレイスを調整できるので、様々な足の長さに対応できるのだ。まずは、カヤックに座ってみて居心地のいいフットブレイスの位置をみつけることから始める。フットブレイスの位置は、通常、シアーより2から3インチ低く、足の親指の付け根の下にくるところである。黒いプラスティックのレールは、左右各2本ずつの小型ボルトで固定するので、ハルの所定の位置に印をつけてドリルで穴を開ける。2層のファイバーグラス・テープかプライウッドのパッドをハルの内側に張り付けて、フットブレイスが載る部分を補強する。プラスティック・レールの外側を、3M社の5200かその他の柔らかいシーラントでコートする。ボルトのネジ山にエポキシかシーラントをつけて、レールを所定の位置にボルトで留める。ナットはプラスティックのレールにナット用の窪みがあるのでそこに押し込む。ボルトがフットブレイスのスライド動作を妨げているようであれば、ボルトを外してヤスリや砥石で先端を少し磨いておく。

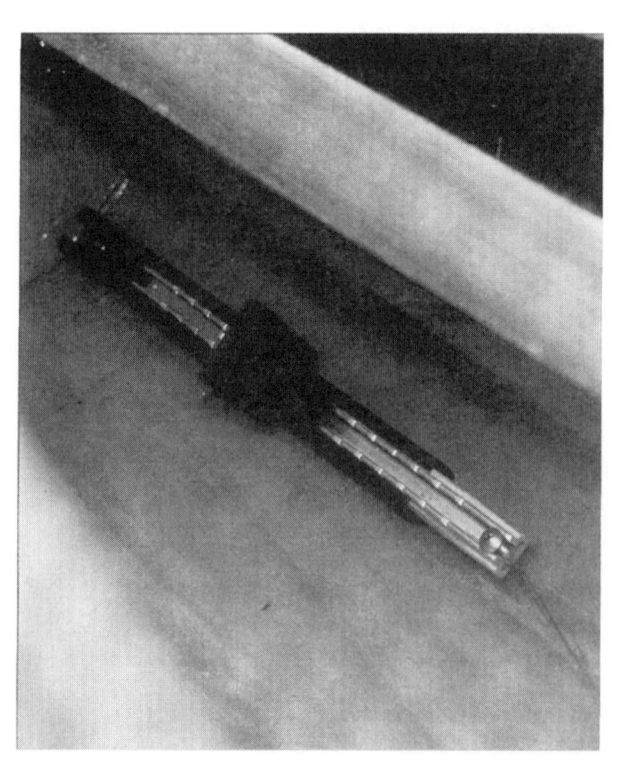

ラダーを操作するためにスライディング・フットブレイスが必要となる。

ラダーとスケグの取り付け

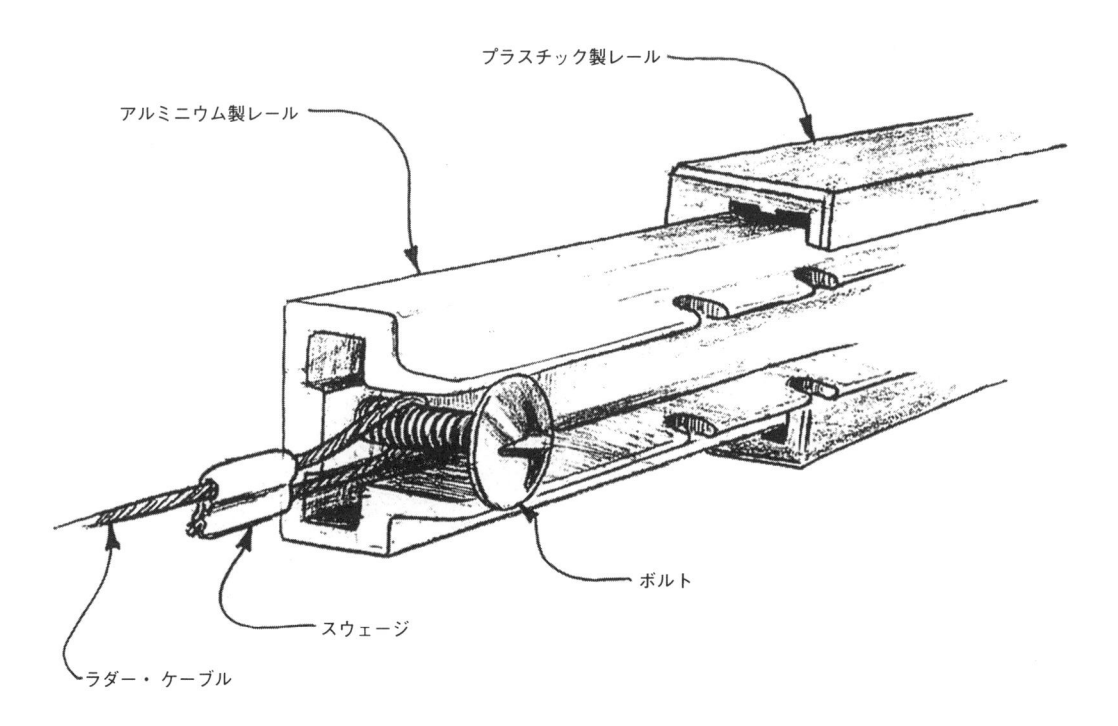

プラスチック製レール
アルミニウム製レール
ボルト
スウェージ
ラダー・ケーブル

ステアリング・ケーブルをスライディング・フットブレイスのレールに取り付ける。

　ケーブルを取り付ける前に、ラダーを真ん中にした時に左右のフットブレイスが平行になっていること、そして、レールの内側にほられた砂や泥を落とすための溝が下を向いていることを確認しておく。ケーブルをループ状にし、アルミニウムのレールの端に留めたネジを通すか、または直接レールの端に開けた穴に通すかしたら、スウェージをつけてケーブルを固定する。

リフティング・ラインの艤装
　ラダーはパドラーの手の届くところに取り付けられたループ状のロープ（138ページと142ページの上の写真を参照）によって水から引き上げることができるようになっている。ロープの一方を引くとラダーは上がり、もう一方を引くと下がるのだ。プラスティックのクリップに取り付けられた伸縮性のあるコードによってループはピンと張った状態に保たれており、ラダーを左右に振っても緩くなったり引きつったりしないようになっている。このループ状のロープの艤装は、ガンネルに沿って取り付けた2つのケーブル・アンカーを通すと同時に、パドラーのすぐ後ろに付けたクリップを通しておく。これらのケーブル・アンカーにはハッチ・カバーのストラップやタイダウン・ストラップを固定しているネジを兼用してもよいだろう。ほとんどのラダーに付属しているリフティング・ラインは、大抵のカヤックに使えるよう十分な長さがあるが、非常に長いシングル艇に取り付けるような場合には、コックピットから手が届く範囲に持ってくるためにもう少し長いリフティング・ラインが必要になるかもしれない。
　V型ブロックは139ページのスケッチや左の写真のように取り付ける。ラダーを引き上げたときにちょうどよい高さに収まるように、木製のV型ブロックをデッキの上に接着するのである。V型ブロックは市販のプラスティック製のものよりも木製のものの方が質感がよいようだ。

上：ラダーを上下させるラインはパドラーの手の届く範囲に引き込む。
下：カスタムメードのV型ブロックがこのカヤックにちょうどよいアクセントを加えている。

スケグ

スケグはスターンの下に取り付ける小さなフィンで、直進性を向上させるものである。固定タイプのもの、またはセールボートのセンターボードのように出し入れできるタイプのものがある。固定のスケグは、アルミニウム・プレートや厚手のプライウッドをハルに接着してからファイバーグラス・テープで補強するか、直接テープで取り付けるかして作ることができる。プライウッドでスケグを作る場合は、全体をさらにファイバーグラスで補強しておいた方がよいだろう。自分でデザインしたボートがまっすぐに進んでくれないときは、小さな固定スケグを取り付けて"修正して"やることもできるだろう。

ラダーよりも出し入れ可能なスケグの方を好むパドラーもいる。特に英国人のボートではポピュラーなようである。出し入れ可能なスケグは、複雑なラダーを用いずに、カヤックのバランスを改善するのに使われている。もちろん、直進性の改善だけが目的である。舵をとることは全くできない。

ラダーとスケグの取り付け

簡単なリトラクタブル・スケグの設計図

RETRACTABLE SKEG FOR SEA KAYAKS リトラクタブル・スケグ（シーカヤック用）
11-1-99 JCH 馬場

- フェアリード
- 6mm トランク側面
- 1/4" のダボ穴
- エポキシ処理しておく
- エポキシ・フィレット
- エポキシ・フィレット
- トランクはハルからはみ出るように作っておいて、後で仕上げる
- スケグはスターンと後部ハッチの間ならどこに取り付けても効果は同じである。後部ハッチから手の届くところにやると取り付け作業は楽である
- ~36"
- 1/8" のヒモ コックピット近くのクリートまで引く
- トランク・スペーサー 3/8"×3/4"
- スケグはこのような形にサンディングして、引っかからないようにしておく
- ピボット・ピン用の溝の作りに注意
- 木製のダボ（丸棒）
- スケグ 実物大 1/4 マリン・プライウッドまたはプラスチックで作る
- スケグの上端はボートの高さに合わせる
- フェアリード
- 1/4"の伸縮コードスターンに固定する
- トランク・キャップ 6mmプライウッド
- トランク・キャップ

反時計回りに上から:
(1) 取り付ける前にスケグ・トランクがフィットするかどうか確かめる。
(2) スケグはキールと一致するように慎重に位置決めする。
(3) はみ出した部分に印をつけたら、トランクの上部と下部がハルとデッキの表面と平らになるようにカンナで仕上げる。

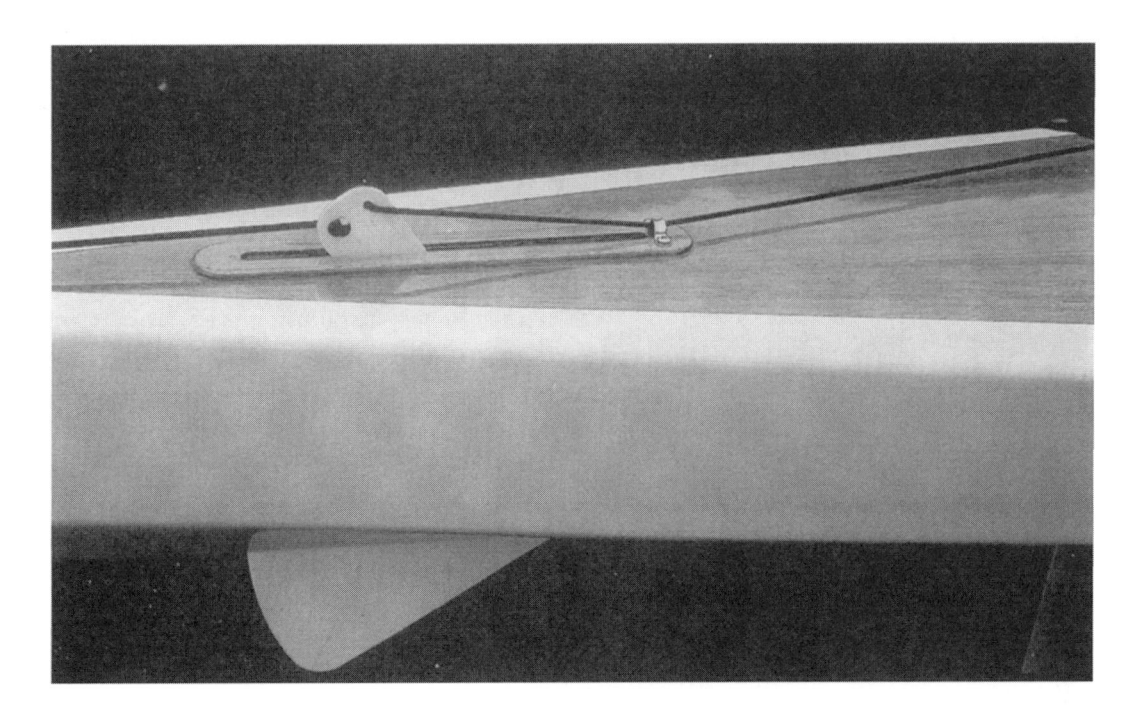

上:取り付けが終わったスケグを出したところ。
下:パドラーがリフト・ラインをひっぱっていなくても、伸縮性のあるコードを使えばスケグを出したままにすることができる

　143ページに掲載した設計図は、どのカヤックにも簡単にフィットするシンプルなスケグである。スケグの収納部となるトランクは6mm厚のプライウッドから作られている。スケグ本体は、プライウッドやアルミニウム、剛性のあるプラスティックなどから切り出してくればよい。伸縮性のあるコードでスケグをダウン・ポジションに固定しておき、コックピット近くに通した紐でこれを引き上げる。このスケグは、ピボット・ピンを一本差し込んだだけのシンプルな構造なので、傷んだ時に交換したり、砂やからまった海藻を掃除するために簡単に外せるようになっていることに注目してほしい。スケグを取り付ける時は、キール上に配置できていることをちゃんと確認する。いつも2、3度ずれるラダーをずっと

スケグのリフト・ラインはコクピットの近くにクラム・クリートで固定する。

取り付けておくようなことは誰もやりたくはないだろう。チェサピーク・ライト・クラフト社では、木製カヤックでもファイバーグラスのカヤックでも後付けできるスケグをキットで販売している。

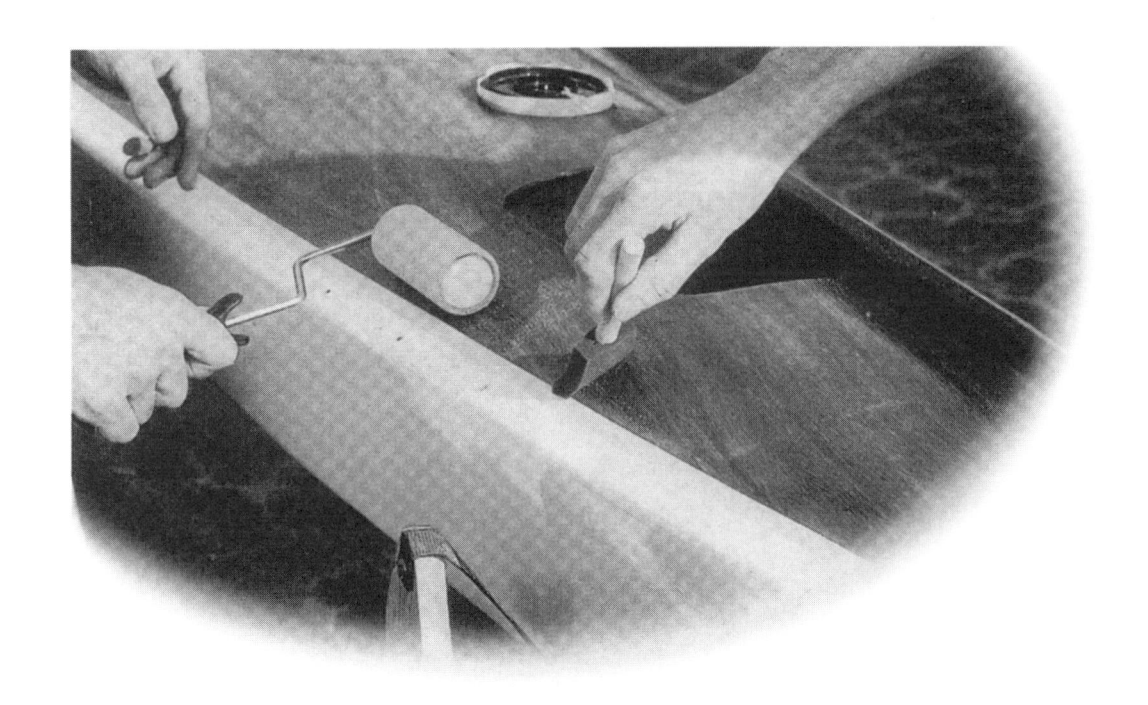

Chapter 12
仕上げ

　私は5層目のニスを傷一つなく塗り上げることに成功していた。作り上げたそのカヤックは、カヤック製作セミナーのプロモート用に、大きなアウトドア・ショップでディスプレイすることになっていた。6層目、そして仕上げと、丹精をこめてはけ塗りした後、私はホコリをたてないよう忍び足で作業室を出て、ドアに鍵をかけたのだった。次の朝、傷一つない新しいボートを店に持って行こうかというその時である。ドアを開けた私が見たものは、作業場に入り込んでいた1匹のリスが、こともあろうにまだ乾いていないボートの上にくっきりと残していった足跡であった。

　この話の教訓は、きれいに仕上がったデッキを得るためには、なにかと障害が多いということである。気泡やニスの垂れ、ホコリ、虫の特攻、それにリス。あらゆるものと格闘することになるはずである。しかし、それだけ骨を折る価値はあるのだ；6層のニス塗りを施した木製カヤックの美しさに勝るものはないであろう。ただ不幸なことに、完成を目前にして、もう乗れさえすればよいとばかりに、先を急いでこの工程はおろそかにしてしまいがちなのである。そんな思いに駆られた時は、作業を始める前に、このプロジェクトにこれまで注ぎ込んできた努力をちょっと思い返してみてほしい。

エポキシの下地

　カヤックにニス塗りやペイントを行う前に、デッキ、コーミング、その他の木材が露出したパーツをエポキシでコートしておく。エポキシが木材にしみ込み、木目を埋めて全体を強化してくれるのである。特にデッキのように、曲げによって木目が開いた部分はこの効果が大きい。こうするこ

仕上げを行う前にすべての木材の表面をエポキシでシールする。

とによって頑丈な外皮がつくられ、ハルの強度は向上し、摩耗に強くなり、さらに仕上がりに深みを与える滑らかなクリアー・ベース（下地）となる。水が木にしみ込んでしまうと、塗装やニスが膨れたり剥離したりして、仕上げは失敗するのが普通なのだが、エポキシは、この点、塗装やニスの理想的な下地にもなってくれるのである。エポキシの場合、木に密着して防水膜の外皮を形成して水の浸入を防ぎ、仕上げが台なしにならずに済むのである。

　ここまでの作業で気づいていると思うが、エポキシは少々流れにくく、平らになりにくいので、滑らかにコートするのは難しいのだ。前にも言ったが、エポキシを塗るために最も適したツールは、フォーム・ローラーである。まず、ローラーで全面にエポキシ層を薄く塗布する。最初に塗布したエポキシのほとんどは木にしみ込んでしまうはずである。ローラーを使うとエポキシの表面に小さな泡ができやすい。これは、使い捨てのフォーム・ブラシや硬毛のブラシで塗りたてのエポキシ表面をなぞってやることによってはじけさせてやればよいだろう。ブラシの先端を使って、ごく表面だけを軽くなでるようにして泡を潰してゆくのである。表面に流れ出したり垂らしてしまったエポキシはブラシで払っておかないと、後で行うサンディングでこれを取り除かなければならないことになる。エポキシが硬化したら、軽く表面をサンディングしたあと、気泡や垂れに注意しながら2層目のエポキシをローラーでコートしてゆく。プライウッドの断面が露出している部分、例えばコーミングの側面などは、ちゃんとエポキシでシールされるよう特に注意する。プライウッドのコア部分に水がしみてしまうと、後で問題が起きるのである。

　このようなエポキシでの防水コートは、気温が一定か下降している時に行うようにする。朝早く寒いうちに始めてしまうと、気温が上昇するにつれ木の中の空気が膨張し、まだ乾いていないエポ

キシの中に出てきてしまうのである。これは脱気（outgassing）とよばれ、エポキシの中に無数の小さな気泡ができるもので、これを取り除くにはサンディングで滑らかにしてやらなければならない。

サンディング

ハルやデッキへのエポキシ塗布は、ローラーやはけ、それにスクイージーを使ってどんなに注意深くやったつもりでも、完全に滑らかにはなってくれないはずである。また、表面が完璧に仕上がっていたとしても、光沢のある、サンディングしていないエポキシの上には、ニスや塗料が十分に付着してくれないのである。ここは観念して、少なくとも2、3時間のサンディングを覚悟しよう。

サンディングを始める前に、洗剤と水でボートを洗浄して、硬化したエポキシに残ったアミン・ブラッシ（amine blush）を取り除く；アミン・ブラッシはサンドペーパーをつまらせるし、塗装やニスが乾きにくくなるもとである。スポンジに温かい石鹸水をつけて徹底的に洗ってからよくすすぎ落としてやるとよい。これを2回も繰り返してやれば、完全に落とすことができるはずである。アミン・ブラッシをサンディングで落とそうとしても、かえって塗り広げてしまうことになるのだ。MASのエポキシと低速硬化剤のように、耐ブラッシングのエポキシを使っている場合は、この作業を飛ばしてもらってよいだろう。

サンディングはボート製作の中でもいちばん楽しくない部類の作業なので、できるだけ楽にできるようにしよう。マスクや防塵マスクは、粉塵をちゃんと防いで、かつ楽に息ができる質の良いものを使い、イアー・プラグもしよう。また、目がつまったり擦り切れたものを使わなくてもよいように、サンドペーパーは十分にストックしておくこと。最後に、サンディングは風のある日に屋外で行うようにしてみてはいかがだろうか。

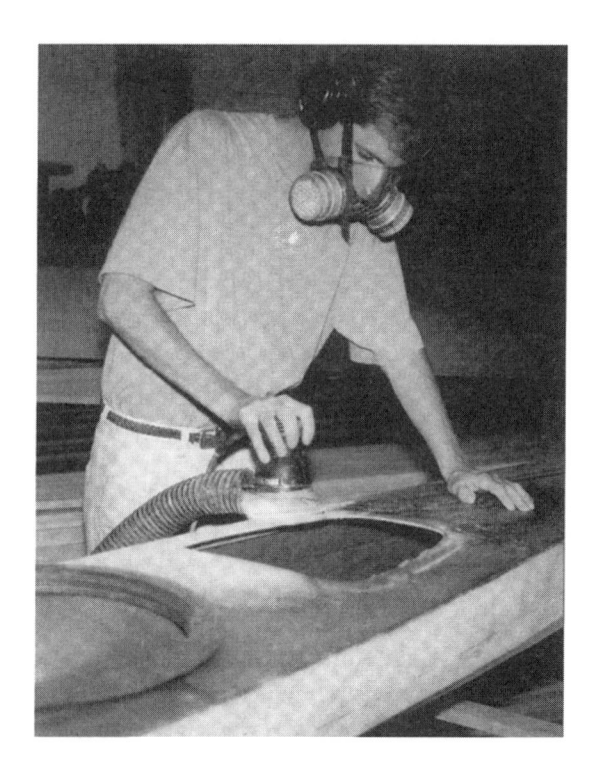

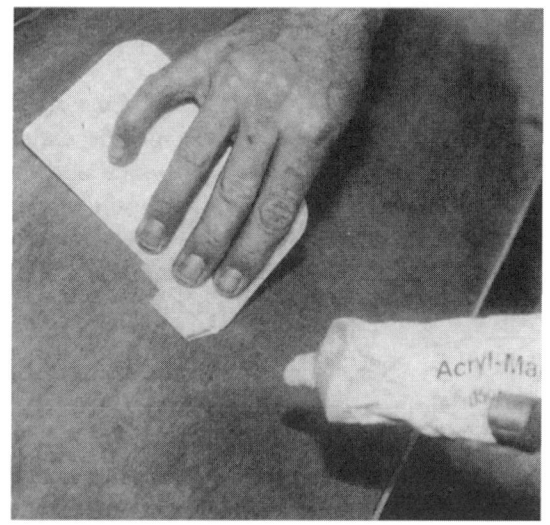

上：美しい仕上げの鍵は、ひたすらサンディングすることである。
下：塗装の前にアクリル・パテとハイ・ビルド（high-build）プライマーで凹みを埋める。

まずは、80番のペーパーをランダム・サンダー（Random orbit sander）につけて作業を始める。サンダーはハルに対してフラットに当てるようにする、回転するディスクやパッドの端を使うと、消しづらい溝ができてしまうのだ。ボートの端から端までしっかりとサンディングする。サンド・ペーパーは3フィート程度ごとにこまめに交換する；新しいサンドペーパーの方が早く削れるし、渦巻き

痕がつきにくいのである。チャインやキール、ステム、ハルとデッキの接合部などの尖った角には電動サンダーを使ってはならない―電動サンダーだと、こういった接合部のエポキシをファイバーグラスごとすぐに削り取ってしまうのである。数ダースものボートを手掛けてきたボートビルダーでさえ、尖った角の部分にはサンダーを使用せず、手でサンディングをしているのである。

サンディングが終わると、表面全体の凹凸はなくなり、光沢のない白色になっているはずである。光っている部分は、窪んでいるかサンディングのできていないところを示している。間違ってエポキシ層を削りとってしまったら―多分やってしまっていると思うが―その部分にエポキシを再塗布して、後でもう一度サンディングする。さて、次にもう一度ハル全体をサンディングするのだが、ここではまず最初に120番、そのあと220番という具合にサンドペーパーを使って、渦巻き痕やペーパー痕を取り除いてゆく。ここは最初のサンディングほど時間はかからないだろう。コーミングなどの入り組んだ部分では、手を使って120番と220番のペーパーでサンディングしてゆく。

仕上げのサンディングが終わったら、ここで一休みである；このあとボート全体をくまなく見回して、すべての不良個所に柔らかめの鉛筆で丸く印をつけるのだ。多分、その多さに驚くはずである。凹んだ部分にはアクリル・パテ、またはマイクロバルーンなどの軽くサンディングしやすい添加剤を加えたエポキシで作った整形用パテなどで埋めてゆく。整形用エポキシには木粉を代わりに使ってもよいが、サンディングするには少々硬すぎるようである。アクリル・パテは、自動車用品店やマリン用品店で手に入れることができる。これは速乾性でサンディングもしやすいのだが、硬化すると収縮してしまうため、非常に浅い不良箇所にしか向かないだろう。またもちろんのことだが、整形用コンパウンドやパテは塗装の下には使っても、透明なニスの下に使うことはないだろう。

ビルダーの中には、最初のサンディングの後、さらに数層のエポキシをコートして、ニス仕上げのために厚いガラスのような下地を作るのを好む者もいる。この追加分のコーティングにもサンディングはしなければならない。私もこのようなカヤックを何艇か作ったことがあり、その仕上がりは非常に魅力的なのだが、実に多くの作業が必要なうえ、ボートの重量を大幅に増加させてしまうのである。

サンディングの後、カヤックをもう一度洗って、研いだあとのホコリをすべて取り除く。エポキシの粉はくっつきやすい性質があるため、いい加減にスプレーしたくらいでは洗い流せないと思う。濡れたタオルやスポンジを使って、ボートを何度か繰り返し洗う必要があるだろう。

プライマー（下塗り剤）

ショー・クオリティの塗装を行うのが目標ならば、塗装の下にハイ・ビルド（high-build）プライマーを使用する。これは厚く塗れて簡単にサンディングできるプライマーで、ハルのどんなに小さい不良個所も埋めることができるものである。ローラーで2回塗布して乾燥させたあと、塗布したプライマーをサンディングしてほとんどを取り去るようにして仕上げる。こうすることで、窪んだ個所や引っ掻き傷にはプライマーが充填され、表面は完全にスムースになるのである。ハイ・ビルド・プライマーをサンディングすると、ベビーパウダー状のホコリがおびただしい量で出てくるため、サンディングは屋外で行うとよい。ほとんどのプライマーは、エポキシや塗布する塗料よりも若干柔らかくできているため、プライマーを施していないハルに比べて、簡単にへこんだり引っ掻き傷ができる傾向がある。ハイ・ビルド・プライマーの中には、タルク（talc、滑石）をフィラーとして使ったり、マイクロバルーンを使ったりして、耐久性を高めたものもある。フィラーを薄い塗料に混ぜて独自のプライマーを作っているボートビルダーを知っているが、彼の仕上げは見事なもので、また耐久性もかなりあるようだ。

仕上げ

出来上がったボートには何らかの仕上げをしておかなければならない。エポキシを何層かコートするとまるでニス塗りしたように見えるかもしれないが、エポキシは日光にあたると劣化し、白濁してツヤもなくなってしまう。このため、塗装するかマリン用のニスを塗るかして紫外線（UV）を防ぐ必要があるのだ。多くのビルダーは、ハルやデッキ、それに内装までも木目の見える光沢仕上げにしたいと思っているはずである。この場合、日光の当たるカヤックの内側にもニスを塗る必要がある。一方で、ハルを塗装してしまうという手もある。塗装の場合、ニスよりも長持ちし、摩耗にもより強いうえ、補修も簡単である。さらに、ニスほど積層する必要もないし、塗装の下地に整形用コンパウンドやハイ・ビルド・プライマーが使えるので、スムースな仕上げ面を効率的に手早く実現できるのである。かなり大きな引っ掻き傷や欠けたところがあったとしても、添加剤を加えたエポキシで修理して、塗装で覆い隠してしまうことができる。しかしながら、驚いたことに、表面の欠陥やサンディングの不十分なところは、ニス仕上げよりも、塗料を塗った面の方が目立ってしまうようなのである。これはニス仕上げにより一面が光沢を放つ船体に圧倒されて、その下にある表面の細かいところまでは気が回らないためなのだと思う。また、木目の模様がカムフラージュの役目をしていて、凸凹や細かい傷を隠してくれているのだろう。ただ最後に一つ言っておこう。後々ニスの上に塗装することはできても、塗装の上にニス塗りすることはほとんどないだろう。

ニスと塗料の選択

多分、少なくともカヤックの一部にはニス塗りを選択することになるはずである。ニスには高品質なマリン用ニスだけを使用してほい。マリン用ニスはUVフィルターの機能をもち、他のタイプのものよりも日光に長く耐えることができるのである。エポキシと同じように、UVは最終的にニスをだめにしてしまうものなのだ。Z-スパー、エピフェーンズ、それにインタラックスといった信頼のおけるマリン・ブランドを必ず選ぶようにすることだ。ニス塗りは簡単な作業ではない；粗悪な家庭用ニスや1液型のポリウレタン・ニスを使って厄介なことにならないようにしてほしい。いわゆるスパー・ワニスといっている、ホームセンターや金物店で売られているものはダメである。1液型のマリン用ポリウレタン・ニスや仕上げ剤、桐油ベースの家具用仕上げ剤、それにチーク材っぽく見せるために調合された類のものもダメである。

どのマリン用仕上げ剤メーカーでもいくつかのタイプのニスを製造している。ブランド間での違いと同様に、各タイプの間でも微妙に違いがある。ニス塗りを大量にこなして初めて、自分が使っているニスの感触をつかめるものなので、一度これを会得したらブランドやタイプは変えないようにした方がよい。チェサピーク・ライト・クラフトでは、もっぱらZ-スパー社のキャプテンズ・バーニッシュを使用している。Z-スパー社がフラグシップという最高級ニスを作っていることは知っているのだが、キャプテンズ・バーニッシュに比べて扱いにくいということもわかっているため、8年間同じものを使い続けているのである。

もう一つの選択肢として、2液型のマリン用ポリウレタン・ニスがある。これは非常に堅くて摩耗に強く、日光にもよく耐え、エポキシとも相性がよい。このような利点があるにもかかわらず、私は伝統的なオイルベースのニスをいまだに好んで使っているのである。2液型のポリウレタン・ニスも試してはみたのだが、非常に高価だし、オイルベースのものより使いにくいし、比較テストをしていないなどの理由で、いまだ答えを出せていない。加えて、オイルベースのニスの金色と、これがマホガニーに塗られたときの暖かい赤みが気に入っているのである；一般に、2液型のポリウレタ

ンだと完全に透明なのだ。このタイプのニスは本質的には透明な塗料と同じなので、使うことにした場合には、2液型ポリウレタン塗料の使い方の説明に従えばよい。

　水性ニスについても触れておこう。これは常によくなってきてはいるが、昔ながらの桐油ベースのニスの性能に肩を並べるものはまだないようである。テストしたタイプは本当のニスほど透明ではなく、長持ちもしないし、黄金色の輝きもない。ニスを選ぶときは、広告文句を信用してはならない—プロが使う信頼のおける製品を選ぶことだ。

　塗料を選択する場合、いくつかの選択肢があると思うが、ほとんどのビルダーはマリン用エナメルか1液型ポリウレタン、もしくは2液型のポリウレタンを使用しているようである。マリン用エナメルは伝統的なオイルベースの塗料である。光沢色というよりは若干つや消しで、堅い仕上がりとなる。マリン用塗料でもエナメルはあまり高価でなく、色についてもたくさんの種類のものが手に入る。悪い面としては、タイプによってはエポキシの上に塗った場合、十分に乾燥しないものがある。ビルダーの多くは、伝統的なエナメルよりも、より堅く光沢のある1液型のポリウレタンの方を好むようだが、私はこのちょっと冴えない古風な感じがかえって好きである。

　1液型マリン用ポリウレタン、例えばインタラックス社の人気商品であるブライトサイド塗料は、多くのカヤックビルダーが選んでいるもので、それにはもっともな理由がある。これは2液型とほとんど変わらないほどの光沢と耐久性がある上、圧倒的に使いやすいのである。さらに、複数のメーカーから幅広い色のものが提供されていることも人気のある理由の一つであろう。これをフォーム・ローラーで慎重に塗ってやると、プロがスプレーしたものと見まごうほどの仕上がりになるのだ。

　2液型ポリウレタンは1液型のものよりも堅くてつやのある仕上がりとなる。実際、ファイバーグラス・ボートのメーカーが展示用のボートの塗装に使っているということはよく知られていて、これはゲルコートでは出せないような光沢を得られるためである。ただ不幸なことに、2液型ポリウレタンは、やはりとても高価で非常に扱いにくいのである。この塗装は極端な光沢のわりに厚みがなく下地のどんな小さな傷も目立ってしまうので、ハルの準備にはほとんど病的なほどの注意深さが必要になる。2液型ポリウレタンを試してみることに決めたら、はけ塗りできる濃度に調整するための専用シンナーもかならずいっしょに買っておいてほしい。

　市場には数えきれないタイプの塗料があり、新しいものが絶えまなく登場している。前作の中で私は、簡単な仕上げを行う塗料として家屋の外装用ペンキを推薦した。現在では、屋外用機械やその他の金属面用に数種の工業用ラテックス塗料が出ており、家庭用と同じように簡単に使える一方で耐久性は高くなっている。数年前、この一つをカヤックの内装に使ってみたのだが、これが驚くほど長持ちしてくれたのである。プロ用の塗料店ならこの手の商品の在庫はあるだろうし、スタッフに使い方を説明してもらえるはずである。またほとんどの塗料メーカーには技術説明をしてくれる販売員がいて、様々な商品のメリットと使い方をよろこんで説明してくれるはずだ。

　塗料の色を選ぶときは、傷を直す時に同じ色が手に入るかどうかを考えておく必要がある。白色ならいつでも手に入るだろう；"ハッカの緑がかった青（minty teal）"なんかは、すぐに生産中止になってしまう（はずである）。人気のない色などは、年に1回か2回しか生産されないものもあるので、一度使い果たしてしまうと何ヵ月も手に入れることができなくなってしまうことがあるかもしれない。実際、ハルに白色を選ぶ理由はいくつかある：明るい色に塗られたカヤックは、太陽の下でも涼しい；パドラーの多くがニス塗りしたデッキに明るい色をのハルのツートンカラーの方が見た目がよいと感じている；白のハルだと傷がついてもそれほど目立たない；そして白は遠くからでも見つけやすい、などである。ただ、多くのシーカヤック専門家の方々は、ハルが黄色やオレンジ、赤色のほうが緊急時に最も簡単に見つけられると指摘している。

　暑い日に作業するのであれば、どんな塗料やニスでも少し薄める必要が出てくるだろうが、10パ

ーセント以上シンナーを入れてはいけない。シンナーはメーカー推奨のものを買うこと。数オンスの溶剤に15ドルも支払うなんて、と思うことだろうが、メーカー推奨のシンナーの方がハズレがないようである。

　カヤックのデッキだけをニスがけする場合、ニスは1クオート近く必要になる。ハルとデッキ両方なら2クオートで大丈夫である。カヤックのハルの塗装には1クオート入りの塗料の大部分と、プライマーを使用する場合、こちらは1クオート全部を使い切ることになる。

仕上げの道具

　プロが仕上げに使うのは、安い使い捨てのフォーム・ブラシやローラー、または非常に高価で高品質なアナグマの毛でできたハケのどちらかである―この間のハンパなものは使わないのである。私は使い捨てのフォーム・ブラシとローラーの方をお薦めする；これなら安いだけでなく洗う必要もないのだ。環境保全の立場から使い捨てブラシを使うのには反対だという人は、カヤックを塗装する過程でアナグマの毛のブラシを洗うのにどれほどのクリーナーを使うことになるのか考えてみてほしい（皮をはがれるアナグマのことについてもである）。広くて平らな面の多いカヤックの表面をブラシでコートするのは大変なので、仕上げにはフォーム・ローラーを使用することを考えてもいいだろう。ローラーを使ってニス塗りをするのには少々コツがいるが、一度習得してしまえば、とても早くて能率がよいのである。

　フォーム・ブラシは2インチのものを買う；プラスティックではなくて木の柄の付いた長持ちしそうなものを探すようにする。フォーム・ローラーはラッカーやエポキシ用に作られたタイプのものを使う。これは普通、黄色をしていて、1/4インチくらいの短い毛のついたものである。黒色の汎用フォーム・ローラーは買わないでほしい。これはエポキシを使用すると溶けてしまうのだ。7インチか9インチのローラーを半分に切って、ハーフサイズのローラー・フレームで使用するとよい。

　塗装やニス塗りにスプレー・ガンを使うこともできるが、特別な技術が必要なので普通はなかなかやらないものである。スプレーでやりたいという場合は、メーカーに問い合わせて特別の指導を受けるとよい。マリン用仕上げ剤の中には霧状にした時にきわめて有毒なものがあるので、その場合はスプレーする時に加圧式の防毒マスクを付けなければならない。

　同じボートに塗装とニス塗りの両方を施す場合、一方の仕上げを行っている間、もう一方はマスクしておく必要がある。このとき、自動車用品店やマ

ペイントしない部分を3M社のFine Lineテープでマスクする；紙製のマスキング・テープをつかってはならない。

リン用品店で入手したプラスティック製の3M社Fine Lineマスキング・テープ以外は使用しないでほしい。マリン用の仕上げ剤は薄いため、通常の紙のマスキング・テープではにじんでしまうのだ。ニスと塗装の境界をきれいに分けるコツは、テープの端をしっかりと下に押し付けておいて、塗装が下にしみ出さないようにすることである。また、マスキング・テープを張ったまま2日以上そのまま放置してはいけない。さもないと、取り除くのにはそれ以上かかることになってしまう。

敵の名はホコリ

塗装やニス塗りにおいて、きれいな仕上がりを確実なものにするための唯一そして最も重要なステップは、ホコリのない場所で作業することである。ホコリの出ない木工などありえないのだから、塗装やニス塗りをするために作業場以外にどこか部屋を探すようにするとよい。できれば、床は水で湿らせておいて歩いてもホコリが舞い上がらないようにし、部屋には掃除機をかけ、仕上げの後はドアや窓を閉めて空気の流れを最小限にしておいてほしい。また、サンディングした時の服は着替えて、髪の毛や腕についたホコリも洗い落としておく。私は、ニス塗りを裸で行うという完璧主義者の話もいくつか聞いたことがある。

乾いたニスの中に小さな気泡を見つけたならば、それはゴミの粒子である。そう、泡のように見えるがホコリなのである。掃除機をかけ、身を清め、床を濡らし、さらに裸になってニス仕上げをしたとしても（まちがいなく隣人はびっくりするだろうが）、小さな泡は、それでもやはりホコリなのである。特別な塗装用の部屋やクリーン・ルームでもないかぎり、仕上げにはどうしてもホコリが残ってしまうものなのだ。これをいかに少なくするか、考えるべきはこの点だけである。

ニスと塗料の塗り方

塗料やニスを塗り始める前に、缶に書いてある使用法を読んでおく。塗料やニスについて、メーカーより詳しい者はいないし、そのアドバイスが無料で目の前にあるのだから。また、ほとんどの塗料メーカーは自社製品について使い方のヒントを満載したパンフレットを無料で配布している；インタラックス社の塗料には製品ごとの使用方法を吹き込んだテープまで付いてくる。こういった手順書を見ると、その多くは塗装前の表面を整えておくことについて紙面を割いていることに気づくと思う。この本でも前に書いたかもしれないが、重要なので繰り返し言っておく。よい仕上げを得るための作業の実に90％はその準備にあるのだ。

ニスと塗料は温度や湿度に敏感である。できれば、ニス塗りや塗装を行うのは暖かく乾燥した日にする方がよい。屋外で作業する場合、夕方になって夜露が出始める前に乾燥した状態にしておくために、仕上げの塗りは早いうちに済ませておく。非常に暑い日や寒い日、直射日光や風の強い日、それに虫がやたらと飛んでいるような時には、屋外での塗装やニス塗りは避けるべきである。それと最後に、雨が降りそうなときには外でニス塗りをしてはいけない、すでに雨が降り出している時には屋内でもニス塗りはしない方がよいだろう。

ニスや塗料は缶から直接使うようなことをしてはならない；1回のコートに必要な分だけを、きれいな紙コップか缶に取り分けて使うのだ。さらに、塗り終わった残りを缶に戻そうなどと思ってもいけない。フォーム・ローラーを使う場合は、ニスや塗料をきれいなローラー用トレイに注いで使用する。

チェサピーク・ライト・クラフト社では、ニスは普通2インチのフォーム・ブラシを使って塗っている。液垂れする

上：フォーム・ブラシを使ってニスを塗る場合、まず木目に対してクロスするようにニスをのせ、それから木目方向にニスをのばして表面をスムースにする。
下：手伝ってくれる人がいるなら、ニスや塗装をローラーで先に塗ってもらうと作業が簡単になる。

次のコーティングの前にウエット-サンドして表面の凹凸を取り、つや消しの状態にしておく。

ことなくスムースで光沢のあるニス塗りを施すテクニックがある。ブラシの先端をニスにちょっと浸す、ここで付け過ぎないようにする。まずは木目と交差するようにニスを置き、薄くコーティングする。そして今度は木目の方向にブラシを動かしてニスをならしてゆくのだ、この時、ゆっくりと慎重にブラシを動かすこと。バウから1フィートくらいのところから始めて、バウの先端に向かってニスを塗ってゆく。再びブラシを浸し、さらに1フィート戻ったところから同じように塗ってゆく。まずニスを置き、それから木目に沿って、先ほど塗り終えたところまでブラシをかけてゆくのだ。これを繰り返して全体のニス塗りを続けてゆく。振り返って見た時、乾いてしまったところが何ヶ所かあっても気にせず、次のコーティングで直せばよい。ただし、ニスの垂れには気を付けなければいけない—これはコーティングが厚すぎるという証拠である。ブラシによる塗料やニスの塗り方を習得するには、練習が必要なのである。最初のコーティングが完璧でなくてもがっかりしてはいけない。4、5回目のコーティングではきっとエキスパートになっているはずだ。

　このニスの塗り方と同じ方法を使って、塗料をブラシで塗ることももちろんできるのだが、塗料の場合は、フォーム・ローラーで塗布して、そのあとブラシで軽くならしてゆく方法を私は薦める（このテクニックは、ある程度薄めてある場合のニス塗りでも有効である）。ローラーを使う時は、塗料やニスは付けすぎないようにする。まず、約1フィート四方にわたって薄く均一に塗料を置くようにコーティングする。そうしたら、ただちにローラーをブラシに持ち換えて、慎重に表面をなぞってゆき、ローラーがけで残った泡をつぶし、垂れてきた塗料もすべてならしておく。この時、ブラシは塗料のごく表面をすべるように動かす。この作業では、ブラシでならしている間に塗料をローラーがけしてくれるアシスタントがいると楽である。塗装は速やかに行うこと；乾き始めた塗料やニスの上に塗り重ねることのないよう、ローラーがけの終わりには常に生乾きの表面があるように、なるべく手早く作業を進める。作業が終了したら、リスが入り込んでいないことを確かめて、作業場に鍵をかけておく。

仕上げ

　塗装やニスに最初のコーティングを施した後、2回目のコーティングするまで2日間は待つのがベストであろう。また、それ以降のコーティングは一晩待てばよい。毎回、次のコーティングの前に400番の耐水ペーパーを使って軽く手でサンディングしておく。耐水ペーパーには慣れていないかもしれないが、通常のサンドペーパーと同じように、ゴム製のサンディング・ブロックを使えばよい。ただ、数分おきにペーパーをブロックごとバケツの水に浸けてやればよいのである。目の細かいサンドペーパーが詰まってしまわないように、サンディングのホコリを水で洗い流してやるのだ。ここでは表面を滑らかに白く曇らせるくらいにするのが目的であって、いままで苦心して塗り重ねてきた仕上げ面を削り取ってしまうことが目的ではないということは忘れないでほしい。サンディングは2、3分そこそこで終わるはずである。サンディングのホコリは濡らした紙タオルで拭き取ってからタック・クロスでもう一度拭いておく。

　きれいなニス仕上げにするには少なくとも4層はコーティングする必要があるが、6層から7層ならヨット・クオリティーの仕上がりが得られ、10層以上になると、プラスティック・ボートでのパドリングにあきあきしている友人がこれを見たらみんなそろって木製のカヤックをほしがることになるだろう。塗装仕上げの場合、マリン用のペイントは薄いため、多分3層以上は必要になると思うが、これは色によっても違っていて、特に黄色などでは5層から6層が必要となる。

　最後になるが、最初の塗装やニス塗りがひどい仕上がりになったとしても、がっかりすることはない。サンディングで滑らかにして次のコーティングにとりかかってしまえばよいのである。4層目か5層目までにはちゃんとコツがつかめているはずである。

Chapter 13

艤装

　あなたのカヤックもほぼ完成といってよいであろう。でも、沈む夕日に向かってパドリングする前に、パドリングをより安全で便利で心地よくするための気配りとして、もう2、3時間かけてやろう。デッキ・グラブ・ハンドルやデッキ・タイダウン、ビルジ・ポンプ、コンパス、コックピット・パッド、そしてラダーやスケグである。またパドルも必要だろうから、簡単に作れて使いやすいものを2つほど紹介しておくことにする。

バウとスターンの把手

　バウとスターンに付けるグラブ・ハンドルは、どんなカヤックにも取り付けるべき大切な保安部品である。グラブ・ハンドルがあると、レスキューを行うときや水面下での脱出、それにカヤックを牽引してもらうとき、楽にカヤックにしがみついていられるのである。また車のラックに載せてカヤックを運ぶときに結び付けるこ

頑丈なグラブ・ハンドルは安全や利便性のために欠かせない。

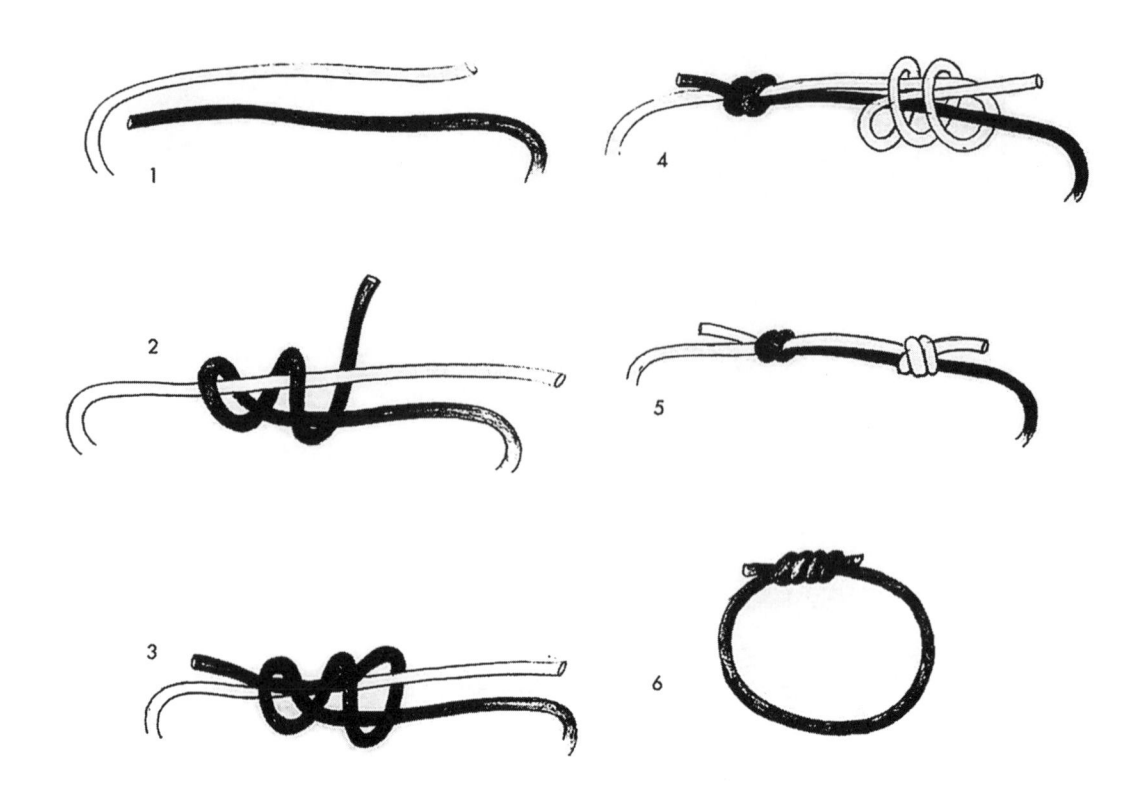

グラブ・ハンドルとデッキ・コードの正しい結び方

とができるようになるし、桟橋につないでおく時には舫い綱の取り付け場所ともなる。それに2人で運ぶ時にとても便利なのである。グラブ・ハンドルは強度があってボートにはしっかりと取り付けられていなければならない；荷物を満載していたり、水浸しになったカヤックを持ち上げるときに、どれほどの負荷がかかるか考えてみてほしい。

グラブ・ハンドルを取り付ける最も簡単な方法としては、バウとスターンの先端から2、3インチのところにドリルで穴を開けて、そこに輪状のラインを通す方法がある。これはボートを仕上げる前にやっておいた方が簡単である。この場合もちろん、ドリルで穴を開ける前にエンドポーを作っておく必要がある。

また、管状のナイロン製の帯紐をデッキとシアー・クランプにネジ留めすることで、手ごろなグラブ・ハンドルを作ることもできる。管状テープの方がハッチを閉じておくために使った平たいストラップよりも手に柔らかくてやさしいのである。6インチから8インチ長のグラブ・ハンドルを、長さ1インチの#10の木ネジとワッシャーで取り付けるのである。ネジやワッシャー、それにすべてのネジ穴はエポキシかシリコン・コークでシールしておく。

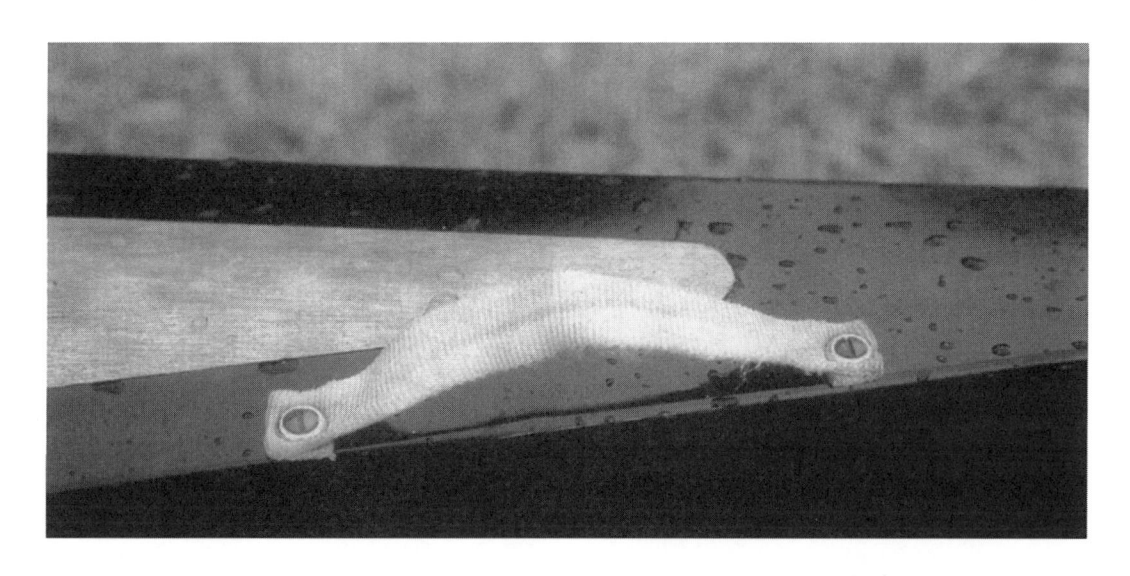

またパッドアイを使ってグラブ・ハンドルを取り付ける方法もある。グラブ・ループや舫い綱は、ただこれに通して結んでやればよい。パッドアイはブロンズやステンレスのものが手に入るが、現代風な光沢あるカヤックよりも、伝統的なボートに取り付けたほうが見栄えがするようだ。取り付けには4本のネジを使うヘビーデューティーなタイプのものを使い、2本で留めるタイプのものはやめておいたほうがよい。そして4本のネジがすべてシアー・クランプかエンドポーに食い込むようにしておく。そうしないと、そのうち抜けてしまうのである。

デッキの艤装（デッキ・リギング）

装備の中にはデッキの上に載せておいた方が便利なものがあることは多くのパドラーが認めるところである。最も一般的なタイ・ダウン（縛り付け）の方法は、デッキを横切るように十文字に張った数本の伸縮性のあるコードで行うものだ。ほとんどのカヤック・メーカーはコードを通すために、プラスティックか金属製のアイレットを取り付けたり、手のこんだ埋め込み型の金具をデッキにグラッシングしたりするようだが、私はナイロン製の帯紐を輪状にしてネジでシアー・クランプに留めたものにコードを通すようにしている。この方法だと、出っ張りが少なくできるので、水が溜まったり、装備やウエット・リエントリーのときに衣服が引っ掛からないし、埋め込み型の金具よりも軽くできるのである。

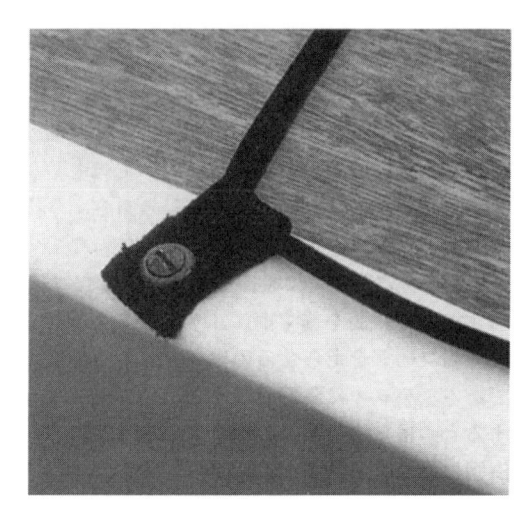

上：グラブ・ハンドルの別の取り付け方。
中：パッドアイはシアー・クランプ、もしくはエンドポーまで4本のネジを貫通させる。
下：1インチ幅の帯紐の輪でショックコードを取り付ける。

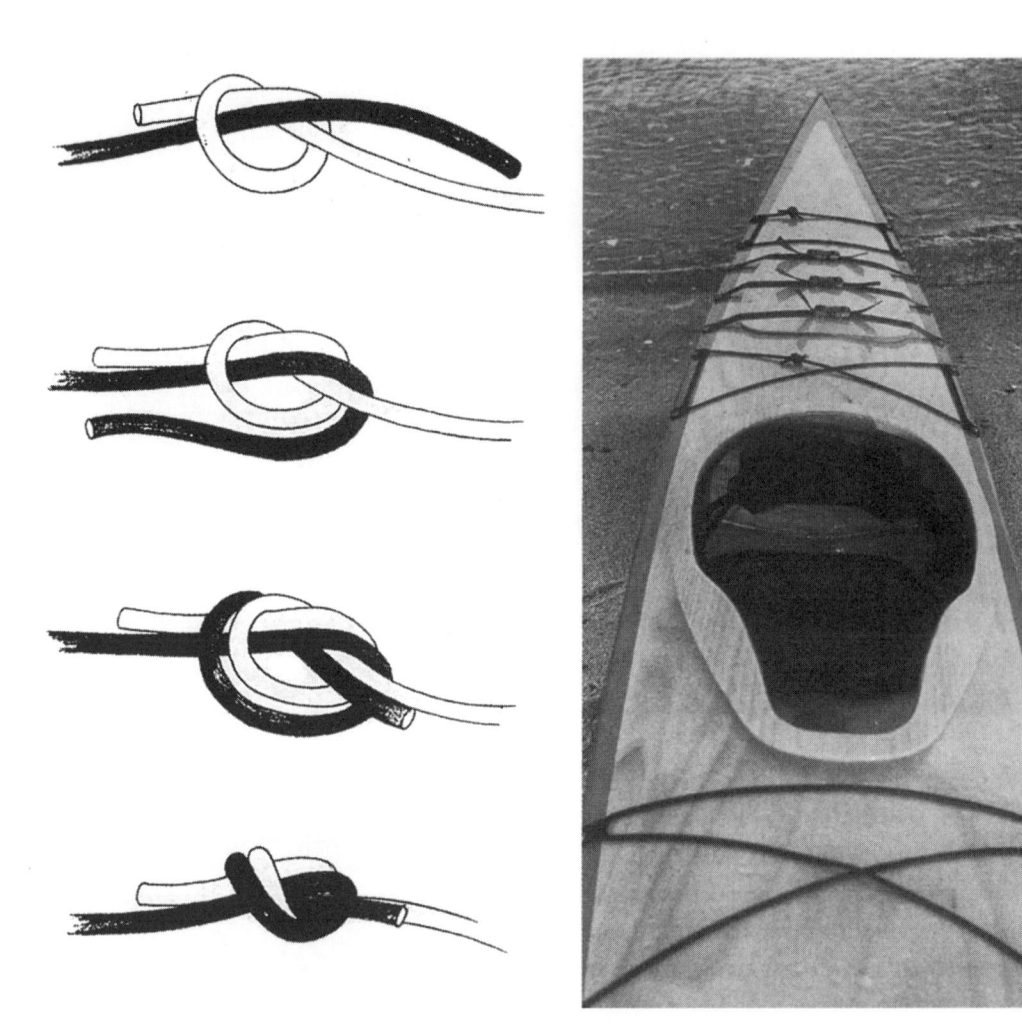

左：デッキ・コードのつなぎ方。右：きれいに艤装したチェサピーク・カヤック

　使用するアイレットやナイロンの帯紐の輪は、ちゃんとデッキを貫いてシアー・クランプまでネジ留めされていることを確認しておいてほしい。ナイロンの輪にするのなら、帯紐の上にワッシャーを追加して、力がかかってもネジの頭をすり抜けないようにしておく。私は普通1/4インチの伸縮コードをデッキのタイ・ダウンとして使っている；これはシーカヤックに使うコードとしては少し太いのだが、より確実に装備を保持できるしコストも数セント多くかかるだけである。
　ボートに艤装を施す前に、デッキの上には何を載せるかを考えておく。蜘蛛の巣のようにデッキに伸縮コードを走らせるのはファッショナブルかもしれないが、実際使うことはほとんどないはずである。デッキに装備を載せることは安定性にとって不利だし風の抵抗も増えるので、そこに携帯するものは数アイテムに抑えたいはずだ。多くのパドラーがデッキの上に携行するものとしては、海図に水筒、それにおそらくは防水したカメラや小さな防水バッグくらいのものだろう。コックピットのすぐ前と後ろにある伸縮コードのX型パターンでほとんどの装備には事足りるはずである。後方ハッチの後ろのループはスペアのパドルを取り付けておく時に使う。また、コックピットの後ろ

のコードは、リエントリー時にパドルを固定するのにも使うことになるだろう。これ以上伸縮コードを追加する必要はないと思う、釣り用具を持って行ってもこれだけコードがあれば十分であった。

多くのパドラーはボートの周りにグラブ・ラインを取り付けている。ラフ・ウォーターでついつい泳ぐハメになってしまった時、これがあるとカヤックがさらわれる前に捕まえることができるのだ。グラブ・ラインには¼インチのダクロン・ラインを使うとよく、デッキのタイダウン・コードを固定している帯紐の輪やアイレットを使って多めに固定しておくとよい。またトウライン（towline、引き綱）を付けておきたければ、小さなプラスティックのクリートを取り付けて巻いておけばよい。

コンパス、ビルジ・ポンプ、その他のデッキ上の装備

木製カヤックのすごいところの一つは、簡単にカスタマイズできることである。コンパス、ビルジ・ポンプ、釣り竿ホルダー、水筒ホルダー、さらに考え付く大抵のものはデッキに取り付けることができるのである。大抵の場合、必要な作業はデッキの下に受け板を接着して、新しいオモチャをそれにネジ留めするだけである。

美しく仕上った木製コンパス台

世の中のパドラーでも地域によってはコンパスの必要性などほとんどないと思うかもしれないが、例えばメイン州でパドリングする人なら、毎年、晴天よりも霧ばかりの日が何週間も続くことがあるのを知っている。そんなところを、地図やコンパスなしにロング・ツーリングにでかけるのは馬鹿げたことである。前作では、コンパスを取り外せるように、前部ハッチ・カバーのスペアを作ってそれに取り付けてはどうかと提案しておいた。最近では、土台から簡単に取り外せるコンパスがいくつか手に入る；盗難が多いところに住んでいるのであれば、この手のものを一つ購入しておくことを薦める。コンパスはあまりデッキ近くにマウントしない方がよい。前部タイダウンの下に詰め込んだ装備の向こうになるよう、十分前方に離しておくようにする。こうしておけば、コンパスを見ようとするたびにいちいち焦点をずらす必要もなくなるのである。

　ビルジ・ポンプは、シーカヤックにおいて生命に関わる保安部品の一つである。コックピットの下やデッキのタイダウンの下に手動のビルジ・ポンプを携行してもよいし、デッキの上にダイヤフラム・ポンプをマウントしてもよいだろう。もしデッキ・マウントのポンプを取り付けるのであれば、後方のデッキ・ビームかバルクヘッド近くに位置を合わせて、デッキの下に大きめの受け板を接着しておくとよい。こうしておけば、ダイアフラム・タイプのポンプに相当な力を入れてもデッキは大丈夫である。最近は足で操作するビルジポンプがよりポピュラーになってきている；これは木製のカヤックなら簡単に取り付けることはできるが、デッキを取り付ける前に行ったほうが遥かに簡単である。足で操作するポンプは、デッキに取り付けるものや手動ポンプよりも容量は小さいのだが、その他のタイプのものよりもいくぶん高い安全性を得られるのではないかと思う。足で操作するポンプはパドリングやブレイシングしながら操作することができ、この点が非常に重要なのである。ラフ・コンディションではポンプは頻繁に必要となり、その時、両手はパドルにあるのがベストだからである。足で操作するポンプは、多くのカヤック・ショップで手に入れることができる。パドラーの中には、大きな帆船やパワーボート用の足で操作するガレー・ポンプを装備する者もいる；これらはマリン用品店で手に入るだろう。

シート

　居心地のよいシートを見つけることは新しいボートを楽しむために不可欠なことである。なぜならば、我々の骨格がみな異なっているため—体型と肉付きの両方について—、あるパドラーが最高級だと感じたシートも、他の人は拷問のように感じるかもしれないのだ。どれくらいの心地よさが必要かは、どれだけの時間をボートの中で過ごすかによって変わってくる。2、3時間であれば最低限のシートで間に合わせることもできるが、ロング・ツーリングにもそれと同じシートというのでは、とうてい受け入れ難いはずである。ここではいくつかのシートを紹介してゆく；あなたの気に入ったものが一つでも見つかることを祈っておく。

　次ページのパターンを使って3/4インチのウレタン・フォーム2枚から作ったシートは、単純な作りながら座り心地のよいシートである。まず、ボトム・リングとシート・トップを、電動ノコや手挽きノコ、もしくは回し挽きノコなどで切り出す。粗めのサンドペーパーで端面をサンディングし、上端部の角は丸める。出来上がった2枚を耐水の接着剤で一つにくっつける。ウレタン・フォームを接着するのには、カー用品店で手に入るような目詰め材の取り付けに使う接着剤がいちばんのようだ。シートの外側の縁をボートに接着するが、水を排出できるようにキールに沿った部分は浮いたままにしておく。

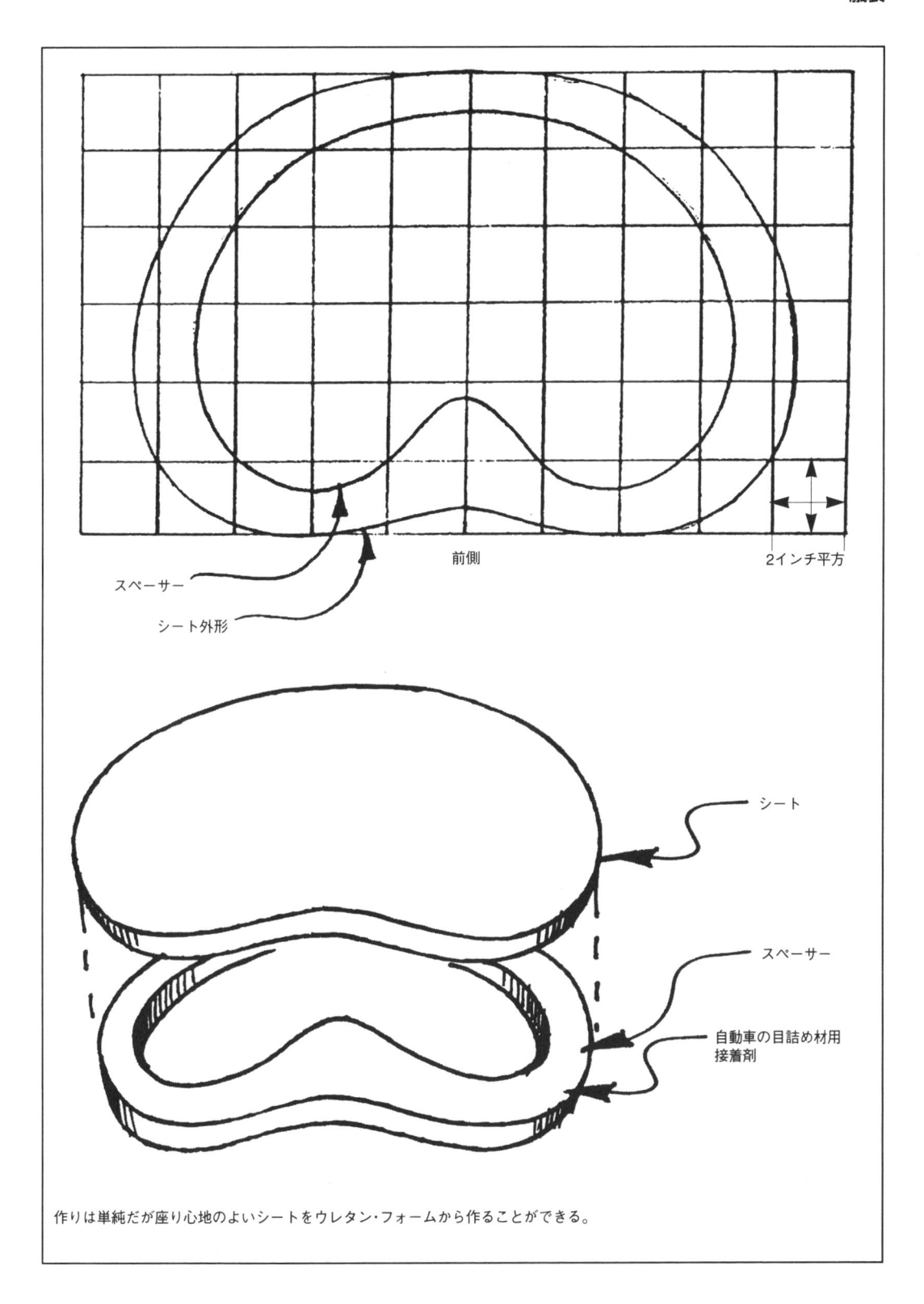

艤装

スペーサー
シート外形
前側
2インチ平方

シート
スペーサー
自動車の目詰め材用接着剤

作りは単純だが座り心地のよいシートをウレタン・フォームから作ることができる。

発泡材によっては、シートやコックピットのパッドに適していないものもある。寝袋のパッドとして使われるエンソライトなどの多くのタイプのものは、すぐに形を失って硬くなり、座り心地が悪くなってしまう。多くのカヤック・ショップでも手に入るミニセル・フォームは、気泡が独立していて形を保ちやすく、水を全く吸い込まない。エタフォームも選択の余地はあるが、ミニセルほど魅力的ではない。これはいくらか水を吸ってしまうし、小さな素材を見つけるのが難しいのである。

　サンダーやグラインダーに粗めのサンドペーパーを付けて、3インチ厚のウレタン・フォームのブロックからシートを削り出してやるのも一つの方法である。2、3時間もすれば、あなたのお尻にぴったりフィットする"窪み"を削り出すことができるだろう。ただ、私の経験から言うと、最初の一つは多分うまくできないと思う。

　バックレストについても独自のものを作ることはできるのだが、私の場合、普通はホワイトウォーター・カヤック用のバックバンド、例えばラピッド・パルス社（Rapid Pulse）のバックバンドを取り付けている。バックバンドを使った方がシンプルで軽いし、簡単に調整できるのである。そして、寝椅子みたいな状態にはならないように、十分にサポートもしてくれる。初心者のパドラーの場合、パドリング時に大きく後ろに寄り掛かりすぎている場合がよくある。バックレストの居心地が悪いと、そこにばかり荷重を大きくかけがちになってしまうのだ。

　いくつかのメーカーから、ファイバーグラスや木製カヤックのために後付けのシートが発売されている。チェサピーク・ライト・クラフト社で販売するために後付けのシートを評価するということで、手に入るすべてのシートに座ってみたことがあるが、最も心地よかったものとして、クリーチャー・コンフォート社（Creature Comfort）のシートとHappy Bottom Padを選んだ。Happy Bottom Padは型形成で作られたシートで、トラクターのシートによく似ており、ヒップブレイスが付いたものである。ほとんどのパドラーに気に入ってもらえると思う。クリーチャー・コンフォー

左はクリーチャー・コンフォート社のシート、右は型形成のハッピー・ボトム・パッド、下はラピッド・パルス社のホワイトウォーター・スタイルのバックバンド。

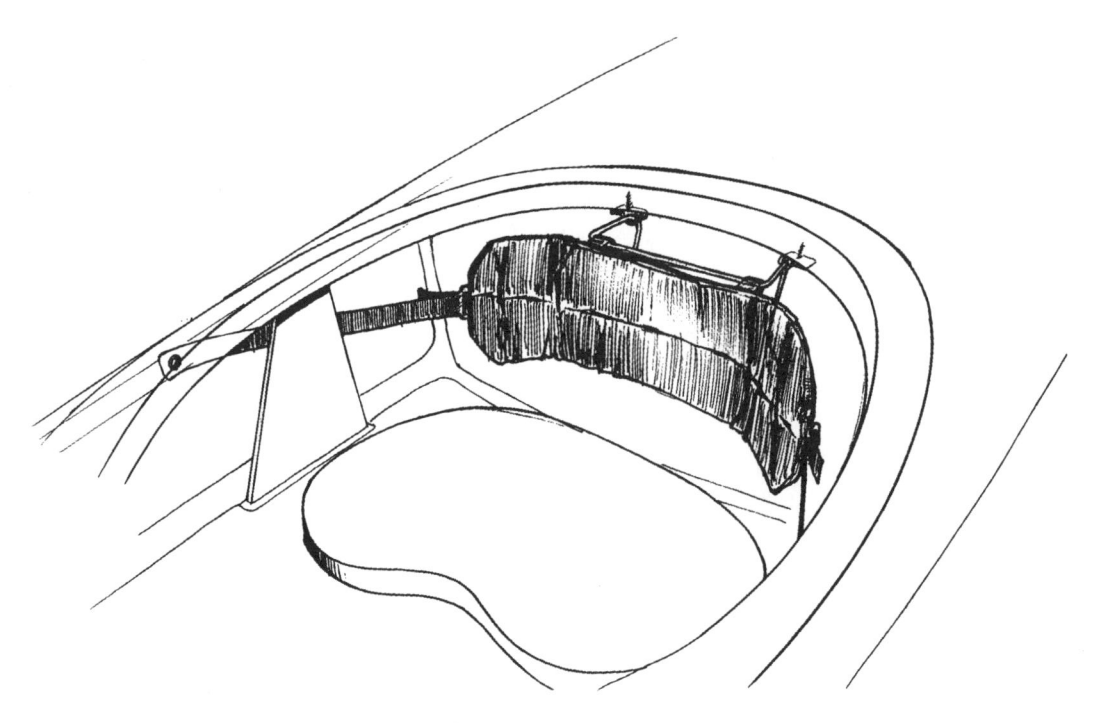

ホワイトウォーター・スタイルのバックバンドの取り付け

トのシートは、ロング・ツーリング用に私のイチ押しである。厚い発泡材のブロックから削り出したボトム・パッドをメッシュ地で覆ったもので、水ハケがとてもよいのである。パッド入りのバックレストが取り付けてあって、シアー・クランプに固定したコードによって調整できるようになっている。

コックピットのパッド

「カヤックは座るものではない、カヤックは着るものである」というのは、よく口にされるアドバイスで、まさに真実である。効率よくパドリングするには、特にラフ・ウォーターに言えることだが、パドラーがボートにしっかり固定された状態になっていなければならない。膝、腰、お尻、そして両足がカヤックに接触していなければならないのだ。例えば、ローリングやブレイシングするとき、ボートを"持ち上げる"のはパドラーの膝なのである。またカヤックを傾けたときにシートから滑り落ちてしまったりしてもいけない。これが経験豊富なパドラーが自分のカヤックの"詰め物"に非常に多くの時間をかける理由である。薄いウレタン・フォームのシートを使って、ヒップブレイスやデッキの膝が当たる部分にパッドを追加してゆくのだ。またパドラーによっては、ももやかかとの下の部分にもフォームを追加する者もいる。前にも言ったが、フォームの接着には自動車用の目詰め材用の接着剤を使うとよい。

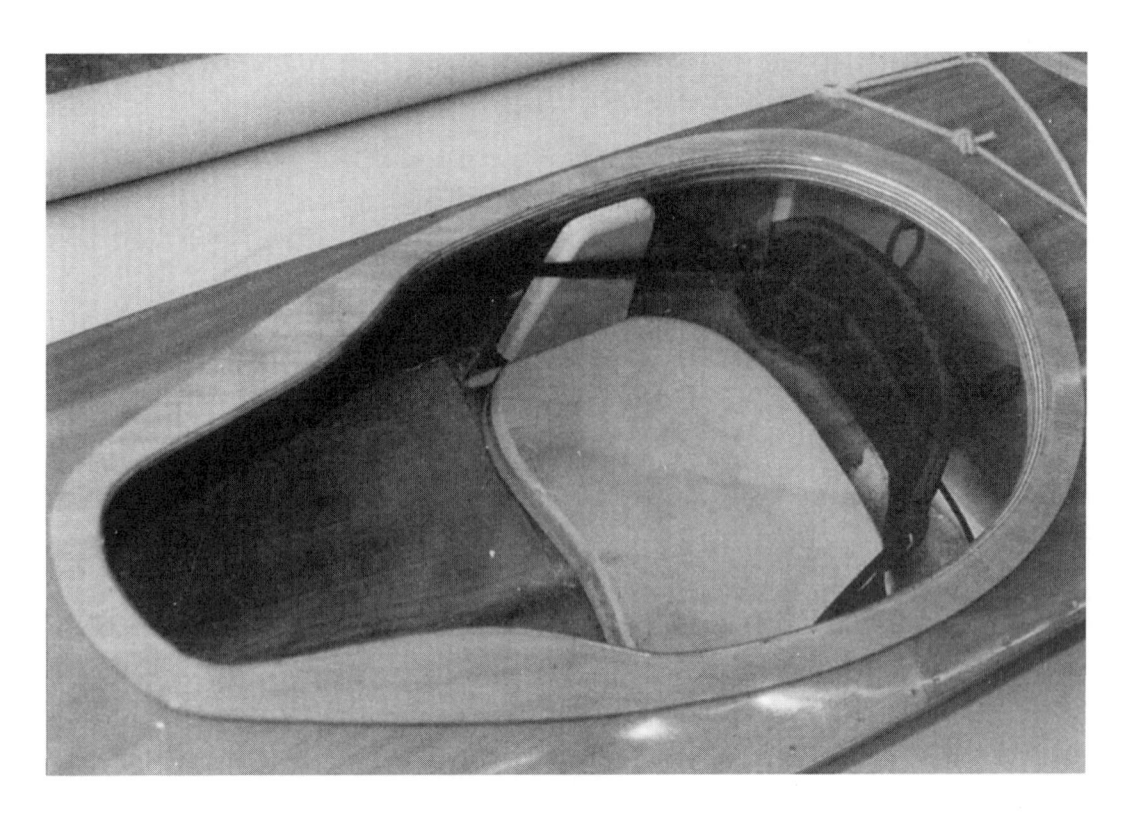

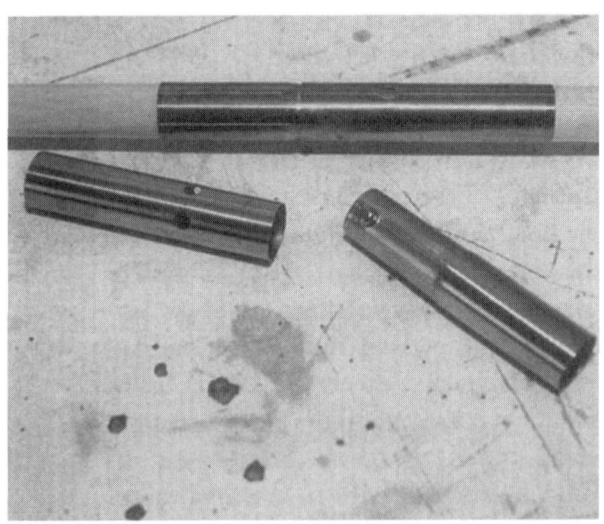

上：このカヤックのコックピットは、居心地のよい、十分なパッドが施されている。
下：フェルールがあるとライトハンド・コントロール、レフトハンド・コントロール、またはアンフェザードにパドルを調整することができる。

パドル

カヤッカーにとってパドルは最も個性の出る装備の一つである。パドルの形、長さ、材質、そしてブレードの角度と、非常に多様な選択ができるのだ。この多様性は人間の体のすばらしい適応能力を実証するものであるが、最初のパドルを選択することを難しくもしている。悩んでいるパドラーには買える範囲でベストのパドルを購入することを薦める。スペアのパドルや、たまにしか使わないパドルの方をホームメードにすればよい。この章の後ろに、2種類のパドル製作について設計図と手順を掲載しておいた。ここではパドルを選ぶ際に助けとなる情報をいくつか紹介する。

初心者のパドラーからよく、なぜブレードが互いに直角になっているパドルがあるのか、と尋ねられることがある。これはフェザー・パドル(feathered paddles)とよばれ、ブレードが水の外に出たときに抵抗なく空気を切るようにするためのものである。パドラーによってはフェザー・パドルを使うと手首や肘に痛みが出てしまう人がいる。ブレードの角度を90度より小さくセットするとこれを最小限にすることができるため、最

近のフェザー・パドルはブレード間の角度が70度から80度になっているものがほとんどである。フェザー・パドルを使う時は、一方の手は握りを緩めておき、もう一方の手でパドルを握って回転させるようにするのである。

　右手で回転させるようにセットされたパドルをライト・ハンド・コントロール・パドルと呼び、左手で回転させるようにセットされたパドルをレフト・ハンド・コントロール・パドルと呼ぶ。ブレードの表を、ライト・ハンド、レフト・ハンドの両者でそれぞれ違う方向に向けなければならない；例えば、ライト・ハンド・コントロール・パドルはレフト・ハンド・コントロールのパドラーには使いにくいだろう。

　初心者はどんな種類のパドルを選ぶべきだろうか？　私ならブレイクダウン(breakdown)、すなわち2ピースのパドルで、3つのポジションのどれにでも組み替えられるフェルール付きのものをお薦めする。一旦特定の角度のブレードに慣れたら、そこに固定して使えばよいのである。緊急時には、まるでパドルの方から回ってくれるようにあなたの体が反応するようになるだろう。ただし、フェザー・パドルに慣れきっている状態のままアンフェザー・モデルでクイック・ブレイスしようとすると、ブレードの端から水に入ってしまって、エスキモー・ロールをするハメになるのでご注意。

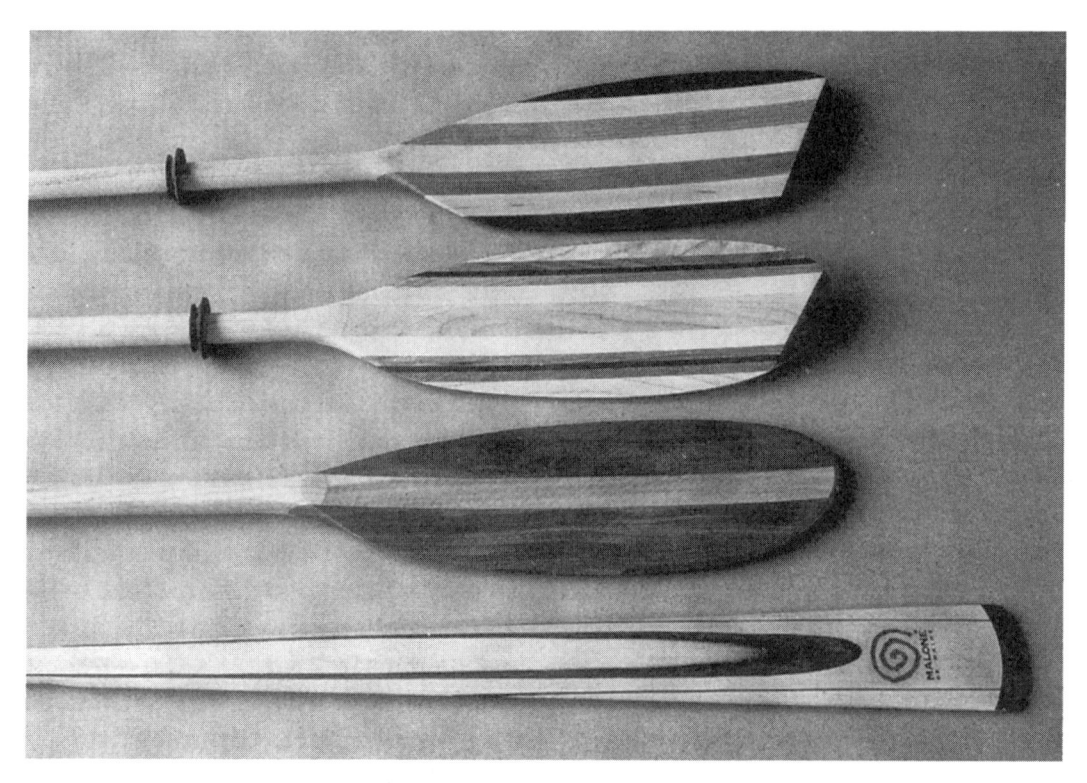

どんな予算でもそれに見合ったしっかりした木製のパドルが売られているものである。

この本の設計図から作成したシンプルなパドル

現在売られている大抵のブレードは、非対称、すなわち水面への出入りによるねじれを軽減するような形になっている。幅広いブレードは表面積が大きいため、細く小さなもの比べて、より大きな力を発揮できるというように考えられていて、後者は疲れにくいともいわれている。しかし、パドラーがブレードのサイズに合わせて力を加減するという程度のことなら、多分、ほとんど差はないであろう。細いブレードのパドルは強風の中でも使いやすいのである。

伝統的なグリーンランド・スタイルやイヌイット・スタイルのパドルは長く細いブレードをもっている。そのため、普通のウエスタン・パドルとは別のテクニックが必要になる。これらのパドルの愛好者達が言うには、パドラーの関節にかかるストレスが少なく、ローリングやブレイシングが楽にできるし、風の強いときにも扱いやすいということである。一般に、グリーンランド・パドルは、細身で前部デッキの低いカヤックに最も適している。グリーンランド・パドルの長さと形は、パドラーの体格に完全にフィットさせるものなのだ。このために、グリーンランド・パドルの多くは自作である。もしグリーンランド・パドルの自作に興味があるならば、パドル製作者のジョージ・エリスが書いた冊子パドル・メーキング101（Paddlemaking 101）を手に入れてみてはいかがだろう。

最近まですべてのパドルは木から作られていたが、現在ではファイバーグラスのパドルも一般的なものになっている。木製のパドルは、丸棒の両端にプライウッドのブレードを付けただけの最も安価なものから、積層して削り出した高級品まで、多様なものが出回っている。この中でもいちばんよいものは、ブレードと同じようにシャフトも積層材でできたものである。こういったパドルのほとんどは、シーダー材やシナ材、それにスプルース材といった軽い木材を主材として作られており、ブレードの縁の部分にはアッシュ材やオーク材、それにウォールナット材のような堅い木材を使っている。ファイバーグラスのパドルも軽量にできており、中には木製よりも軽いものもあり、メインテナンス・フリーである。ノーマルなファイバーグラスに加えて、より軽く、高価なバージョンとしてグラファイトを使ったものがある。パドルによってはファイバーグラスのシャフトにプラスティックのブレードのものがある；すべてがファイバーグラスでできたパドルに比べると、ブレードの分だけ少し重くなっている。私なら安上がりな木のパドルを買うだろう。アルミニウムのシャフトは最も安いものにしか使われておらず、思慮あるパドラーは避けるべきであろう。

最大限の効率を得るためには、パドルをノーマル・ポジションに持った時に、パドルや指をデッキにぶつけずにブレードを水につけることができるように、十分長いものにするべきである。パドルがあまりに長いと、ブレードの効果がカヤックから遠く離れたところに働いてしまい、カヤックを回転させることになってしまう。逆に短いパドルだと、カヤッカーが気持ちよいスピードで進むためには思った以上に速いピッチで漕ぐ必要がある；低すぎるギアで自転車に乗っている感覚によく似ている。パドルを長くすると、自転車のギアを高くして乗るように、てこの効果が高まるが、結果としてピッチが遅くなって、同じ速度を維持するためにはストロークごとにより大きな力が必

要になる。フィットしたパドルを探すために考えるべき要素はたくさんあるのだ。アグレッシブなレーシング・テクニックを好み、パドルを垂直に近いポジションまで立てるパドラーには短いパドルが必要だろうし、一方、パドルを水平近くに持ってゆっくりと漕ぐパドラーには長いパドルが必要であろう。同じように、デッキ高が高いほど、またはビームが広いほど、より長いパドルが必要となってくるのである。一般的には、ほとんどのシングル・カヤックなら220cmから230cmのパドルが適しているし、幅広のシングルやダブル・カヤックの場合240cmから250cmのパドルが適しているといえるだろう。

簡単なパドルの作り方

　高品質のカヤック・パドルは高価だが十分に買う価値がある。完全にバランスがとれていて軽く、効率的なブレード形状で、これに匹敵するものを作るのは難しい。それでも、パドラーによっては、やはり高級なパドルには手が届かないとか、スペアのパドルや子供用と友人用のパドルが欲しいという人もいる。そこで、ここでは簡単に製作できる割にはなかなか使えるパドルのデザインを2つほど紹介しておく。

　これらの設計図は、もともとはフルサイズのパターンだったので、ビルダーは単にブレードの型を余った板に写してやればよいだけだったのだが、この本ではフルサイズで掲載することができないので、フルサイズに書き直せるように必要な寸法を加えておいた。書き直すのが面倒な人は、この本をコピーショップに持っていってフルサイズに拡大コピーしてもよいだろう（カヤックの設計図でこれをやってはいけない。歪みが大きくなりすぎるのだ）。

ダイヤモンド・ブレードのパドルの製作

　ダイヤモンド・ブレードのパドルは、通常のツーリングにぴったりで、作るのもとても簡単である。パドルのシャフトは、マツ材かスプルース材でできた1インチの半円型材を2本と、1インチ×1/4インチの板材を組み合わせて作る；これらはほとんどの材木屋で手に入るだろう。板材の方をマホガニーなどの暗い色のストリップ材に替えて、ストライプのコントラストを引き立たせてやるのもよいだろう。ブレードには6mm厚のマリングレードのプライウッドを使っている。

　まず、2本の半円型部材をパドル全長よりも22インチ短い長さに切る。板材、またはスペーサーのストリップ材は全長よりも48インチ短く切る。そうしたら、小口カンナを使い、設計図に示すように半円型部材の端にテーパーを作る。次に設計図からプライウッドにブレードの形を写して形どおりに切り出しておく。

　半円型部材の平らな面に、添加剤を加えたエポキシを塗って、設計図どおりにパドルを組み立てる。すべてのパーツをいっしょにクランプし、接合部の外に絞り出たエポキシを拭き取る。エポキシが硬化したら、パドルをサンディングして、添加剤なしのエポキシでパドル全体をコーティングする。2分割式のパドルにしたい場合は、まん中でパドルを切断してフェルールを取り付けてやるだけでよい。

非対称パドルの製作

　この非対称のパドルは、幅広のパドルに共通するねじれやトルクを軽減するようにデザインされている。また、ツーリングやレースのために軽くて効率的なデザインのパドルとなっている。フェザーでもアンフェザーでもどちらにしてもよいし、フェルールを付ければどのポジションでも使えるようになる。このパドルの製作では削る作業が多くなるので、ダイヤモンド・ブレード・パドルよりも作るのが若干難しくなると思う。

KAYAK PADDLES

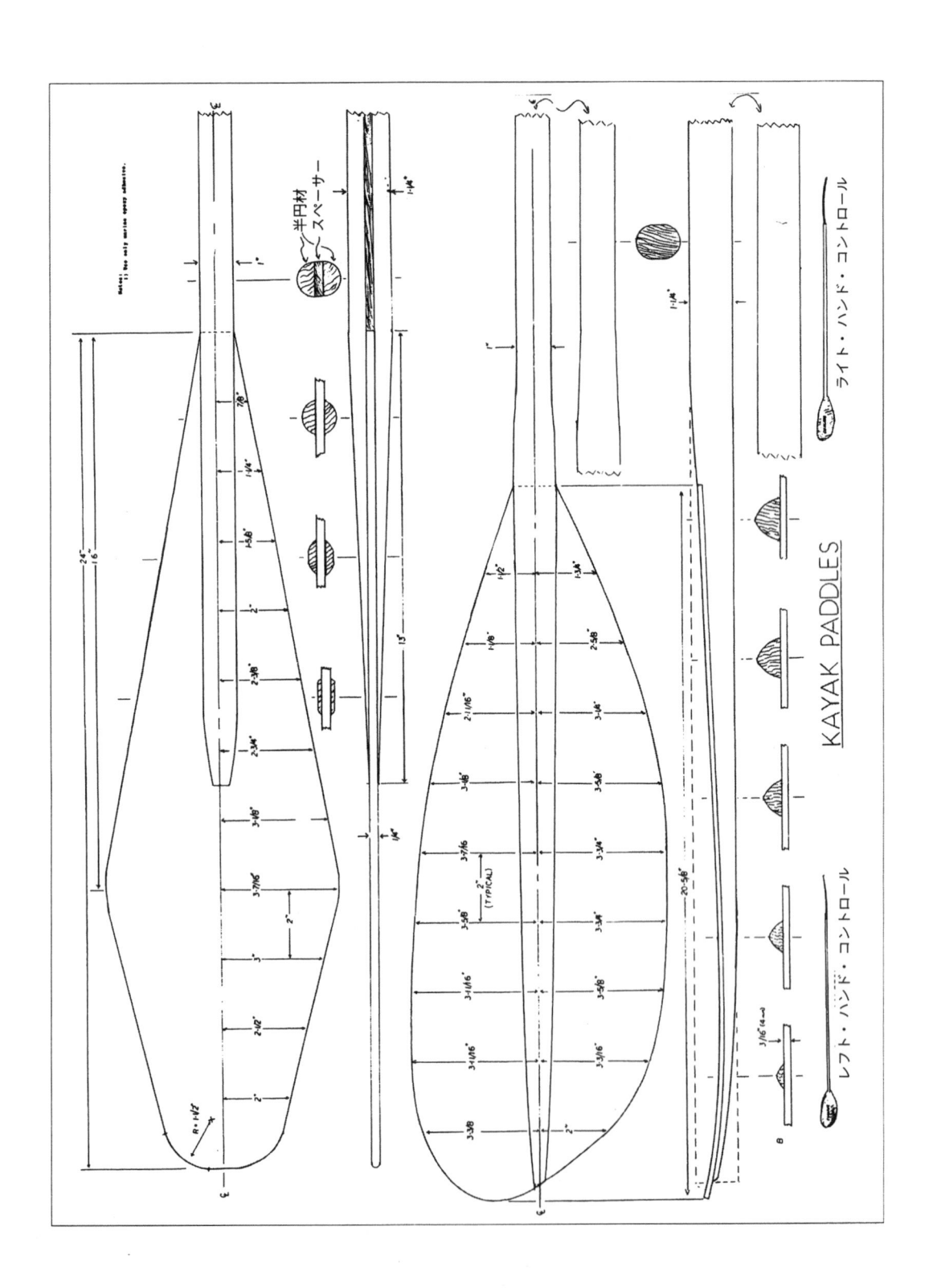

シャフトにはベイマツ材やスプルース材でできた直径1¼インチの丸棒やクローゼット・ポールを使用する。ブレードは4mm厚のプライウッドか3mm厚のプライウッド2層で作る。まず、丸棒を適当な長さにカットする。電動ノコを使い、設計図に示してあるパターンのように丸棒の両端をおおまかに整形する。このとき、設計図の下のスケッチをよく見て、フェザー・パドルのブレードの向きを間違えないようにすること。南京鉋を使って、シャベルのように窪んだ部分を注意深く削ってゆく。頻繁に形を見比べるようにして、削りすぎないようにする。シャフトの両端が適切な角度を保っているか注意を払っておいてほしい。小口カンナでシャフトの裏側を整えて、南京鉋でブレードの付け根と手で握る部分を細くしておく。作業はゆっくりと行い、時々手を止めては設計図と見比べるようにする。

設計図の形どおりにブレードをレイアウトして電動ノコで切り出す。添加剤を加えたエポキシでブレードとシャフトを接着する。大きめのクランプをいくつか使って、ブレードをシャフトに固定する。エポキシが硬化したら、パドルをサンディングして、添加剤なしのエポキシでコーティングする。

パドルの仕上げ

パドルを酷使するのであれば、ブレードに薄いファイバーグラス(4オンス)を1層だけグラッシングしておくとよいだろう。これでパドルの耐久性は大幅に向上するのである。クロスをブレードに広げ、ブラシを数回かけてエポキシをしみ込ませてやる。ファイバーグラスが硬化したら、ブレードをサンディングして、クロスのパターンを埋めるためにエポキシをもう一度コートする。このエポキシのコーティングが硬化したら、パドルを石鹸と水で洗ってアミン・ブラッシを取り除いておく。さらにもう一度パドルをサンディングして、マリン用ニスを数回コートして仕上げる。

パドリングの注意とカヤックのメインテナンス

新しいカヤックを静かな水面に進水させてみよう。カヤックによっては、例えばウエストリバー180は、慣れないとひっくり返りやすそうに感じるかもしれないが、非常に運動性能のすぐれたカヤックである。少々練習を積めば問題なく乗りこなせるはずであるが、慣れるまでは穏やかな水面で練習するのがよいだろう。これが最初のカヤックならば、パドリングと合わせて安全講習を受けておいてほしい。どうかせめて、パドル・フロートを使って深場でカヤックに再乗艇する方法と、低体温症の危険性についてだけでも知っておいてほしいものである。また、常にパーソナル・フローティング・デバイス（PFD、フローティング・ベスト）を身に着けて、パドル・フロートとビルジ・ポンプも携行するようにしてほしい。バルクヘッドを取り付けていない場合は、フローテーション・バッグを必ず取り付けることだ。このプラスティック製の浮力体はバウやスターンにはめ込むようになっていて、どのカヤック・ショップでも手に入るはずだ。もし冷たい水の中をパドリングするのであれば、ウエットスーツを着用してほしい。これはドライスーツだとなおよいだろう。冷水の中で脱出した場合、わずか2、3分で低体温症に陥ってしまうものなのである。

確実にカヤックを長持ちさせるためにはカバーをかけてしまっておく。家にカヤックを置く部屋がないのであれば、屋外に覆いのあるラックを建てたり、近所のボートハウスに場所を借りたり、ご近所のガレージにボートをしまっておいてもらったりすることを考えてみてもよいだろう。私の場合、ガレージの屋根の垂木から数艇のカヤックを吊るして格納している；実は垂木の上にさらに数艇を格納していて、屋根のてっぺんのすぐ下に小さなドアを取り付けて、そこから取り出せるようにしているのだ。木製のボートを数カ月も屋外に置きっぱなしにしてはならない。パドリングの

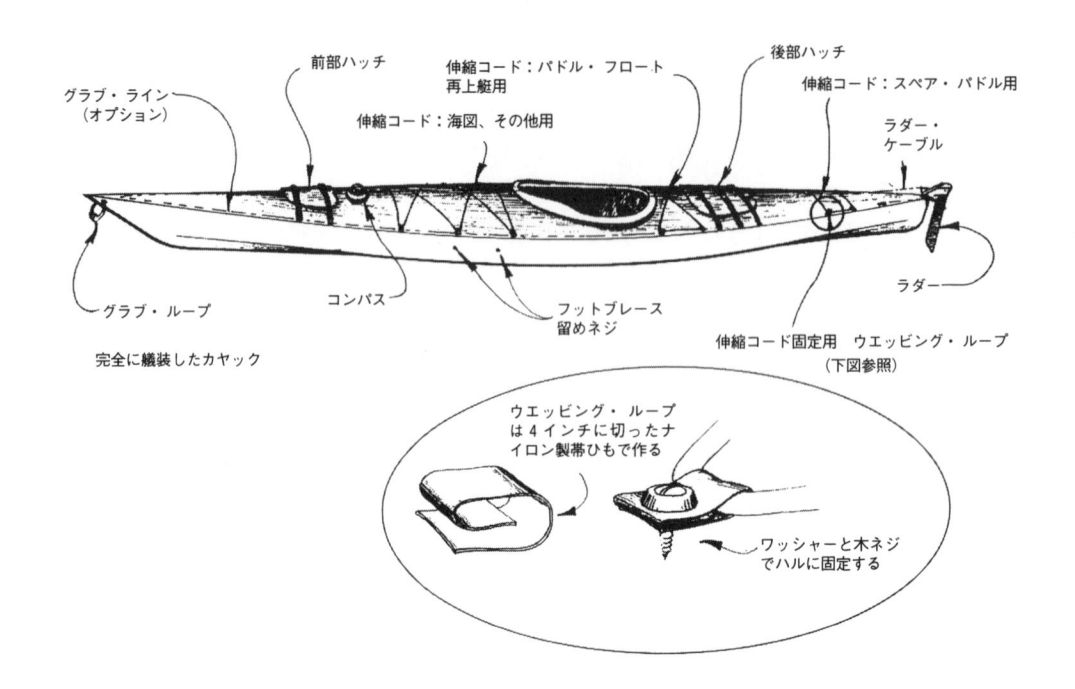

図中ラベル（上部イラスト）:
- グラブ・ライン（オプション）
- 前部ハッチ
- 伸縮コード：パドル・フロート再上艇用
- 伸縮コード：海図、その他用
- 後部ハッチ
- 伸縮コード：スペア・パドル用
- ラダー・ケーブル
- グラブ・ループ
- コンパス
- フットブレース留めネジ
- 伸縮コード固定用 ウエッビング・ループ（下図参照）
- ラダー
- 完全に艤装したカヤック

図中ラベル（下部拡大図）:
- ウエッビング・ループは4インチに切ったナイロン製帯ひもで作る
- ワッシャーと木ネジでハルに固定する

後は、その都度ボートの外側についた水を必ず拭き取っておく。カヤックの中に溜まった水は木材の腐朽を招くことになるのだ。ぬれた装備をすべて取り出したら、ハッチを外してカヤックを保管するのである。

　すべてのボートと同じように、あなたのカヤックも長持ちさせるためにはちょっとしたメインテナンスが必要になる。引っ掻いたりぶつけたりして少々傷がつくのは避けられないことだろう。引っ掻き傷や損傷部が木材にまで及んでしまった場合、木が乾いたらすぐにニスで覆ってやることだ。傷が深いときは、まずエポキシで平らにしてからその上をニスで覆うようにする。

　1、2年も使うと、ニスは少しツヤがなくなってくると思う。こうなってきたら、軽くサンディングして追加のコーティングを塗ってやる時期である。あまりに長い間この状態で放っておくと、ひび割れができて剥がれ始めてしまうこともある。こうなってしまうともう、完全にサンディング—エポキシ層まで—して、新たにニスを塗り直すしか元に戻す手立てはないのだ。実際のところ、春ごとに数時間かけてニスで新しくコーティングしておくと、不思議と長持ちするようなので、やってみるだけの価値はあると思う。

Chapter 14
その他のデザイン

　この本に載せたデザインがすべてのパドラーのニーズに合うものではないだろう。自分のボートを作ろうというならば、本当に欲しいものを手に入れるべきである。そう言う訳で、ここではあなたにぴったりのものが見つけられることを願いつつ、私がデザインしたその他のカヤックを紹介してゆくことにする。デザインを選ぶ時は、新しいカヤックをどんなふうに使うのか、それに自分のパドリング技術はどれくらいかをよく考えてほしい。これらの設計図はすべて、チェサピーク・ライト・クラフト社より手に入れることができるものである（付録の住所録を参照）。

チェサピーク17、18、LT16、LT17、LT18
　カヤックはパドラーにフィットすることが大切なので、人気のあるチェサピーク・カヤックにはこれまで6つのバージョンを設計している。17フィートのものは24インチのビームがあり重量は46ポンドである。体重が160ポンドから220ポンドのパドラーにぴったりで、これとは別に50ポンドのキャンピング用品を積むことができる。もっと体重がある人で、270ポンドまでならチェサピーク18がよいだろう。この大きなボートは、24½インチのビームに重量は48ポンドあり、トータルで優に300ポンドを超える荷物を運ぶことができるのだ。
　チェサピーク・カヤックをデザインした時、当時ツーリング・パドラーの間ですぐに人気が出たものである。しかし、同時にカヤックでのキャンプには滅多に出かけない多くのパドラーから、日

上：チェサピーク17はラフウォーター・ツーリングやエクスペディション用に優れたカヤックである。
左：チェサピーク・ダブルは、人気のあるチェサピーク・カヤックをそのまま2人乗りにしたバージョンである。

帰りのツーリングや、たまに週末に乗るくらいのロー・ボリュームなものを作って欲しいという問い合わせもあったのだ。そこで私はコンピュータの前に戻り、チェサピークのライト・ツーリング、すなわちLTバージョンを設計したのである。チェサピークLTシリーズは、オリジナル・バージョンと同じ実績のあるハル形状を持つのだが、よりロー・プロファイルになっていて、後方デッキはより平らになっている。これは容積と風にさらされる面を減らし、若干軽くもなっている。背の低いパドラーやイヌイット・パドルの愛好者の多くは、低いデッキとそれにともなう低い位置でのパドリングを好むのである。

チェサピーク21

チェサピーク21は、2人、または3人乗りの大きな艇で、たくさんの荷物を高速に運ぶことができ、かつ安定感のあるシーカヤックで、そのようなカヤックを求めているカップルには最適な一艇である。チェサピークのシングルを基礎としたハルの形状は、しっかりした直進性、

その他のデザイン

ノースベイは大昔のウエスト・グリーンランド・デザインを元にしたものである。速く、航海に適しているが、パドラーを選ぶ。

バランス、そして高いスピード性能を発揮してくれる。前ページの下の写真にあるような2人乗りのものに加えて、3コックピットのバージョンもあり、パドリングするにはまだ幼すぎる子供がいるような家族には理想的かもしれない。また、セントバーナードも一緒に連れてゆかねば、というパドラーにとってもよい選択である（笑ってはいけない—3人乗り艇のオーナーから犬用のスプレイスカートについての数えきれないほどの問い合わせがあったのだ）。ダブルやトリプルを作るのを決める前に、いつもいっしょにパドリングしてくれる相手が必要なことを忘れないでほしい。これらのボートは1人で漕ぐにはあまりに大きいのだ。

ノース・ベイとノース・ベイXL

　ノース・ベイは有名なウエスト・グリーンランド形式のカヤックを私なりに解釈したものである。多くのパドラーはウエスト・グリーンランド・カヤックこそがカヤックの究極の発展型だと思っているであろう。実際、数千年をかけて進化してきたそのデザインに手を入れる余地はほとんどないであろう。私はこのデザインを描くにあたってイヌイットのスキン・ボートについての歴史的な図面を数多く研究してきた。しかしノース・ベイは特定のボートをモデルにしているわけではない。いくつかの異なるイヌイット・カヤックの輪郭を基礎にしているのである。

　細いハード・チャインのハルをもつノース・ベイは、レールの上を走る列車のように直進することができ、同時にかなりのスピードを出すこともできる。後方デッキが平らなのと両端が高くなっていることでロールは簡単にできるが、これには意味があるのだ。ビームが20インチしかないノースベイにとって、ロールがしやすいということは重要なのである。ハイ・ボリュームなバウとスターン、そして張り出したハルは、荒れた水面での高い操作性を保証してくれるものである。ただし、あまり居住空間の大きいカヤックではないため、日帰りのツーリング用に、それもエキスパートだけにお薦めしておく。伝統的なデザインを踏襲しているため標準のコックピットは非常に小さくなっているが、簡単に大きくできるということは書き加えておこう。

ノース・ベイXLは同じボートで幅の広いバージョンである。2インチだけビームが増えてコックピットが大きくなった以外、実質的には同一のものといってよいであろう。このバージョンは、オリジナルでは心地よくフィットしないという多くの方々のために設計したものである。幅を広げることによって安定性が高まっており、レベルアップをはかる中級パドラーにはちょうどよいだろう。

パチュクセント17.5と19.5

　パチュクセント19.5は、キットで手に入るものでは最も高速なカヤックとしてデザインした。レースで成功を続けていることが証明しているように、世界でも最速の部類に入るカヤックとなっている。長い艇長により、そのスピード性能を十分に引き出せるのは、パワフルなパドラーに限られてくる。実際、パワーで劣る軽量なパドラーの場合、浸水表面積が小さく、より短いボートに乗ったほうが（スプリントは別にして）速く進むことができるだろう。パチュクセント19.5は、わずか21インチの幅しかなく、ラフ・コンディションでは用心しなければならない。ローカル・レースでこのボートに乗っていた私は、先頭にたっていたところで転覆してしまい、スタッフや同僚のレーサーを大いに喜ばせてしまったことがある。パチュクセント17.5は、こういった極端なところを抑えたバージョンで、全力でパドリングを続けなくても大丈夫なようになっている。両バージョンともハード・チャインの構造をとっており、最小限のファイバーグラス強化と3mm厚のデッキによって軽量化をはかっている。パチュクセント19.5は19フィート6インチの艇長で21インチのビームを持ち、重量は34ポンドである。一方、パチュクセント17.5は17フィート6インチの艇長に22インチのビーム、重量は34ポンドである。

トレッド・アボン

　トレッド・アボンは、かつてのケープ・チャールズを元に、ミディアム・ボリュームの沿岸ツーリング用ダブル艇として以前デザインしたものの一つである。きつめのロッカーが付いていて、ダブル・カヤックとしてはかなり軽量な艇となっている。これより新しいデザインのチェサピーク21の方が、オールラウンドなダブル・カヤックとしては勝っていると思うが、よりロー・ボリュームで浸水表面積の小さいカヤックが欲しい場合、なかなかよい選択だと思う。これはオープン・デッキ、2コックピットの両バージョンともに、4フィート×8フィートの4mm厚プライウッド4枚だけで製作が可能である。LOAは21フィートでビームは29イ

パチュクセント19.5はおそらくキットや設計図で手に入るもっとも高速なカヤックである。

ンチ、重量は55ポンドである。また、デザインとしては、子供用に小さなセンター・コックピットの付いた3人乗りバージョンもそろえてある。

ウエストリバー162、164

ウエストリバー162と164は、マルチ・チャイン型ハルを好むパドラーを対象とした、頑丈で安定性のあるツーリング・ボートである。その構造はほとんどウエストリバー180と同じものとなっている。162と164は基本的に同じハル形状であるが、164の方が乾舷（freeboard）が高く、装備のための空間や足場も広くなっている。実際、この艇長としてはとても広々としたものである。両モデルとも16フィート3インチの艇長と24インチのビーム、重量は約40ポンドとなっている。

ミル・クリーク13、15、16.5

典型的なシーカヤックに代わるものとして、より幅広で、短く、安定性のあるデザインとしたのがミル・クリークである。自然写真家やフライ・フィッシャーマン、それにバードウォッチャーが求めていた安定性を実現しているのだ。大きく開いたコックピットは出入りを容易にしており、さらに、背の高いコーミングによってスプレイスカートなしでもコックピットの中が濡れることもない。これはカメラや双眼鏡を膝の上に抱えている時に大事なことである。また、この3種類のミル・クリークすべてに、セーリング・リグもデザインしてある。

ウエストリバー164はウエストリバー180と同じように組み立てるが、出来上がりはより短く安定したものである。

　ミル・クリークは、簡単な5枚のパネルでできたマルチ・チャイン・ハルで、6mm厚のボトムと4mm厚のサイド・パネルおよびデッキからなっている。性能を高めるために喫水線は長く、ラフ・コンディションでの操作性も考えて艇の両端には十分なボリュームを取ってある。事実、13フィートの艇で、風速25ノット、3フィートの波の中をパドルしたときでも何ら問題はなかった。

　ミル・クリーク13には250ポンドのキャパシティがあり、最小限のキャンピング用品を積むのに十分な空間が確保されている。たった13フィート36ポンドという船体のおかげで、水面に下ろすのもカートップに引き上げるのも容易にこなすことができる。私のフライ・フィッシング用の愛艇にもなっている。フロリダ湾にいるプロのフライ・フィッシング・ガイドのうち、少なくとも1人はこのモデルをパドリングしているというわけだ。実際、私がひいた図面の中でも最も誇りに思っているカヤックと言ってよいであろう。特別速いとか広々としているとかいうわけでもなく、それほど

上：安定したミル・クリーク・カヤックは、釣りや写真撮影、バードウォッチングに理想的である。
左：ハード・チャインのケープ・チャールズとコンパウンデッド・プライウッドのポコモーク、そしてヤーはThe Kayak Shopで取り上げたものだ。

カッコよいともいえないのだが、たまたまボート設計のすべての要素が完璧に調和したものになったのである。

15フィートのバージョンはより長く、細くなっていて、多くの荷物を運ぶことができる。これはツーリング・パドラーやオープン・コックピットのカヤックにもう少し高い性能を求める人のために設計したバージョンである。最大積載量は350ポンドとなっている。

ミル・クリーク16.5は非常に多用途なボートである。美しいオープン・コックピットの2人乗り用であることに加えて、時には1人乗りとして使える程度の大きさになっている。パドリングに飽きたならば、スライディング・シートを取り付けてローボートにしてみてはいかがだろう。これまで試作してみた2、3のローボートよりも漕ぎやすいのだ。もうちょっと楽をしたい人は、マストとリーボード（leeboard）を取り付けて、風にお任せというのもよい。ビルダーの中には船外機を取り付ける人までいるようである。ミル・クリーク16.5は2人乗りで長距離ツーリングをするには少々小さいのだが、荷造りをうまくやれば、もしや……というところだろうか。

古くなったカヤック・デザイン

　The Kayak Shopに載せた3艇を含めて、私のデザインしたカヤックの中には新しいデザインに置き換えたものがある。

　その最初のものが、The Kayak shopでも取り上げた、ケープ・チャールズ18である。またケープ・チャールズには17、15.5、それに13.5のバージョンがある。これらのカヤックは世界中ですでに数千もの数が作られていて、そのほとんどが今でも現役だと思う。このデザインに対し実際数百通もの賞賛の手紙をオーナー達から受け取ってきた。それでも、新しいチェサピークの方が、どの面を取っても優れたボートだと思うのだ。スピードも速く、作るのも簡単で、頑丈で、バランスもよく、航海に適していて、直進性もよいのである。

　ロー・ボリュームのコンパウンデッド・プライウッド・カヤックであるヤーも、The Kayak Shopで取り上げたものである。これはセバーンによく似ているが、こちらの方がさらに長くて細くなっている。このデザインにも称賛の手紙をたくさん受け取ったのだが、実用的なツーリング・ボートとしては、やはり小さすぎて華奢であった。ヤーのファンの多くは、浸水表面積を最小に抑えてスピードと軽さを追求する、体重の軽いパドラーなのである。現在この代わりを作るとしたら、パチュクセントやウエストリバーということになるだろう。

　ポコモークはThe Kayak Shopで取り上げた3つ目のデザインである。これもまたコンパウンデッド・プライウッドのカヤックだが、セバーンやヤーとは異なり、ハル・パネルをネジ留めするキルソン(keelson、内竜骨)を持っている。ポコモークはデイ・パドリングに最適な小型の2人乗り艇である。これは私がデザインしたボートの中でも最も作るのが難しいものであることに加え、5フィート×10フィートの4mm厚プライウッド・シートを使用するため、ほとんど見かけることもなくなってしまったデザインである。

カヌー、ローボート、セールボート

　パドラーの多くはカヤックだけでなくいろいろな種類のボートに手を出してそれを楽しんでいることと思う。私もその例外ではない；数年来、私はパドラーであると同時に熱心なオール漕ぎでありセーラーでもあった。だから私がカヤック以外にもたくさんのタイプのボートを設計してきたのはとても自然なことなのである。あらゆる種類のボートにかける私の愛情を少しでも分かち合ってもらえれば、興味も湧いてくるだろう。

　長年の間、私はカヌーをデザインするのに抵抗があった。多くのカヌーはあまりにも大きくて重く、その形はプライウッドで作るのに向いているとは思えなかったのである。でもちょっと想像してみてほしい。美しい重ね張り(lapstrake)のカヌーが、秘密の湖までの山道を肩に担いで気軽に運べるほど軽くできたとしらどうだろう。これこそ伝統的な"トラッパー"カヌーとか"パック"カヌーとか呼ばれるものの背後に流れる考え方である。サッサフラス12はそういったカヌーを私なりに解釈したものである。12フィート長で26ポンドしかないが、225ポンドの荷物を運べて、ダブル・パドルを使って漕ぐことができるものである。私は12フィートのものに大変満足したが、シングル・パドルを使うつもりで14フィートと16フィートのバージョンもデザインした。この3艇はすべて、ステッチ・アンド・グルー工法によるラップ・ステッチ(Lap-Stitch)という手法で作られている。これはマルチ・チャインの構造に似ているが、パネルの重ね合わせに、特別なラビット接合(rabbet joint、さね

上：ステッチ・アンド・グルー工法でカヌーをも作ることができる。サッサフラス16はラップ・ステッチとよばれる新しいタイプのステッチ・アンド・グルー工法の見本としてデザインした。

中：カヤッキングは探検がベストであるが、オックスフォード・シェルのような競漕艇では心地よいトレーニングが行える。

下：アナポリス・ウェリーは私のお気に入りのローイング・ボートである。速くて安定しており、航海に適していて、そして美しい。

その他のデザイン

上：特にこのジミー・スキフのようなすばらしいボートで友人とセーリングすることに勝るものはない。
右：ビルト・オンのセイルリグによってカヤックは高速なトリマラン（三胴船）に生まれ変わる。

はぎ)を使っていて、外観は伝統的な重ね張りのハルのようになっている。

　カヤックについての本の中で認めてしまうのもどうかと思うのだが、実はここ数年、私はカヤックより多くの時間を競漕用ボート(rowing shells)に費やしてきた。これは私が運動に専念できる毎日1時間かそこらをより効率よく使うという理由でボートを漕いでいるのである。カヤッキングは風景を楽しむのには最高の方法であるが、手短にエアロビクス運動をしたい場合は、スライディング・シートの付いたローイング・ボートに勝るものはない。

　私のお気に入りの競漕用ボートはアナポリス・ウェリーである。17フィート9インチの高速なローイング・ボートで、ラップ・ステッチ工法で作られている。アナポリス・ウェリーは固定式の座席でも漕ぐことはできるのだが、スライディング・シート・リグを取り付けた時にベストな状態となる。私はさらにハイ・パフォーマンスな競漕用ボートとして、オックスフォード・シェルを設計した。しかし、うちの近くのしばしば三角波が立つ水面では、安定したウェリーの方を好んで使っている。

　よく言われていることだが、よいスキフ（小船）は最も作るのが簡単なボートだが、設計するのは最も難しい。ジミー・スキフはチェサピーク湾での蟹漁に使われる伝統的な小舟を私がアレンジしたもので"よいスキフ"とよべるだろう。すばらしいセーリング・ボート兼ローイング・ボートである。13フィート長で重さが95ポンドあり、カートップには十分なサイズと軽さながら、4人家族を乗

せることができる。ジミー・スキフの簡単なスプリット・セーリング・リグは、5分もあればセットアップできるものである；セーリングを習得するのに、これ以上のボートはないと思っている。もちろん、セーリング・リグを外したい時には、オールを何本か積んで、このチェサピーク湾で大勢の漁師がしているように、釣りや蟹取りに出かければよいのだ。

　また、最後になるが、私のデザインしたアウトリガー・セーリング・システムを取り付けることによって、カヤックをセールボートにすることもできるのだ。このリグは、前ページの下の写真を見るとわかるとおり、カヤックで小型ヨットのようにセーリングができるようにするもので、簡単に取り外してカートップすることもできるのである。

　さあ、これですべてそろったはずだ―選択するボート、それに作り方。あとは作業にとりかかるだけである。それでは今度会う時は水の上、ということで！

Resource Appendix

他の文献

カヤック製作に関する書籍

著者／書名／出版社 所在地	概要
Dyson, George. ***Baidarka.*** Edmonds WA: Alaska Northwest, 1986.	アルミ・パイプとナイロンを使ってネイティブなデザインのカヤックを製作。
Ellis, George. ***Paddlemaking 101.*** Self-published, 1998.	チェサピーク・ライト・クラフトで購入できる。伝統的なイヌイットのパドルの作り方。
Gougeon Brothers. ***The Gougeon Brothers on Boat Construction: Wood & WEST SYSTEM Materials.*** New rev.(4th) ed. Bay City MI: Gougeon Brothers, 1985.	ウッド-エポキシ構造に関するバイブル。
Putz, George. ***Wood and Canvas Kayak Building.*** Camden ME: International Marine, 1990.	フレームにキャンバスを張るタイプのカヤック。
Wittman, Rebecca J. ***Bright work: The Art of Finishing Wood.*** Camden ME: International Marine, 1990.	究極の仕上げを求める方に。

定期刊行物

誌名／出版社 所在地	概要
Atlantic Coastal Kayaker 29 Burley St. Wenham MA 01984	主にイーストコーストのシーカヤッキングに関するもの。たまにボート製作に関する記事がある。
Boatbuilder P.O. Box 3000 Denville NJ 07834	主に大型ボートの製作に関するものだが、多くのテクニックはカヤック製作に利用できるし、ときどきカヤックの記事を出す。
Fine Woodworking Taunton Press P.O. Box 5506 Newtown CT 06470	家具の作り方やツールのレビューがほとんどであるが、この雑誌は内容がしっかりしているので木工従事者はみな注目している。
Messing about in Boats 29 Burley St. Wenham MA 01984	これは古くからの習慣を打破しようとするもので、隔週で発行されている。ホームボートや風変わりなデザイン、それに安く水の上に出る方法に多くの紙面をさく。おもしろいし安価なので定期購読を薦める。
Notes From Our Shop 1805 George Ave. Annapolis MD 21401	チェサピーク・ライト・クラフトが発行するこのタダのニュースレターには、カヤック製作に関する記事や作業のヒントが載っている。
Sea Kayaker 6327 Seaview Ave. NW Seattle WA 98107	シーカヤックに重点をおいたこの雑誌の編集者は、定期的にカヤック製作に関する記事を出すカヤック製作者である。
WoodenBoat P.O. Box 78 Brooklin ME 04616	厚く豪華でぎっしりと記事のつまったWoodenBoat誌はボート製作に関する実にベストな雑誌である。

材料の入手先

　以下にリストした店は私が共にビジネスを行ったものや推薦できるもの、友人や他のボート制作者に勧められたものである。この他にもウッデンボート誌の広告から見つけることができるだろう。パドルやスプレイスカートなど、その他の装備に関してはシーカヤッカー誌の中にたくさんの広告が出ている。

社名及び所在地	取扱品目
Boulter Plywood Corp. 　　24 Broadway Somerville MA 02145	
Chesapeake Light Craft 　　1805 George Ave. Annapolis MD 21401 　　410-267-0137 www.clcboats.com	この本に掲載したボートの設計図、キット、プライウッド、エポキシ、工具、アクセサリー。
Chesapeake Marine Fasteners 　　10 Willow St. Annapolis MD 21401	
Clark Craft 　　16 Aqua Ln. Tonawanda NY 14150	カヤックの設計図。
M. L. Condon Co. 　　260 Ferris Ave. White Plains NY 10603	材木とプライウッド。
Eden Saw 　　211 Seton Rd. Port Townsend WA 98368 　　www.edensaw.com	
Flounder Bay Boat Lumber 　　1019 3rd St. Anacortes WA 98221	プライウッド。
Harbor Sales Co. 　　1000 Harbor Ct. Sudlersville MD 21668	プライウッド。
Jamestown Distributors 　　28 Narragansett Ave. Jamestown 　　RI 02835	エポキシ、工具、ファイバーグラス・テープ、その他ボート製作に関する幅広い補充品や工具。
Garrett Wade 　　161 Ave. of the Americas New York 　　NY 10013	工具。
WoodenBoat Store 　　P.O. Box 78 Brooklin ME 04616	カヤックの設計図

数値換算表

1インチ	2.54センチメートル
1インチ	25.4ミリメーター
1フィート	0.3048メーター
1ヤード	0.9144メーター
1ポンド	0.453592キログラム
1オンス	28.3495グラム
1ガロン	3.78496リットル
1ノット	1.852キロメーター/時
1マイル/時	1.609344キロメーター/時（陸上）
1海里	1.852キロメーター
℉（華氏）	℃×1.8+32
℃（摂氏）	（℉−32）×0.555

日本語索引

あ

アウトガッシング、脱気 outgassing ……………………149-50
アーキテクツ・スケール、建築用三角スケール
　architect's scales ……………………………32,33,39
アジャスタブル・フットブレイス adjustable footbraces ……135
アジャスタブル・スクエアー adjustable squares ……………31
扱いやすさ tenderness of boats ………………………………15
アナポリス・ウェリー Annapolis Wherry ………………182,183
アミン・ブラッシ amine blush ……………………49,110,149
安全眼鏡 …………………………………………………………39
安定性 stability ……………………………………………15-16
イースタン・スプルース eastern spruce. …スプルースを参照せよ
板材(パドル用) lattice …………………………………………171
イトスギ材 cypress ………………………………………………46
イヌイット・スタイル・パドル inuit-style paddles ……………170
ウエザーコック、風見安定 weathercocking ……………………20
ウエザー・ヘルム weather helm ……………………………20
ウエストリバー 162　West River 162 …………………………179
ウエストリバー 164　West River 164 …………………………179
ウエストリバー 180　West River 180 ………………4,6,61,67
　コーミング ……………………………………127-30,128,129
　材料表 ……………………………………………………………61
　シアー・クランプ………………………………………………88,89
　仕様 …………………………………………………………60-61
　設計図 ……………………………………………………62-66
　デッキ ……………………………………………………………119
　ねじれのチェック ………………………………………………93
　ハル・パネル ……………………………………………………73
　ハルの組み立て ………………………………………104-7,105,106
ウエット・サンディング wet-sanding …………………156,157
ウッド アンド カヤック キャンバス ビルディング
　Wood and Canvas Kayak Building (Putz) …………125
ウッデンボート　WoodenBoat (雑誌) ……………8,23,30,52
馬 sawhorses ……………………………………………41,42
Ulanowicz、Carl ……………………………………………26
ウレタンフォーム　発泡材を参照せよ
英国標準 British plywood standards ……………………44-45
エポキシ epoxy …………………………………7, 43, 46-47.
　エンドポー、フィレット、グラッシングも参照せよ
　アクセサリー・メーカー ………………………………………47,50
　安全性 ……………………………………………………………50
　温度 ……………………………………………………………41,110

カーリン ………………………………………………………116-17
　グラッシング …………………………………………………99,100
　硬化 ……………………………………………………………49,50
　硬化剤 hardener ……………………………………………7,47,49
　コーミング ……………………………………………128-30,131
　寒い季節での使い方 ……………………………………………41,110
　シアー・クランプ ……………………………………………89,90
　樹脂 resin ……………………………………………………7,47,49
　浸透 ………………………………………………147-49,148,150
　スカーフ・ジョイント ………………………………………77-80,79
　節約方法 ………………………………………………………94
　耐久性 ……………………………………………………………7
　調合 …………………………………………………47-49,94-96
　デッキの取り付け ………………………………119-20,121,123
　添加剤 thickening agent (フィラー) …………………………48,49
　ハッチ …………………………………………………………133
　パドル …………………………………………………………173
　ヒップブレイス ………………………………………………131
　フットブレイス ……………………………………………135,136
　ラブレイル rubrails …………………………………………124
　"レシピ" ………………………………………………………48-49
エポキシ計量ポンプ epoxy-metering pumps …………42,47-48
エポキシ浸透 epoxy saturation ……………………3,147-49,148
LOA (全長) ……………………………………………………13
LWL (喫水線長) ………………………………………………13,14-15
エンジニアーズ・スケール、エンジニア用三角スケール
　engineer's scales …………………………………………32,33
延長コード extension cords …………………………………40
エンドポー end-pours ………………………………89,100,137-38
鉛筆 ………………………………………………………31,33,39
オイルベース・ニス …………………………………………151-52
オックスフォード・シェル Oxford Shell ………………181,182,183
オクメ (プライウッド) okoume ……………………………44,45,130
帯ノコ (バンド・ソー) band saw …………………………131,164
帯紐 …………………………………………160,161,162,163,174
オフセット offsets …………………………………………23,81-82
オフセット表 table of offsets ………………………………23
折れ釘、無頭釘 brads ……………………………………82,83,129
オレゴン・パイン Oregon pine
　内部部材用 ………………………………………………………46

索引

か

海事博物館	9
鍵穴型コックピットの切り出し	22
角度定規、ベベル・スクエアー bevel squares	31,39
攪拌棒 stirring sticks	42,50
型 forms.ジグを見よ	
カッターナイフ	39
金鎚	39
カヌー canoes	181,**182**
カーリン carlins	116-17
カヤ（プライウッド）khaya	44
カヤック製作講座	7-8
カヤック	
アウトリガー・セーリング・システム	**183**,184
カヌーとの比較	181,**183**
艤装	**174**
必要なスキル	7-9
部品と名称	6
艤装 rig、パドルも参照せよ	174.
コックピットのパッド装着	167,168
コンパス	**163**,164
索具の取り付け	161-63,**162**
シート	164,**165**,**166**-67
バウ、スターンのハンドル	**159**-61
バックバンド	**166**,167
ビルジ・ポンプ	164
木槌 mallet	39
キット	8
設計図からの方法との比較	22-23
道具リスト（キットから製作する場合）	39
コンピューター・デザイン・プログラム	
CAD、computer design programs	**25**-26
キャンバー camber	21-22,114
競漕用ボート rowing shells	181,**182**,183
曲線のレイアウト	83
曲率 radii	
デッキ・ビームの－	114-15,117-18
レイアウト	31,**32**,83
切り出し、カッティング cutting	
工具	33-**34**,39
コックピット開口部 cockpit opening	130-31
シート	164

スカーフ・ジョイント scarf joints	74-77,**75**,**76**
デッキ deck sections	118-20,**119**
ハル・パネル hull panels	83-86,**84**
金属定規 metal rules	**31**,39
釘　リング釘を参照せよ	
グラッシング glassing	97-**100**,**98**
グラブ・ハンドル	**159**-61,174
グラブ・ライン	163
クランプ clamps	37,39,77-78,**79**,89,114,**128**-29,**130**,133
グリーンランド・スタイル・パドル	170
計測の道具	30-33,**31**,**32**,39
結束タイ plastic ties	51,**52**,90,101
け引き marking gauges	**32**,33,39
ケープ・チャールズ Cape Charles	181
ケーブル（ラダー）rudder cables	139-40
研摩	37-**38**,40,76-77,150
研摩のための道具	35,39,75
硬化剤 hardener	7,47,49
剛毛のブラシ bristle brushes	42,97,153
小口カンナ block planes	34-**36**,39,84-86,**85**
コックピット	22
開口部の切り出し	130-31
パッドの取り付け padding	167,168
コーミング coamings	6,22
サイズ	127-28
プライウッドの積層による工法	
laminated plywood construction	127-**30**,**128**,**129**
プライウッドを曲げて作る工法	
bent-plywood construction	130-131
コンパス（計測）	31,83
コンパス（航行）	**163**,164,174
コンパウンデッド・プライウッド工法	
compounded-plywood construction	5,7,67,73

さ

材料	43-52
ウエストリバー 180	61
コスト	43
材料表	24
スケール・モデル	26
セバーン	71-72
チェサピーク 16	60
入手	51-52

作業場
- 換気 ………………………………40
- 準備 ………………………………40-42
- 照明 ………………………………40
- ヒーター …………………………41

差し金 carpenter's squares ………………**31**,39

サッサフラス12 ……………………………181

サッサフラス16 ……………………………**182**

サペリ（プライウッド）sapele ………………44

サンディング
- エポキシ浸透 ………………148-50,**149**
- グラッシング ………………………98-99
- コーミング ……………**129**-30,130,150
- シート ………………………………166
- 除去 …………………………………97
- スカーフ・ジョイント …………………80
- ニスおよび塗料 ………………**156**,157
- バルクヘッド …………………………104
- ハルの内側 …………………………106-7

サンディング・ブロック sanding block ……38,39

サンドペーパー ………………42,149,150,157

シアー・クランプ ………………**6**,87-88,**89**
- カンナ掛け ……………………117-**18**
- スカーフの製作 ……………………**88**-89
- 接着 ………………………87-88,**89**,90
- 取り付け …………………………87-90
- ベベル ………………………………**92**
- 木材 …………………………………46

仕上げ:塗料、ニスも参照せよ
- エポキシ浸透 ………………147-49,**148**
- サンディング …………………148,149-50
- 道具 ……………………………42,153-54
- パドル ………………………………173
- ハル–デッキ接合部 …………………123-24
- プライマー、下塗り剤 ………………150
- 紫外線対策 …………………………151

C型クランプ C-clamps ……………**37**,77-78

シー・カヤッカー(雑誌)Sea Kayaker ………23

ジグ jigs ………………………………………7
- スカーフ・ジョイントの作成 …………77,**88**
- デッキ・ビームの作成 ………………114-15

ジグソー、電動ノコ saber saws ……33,**34**,40,83,130,164,173

シーダー材 cedar
- 内部部材用 ……………………………46
- シート ……………………164,**165**,**166**-67
- シート用受け板 ………………………135

シトカ・スプルース Sitka spruce. ……スプルースを参照せよ

Cp（柱状係数）prismatic coefficient ………17-18

ジミー・スキフ Jimmy Skiff ……………**183**-84

重量 weight
- 適正重量 …………………………19,175
- 木製カヤックの― ……………………1,2

照明(作業場) …………………………………40

初期安定性 initial stability …………………**15**

ジョージ・エリス Ellis、George ……………170

ジョージ・プッツ Putz、George ……………125

シリカ・パウダー silica powder（ファイバー）……48

伸縮コード elastic cords. タイダウン、デッキを参照せよ

浸水表面積 wetted-surface area ……………16-17

シンナー thinners …………………………153

スウェード・フォームのハル swede-form hull …**18**

スープスプーン（フィレット用）………………50,97

スカーフ・ジョイント．…………シアー・クランプを参照せよ
- クランプ …………………………77-78,**79**
- 市販製品 …………………………80-81
- 切り取り ……………………74-77,**75**,76
- 接着 …………………………77-**80**,79
- バット・ジョイントとの比較 ……………**81**

スキャントリング scantlings …………………24

スクイージー(エポキシ塗布用) ……………50,99,**100**

スケグ．21, 142, 145 ラダーも参照せよ
- 設計図 ……………………………143
- 取り付け …………………………**144**-46

スケール・モデル …………………………26-27

ステアリング・ケーブル …………………139-40,**141**

ステーション stations ……………………23,82

ステッチ・アンド・グルー工法 stitch-and-glue construction ……1-2
- ウエストリバー180 …………………104-7
- エンドポーの作成 …………………89,**100**
- グラッシング ………………………97-100
- 材料 …………………………………44
- シアー・クランプの取り付け …………87-90
- ステッチ ……………………………90-92
- セバーン ……………………………107-12

チェサピーク16	101-4
デッキの取り付け	120
捻れのチェック	**93**-94
フィレット	94-97
ステープラー	36-**37**,39
ステープル	51
スカーフ・ジョイントの固定	78
スピード　ハルスピードを参照せよ	
スプリング・クランプ	37
スプルース spruce	
内部部材用	46
パドル用	171
スプレイガン	154
スプレイスカート	127,129
スプレッダー(フィレット用)	**96**-97
スプレッダー・スティック	**101**,**103**,104
スペーサー	**6**,127-30,**129**
墨壷、チョークライン chalklines	**31**,39,81,82,91
スライディング・フットブレイス	**140**-41
静水用カヤック	15,16
セール・リグ	**183**,184
積層プライウッドによるコーミング	
laminated plywood coamings	127-30
設計図	23-25,53-72
ウエストリバー180	**60**-66
キットとの比較	22-23
購入	53-54
シート	**165**
図の種類	**23**-24
スケグ	**143**
設計図から始める際に必要な道具	39
セバーン	**67**-**72**
チェサピーク16	**55**-**60**
パドル	**172**
フルサイズとスケール・モデル	24-25,53-54,83
カスタマイズ	25
読み方	**23**-25,54
接着 gluing. エポキシも参照せよ	
シート	164
スカーフ・ジョイント	**77**-80,**79**
スケール・モデル	26-27
セバーン (Severn)	**5**,7,71

た

コーミング	**130**-31
材料表	71-72
シアー・クランプ	**88**,89-90
仕様	**67**,71
ステッチ	91
設計図	**68**-70
捻れのチェック	**93**-94
ハルの組み立て	107-12,**108**,**109**,111
ハル・パネル	73
旋回性能	
風との関係	20
ロッカーとの関係	20

耐久性	7
対称なハル symmetrical form hull	18
タイダウン・ストラップ(デッキ用) tie-downs	161-63,**162**,174
ダイヤモンドブレード・パドル diamond-blade paddles	171,**172**
脱気、アウトガッシング outgassing	149-50
ダック ducks (鉛の重石)	83
チェサピーク16 (Chesapeake16)	**3**,54,55
コーミング	127-30,**128**,**129**
材料表	60
シアー・クランプ	**88**,89,101
詳細	55,60
設計図	**56**-59
デッキ	119
ねじれのチェック	**93**-94,104
ハルの組み立て	**101**-4,**102**,**103**
ハル・パネル	73
チェサピーク17 (Chesapeake17)	55,175,**176**
モデル	**26**
チェサピーク18 (Chesapeake18)	55,175
チェサピーク21 (Chesapeake21)	**176**-77
チェサピークLT (ChesapeakeLT)	55,175
チーク (プライウッド) teak	45
柱状係数 prismatic coefficient (Cp)	17-18
直角定規 try squares	31,39
チョークライン、墨壷 chalklines	**31**,39,81,82,91
チョップ・ファイバー chopped fibers	48
使い捨て手袋 disposable gloves	42

使い捨てブラシ disposable brushes	42,50,97,153-54	電卓	32,33
ツーリング用カヤック	16	電源設備	40
艇の深さ depth	19	電動ノコ、ジグソー saber saws	33,**34**,40,83,130,164,173
DK-13	5	電動砥石 electric waterstone sharpeners	35
デザイン項目		道具と入手方法. 各道具の項も参照せよ.	
コックピット	22	切り出し用	33-**34**
浸水表面積	16-17	計測用	30-33,**31**,**32**
スケグ	21	研磨用	**35**,75
柱状係数（Cp）	17-18	仕上げ用	153-54
艇長	**13**-15	質	29-30
デッキ	21-22	フィレット	**96**-97
バランス	20	ブランド	30
ビーム、幅、横断面	15-16,18	マーキング	33
容積	18-19	リスト	39-40,42
ラダー	20-21	その他	39
ロッカー	19-20	銅線 copper wire. ワイヤーの項を参照せよ	
デザイン		研ぎ方（カンナ）sharpening	35
選択	11-13,22	塗装面の前処理 fairing	150
プロトタイプ	**12**	留め具（金属）	51
方法	25-26	デッキの取り付け	120-21
デッキ	21-22	ドライバー、ネジ回し	39
キャンバー	**21**-22,114	トラッキング tracking	14
曲率 radii	114	スケグとの関係	21
タイダウン・ストラップ tie-downs strap	161-63,**162**,**174**	ロッカーとの関係	20
平らな―	22	トランメル trammels	31,**32**,39,83,115
取り付ける装備	163-64	塗料	
布製の―	125	下地の準備	150
デッキの製作　　　　デッキ・ビームも参照せよ	113	使用方法	154-57,**155**
カーリン	117	選択	152-53
切り出し	118-20,**119**	ニスとの比較	151
シアー・クランプのカンナ掛け	117-18	必要な量	153
取り付け	120-23,**121**,**122**	ドリル・ビット drill bits	39
ハル-デッキ接合部の仕上げ	123-24	ドリル	38-39
デッキ・ビーム deck beams	6,113-17	トレッド・アボン Tred Avon	178-79
製作	**114**-16		
取り付け	115-**16**,**117**		
デッキ・プラン	23,**24**	**な**	
デニス・デイビス Davis, Dennis	5,7	長さ	13-15
手挽きノコ	33,39,83,111	喫水線長（LWL）	**13**,14-15
手袋（使い捨て）	42	全長 overall（LOA）	**13**
テーブル・ソー table saws	34,39,**88**,89	パドル	170-71
添加剤(エポキシ) thickening agent	48-49	ビーム、幅	16

索引

南京鉋 spokeshave ……………………………39,130
二次安定性 secondary (ultimate) stability …………15-16
ニス varnish
 管理 …………………………………………174
 下地の準備 ……………………………………150
 選択 …………………………………………151-52
 塗装 ……………………………………154-57,155
 塗料との比較 …………………………………151
 必要量 …………………………………………153
ニー・ブレイス knee braces …………………………127
1/2サイズのモデル half model/half hull ……………26
日本製のこぎり、両刃ノコ ……………………33,34,39,84
日本製水砥石 Japanese waterstones ………………35
布製デッキ ……………………………………………125
ネジ、木ネジ ……………………………………………51
 スカーフ・ジョイントのクランプ …………………78
 デッキの接着 ……………………………………88
 デッキの取り付け ……………………………120-21
 フットブレイス用 …………………………………136
捻れのチェック ……………………………………93-94,104
ノコ ……………………………各鋸の項を参照せよ 33-34
ノース・ベイ North Bay ………………………………177
ノース・ベイXL North Bay XL ………………………178
ノミ chisels ……………………………………………36,39

は

バー・クランプ bar clamps ……………………………37
ハード・チャイン艇 hard-chine boats …チェサピークも参照せよ 5
 グラッシング ……………………………………98,99
 浸水表面積 ………………………………………17
 ステッチ …………………………………………91
 マルチ・チャイン艇との比較 ……………………6-7
 ラウンド・ボトム艇との比較 ……………………5
ハケ brushes. 剛毛のハケおよびフォーム・ブラシを参照せよ
ハサミ …………………………………………………39
パチュクセント17.5 Patuxent17.5 …………………178
パチュクセント19.5 Patuxent19.5 …………………2,178
バックバンド backbands ……シートも参照せよ 166,167
ハッチ hatches ……………………………6,132-34,133,174
パッドアイ padeyes …………………………………161
バット・ブロック butt blocks ………………………6,81
バット・ジョイント、突合せ継手、突合せ接合 butt joints ……81
発泡材(パッド用) closed-cell foam ……………164,166

バテン、当て木 batten ……………………31-33,39,83
パドル ………………………………………168-71,169,170
 板材(パドル用) lattice ………………………171
 仕上げ …………………………………………173
 製作 …………………………………………171-73
 設計図 …………………………………………172
 選択 ……………………………………………168-70
 長さ ……………………………………………170-71
 予備の— ………………………………………163,168
パドルメーキング101 Paddlemaking 101 (Ellis) …………170
バランス …………………………………………………20
ハル hulls. ……………ハード・チャイン、マルチ・チャイン、ラウンド・ボトム各艇のハルの項目を参照せよ
 型 …………………………………………………18
 形状 ………………………………………………15
 ねじれのチェック ………………………………93-94
バルクヘッド bulkheads ……………6,103,104,105,123,128
ハル・コーブ・ツール Hull Cove Tools ………………29
ハル・スピード
 浸水表面積 ……………………………………16-17
 体積 ……………………………………………19
 柱状係数 ………………………………………17
 艇長 ……………………………………………13-14
 理論値 …………………………………………13-14
ハル-デッキ接合部、仕上げ ……………………………123-24
ハルの組み立て hull assembly.
 ステッチアンドグルー工法を参照せよ
ハル・パネル hull panels、………………………6, 73, 74.
 各ボートのハルの組み立ても参照せよ
 位置決め ………………………………………78,92
 切り出し ………………………………………83-86,84,85
 ステッチ ………………………………………90-92,91
 バット・ジョイント ……………………………81
 レイアウト ……………………………………81-83,82
ハンドル(バウ、スターン) handles ……………………159-61
ヒーター(作業場) ……………………………………41
非対称パドル asymmetrical paddles ……………170,171-73,172
ヒップ・ブレイス hip braces ………………………131-32
一人乗り艇 …………………………………………14-15,16
ビーム、艇幅 beam、
 ……柱状係数prismatic coefficient (Cp)も参照せよ 15-16
 最大— …………………………………………18

ビルジ・ポンプ bilge pumps……164	ラワン……45
ピントル pintle……**138**	プライウッドの弾力性……3
V字型ボトム……15-16,20	プライウッドの選択基準……45
ファイバーグラス・カヤック……1,3,4	プラスティック製カヤック……1,3,4
ファイバーグラス・クロス fiberglass cloth……**98**,99,104,l06,173	フラット・ボトム・カヤック……15,17
ファイバーグラス・テープのフィレットへの適用……97	フレームなし構造(モノコック)……7
ファイバーグラス・パドル……170	フローテーション・バッグ、浮力体 flotation bags……173
ファイン・ウッドワーキング Fine Woodworking（雑誌）……30	プロファイル profile plan……23,24
フィッシュ・フォーム・ハル……18	プロフェッショナル・ボートビルダー
フィラー添加剤を参照せよ	Professional Boatbuilder (雑誌)……8
フィレット fillets……6,94-**97**,**95**,**96**	分割式パドル breakdown paddles……169
ウエストリバー 180……105-6	ベイマツ Douglas fir
セバーン……109-12	内部部材用……46
チェサピーク 16……104	プライウッド……45
道具……**96**-97	ペイント・スクレイパー paint scraper……39
フェザー・パドル feathered paddles……169	ペティナイフ……50
フェルール ferrules……**168**,169	ベニア……**43**-**44**,**75**
フォーム・ブラシ form brush……42,50,153-54,155-56	ベベル・スクエアー、角度定規 bevel squares……31,39
フォーム・ローラー……42,50,99,153-54	ベルト・サンダー belt sanders……**76**-77
二人乗りカヤック double kayaks……15,16,176-77,178	ベント-プライウッドコーミング bent-plywood coaming……130-31
フットブレイス……135-36,**174**	防塵マスク respirators……**39**,50
アジャスタブル……**135**	保管
スライディング……**140-41**	カヤック……173-74
プライマー、下塗り剤……150	キャンピング・ギアの搭載……132
プライヤー pliers……39	紫外線対策……151
プライウッド……木も参照せよ 4-7, 43, 44	ポコモーク Pokomoke……181
khaya……44	ホコリ……154
okoume……44,45,130	ボート製作講座……7-8
sapele……44	ボート製作クラブ……8-9
英国標準 british standards……44-45	ボディ・プラン body plans……23,24
エクステリア・グレード……45	ポリウレタン塗料……152
コーミング用……127-31	ポリウレタン・ニス……151-52
スケール・モデル用……26	ホワイトウォーター・カヤック……21
スケグ用……145	
選別……44-45	
チーク teak……45	**ま**
パドル用……171,173	マイクロバルーン microballoons……48
ヒップブレイス用……131	マスキング・テープ……**153**,154
ベイマツ、ダグラスファー Douglas fir……45	巻き尺 tape measures……30,31,39
マホガニー……3-4,44	マホガニー・プライウッド……3-4,44
マリン・グレード……45	マリン・エナメル塗料……152
選択基準……45	マリン用ニス……151

索引

マルチ・チャイン、 …………ウエストリバー180も参照せよ　5
 グラッシング ………………………………………98,99
 浸水表面積 ……………………………………………6,17
 ステッチ …………………………………………………91
 ハード・チャイン艇との比較 ………………………6-7
丸ノコ circular saws ………………………34,39,77,83
回し挽き鋸 keyhole saws ……………33-34,39,130,164
水砥石 waterstones ………………………………………35
メッシング・アバウト・イン・ボート
  Messing about in Boats (雑誌) …………………23
ミル・クリーク13（Mill Creek 13）……………9,179
ミル・クリーク15（Mill Creek 15）………………180
ミル・クリーク16.5（Mill Creek 16.5）……………180
ミル・クリーク（Mill Creek）…………………179,180
結び方 knots ……………………………………160,162
メインテナンス ……………………………………173-74
木材.各項目を参照せよ
 欠点 ………………………………………………3-4
 美的観点 ……………………………………………4
 ムク材(内部部材用) ……………………………45-46
 利点 ………………………………………………2-3
木材の剛性 …………………………………………2-3
木材の強度 …………………………………………2-3
木製ボート製作スクール …………………………ix,8
木製パドル …………………………………………170
木粉 wood flour ……………………………………48
木工技術 ……………………………………………8
モデル
 スケールモデル …………………………………26-27
 モノコック(フレームなし構造) …………………7

や

ヤー yare …………………………………………………181
容積 volume …………………………………………18-19
 カスタマイズ方法 …………………………………114
横断面図 cross sections、… 柱状係数(Cp)の項も参照せよ　15-16
1/4シート用サンダー quarter-sheet sanders ………38

ら

ライト・ハンド・コントロール・パドル ………………169

ラウンド・ボトム・ボート round-bottomed boats ………5, 7.
 セバーンも参照せよ
 浸水表面積 …………………………………………17
 ハード・チャインとの比較 …………………………5
 ビーム、幅 ………………………………………15-16
ラダー rudders、…………………スケグも参照せよ　20, 174
 ステアリング・ケーブル steering cables …………139-40,141
 スライディング・フットブレイス …………………140-41
 取り付け …………………………………………137-39,138
 リフティング・ライン ……………………………138,141-42
ラップ・ステッチ工法 LapStitch method ……181,182,183
ラテックス塗料 latex paint ………………………………152
ラブレイル rubrails (ラビング・ストレイク rubbing strakes) 123-24
ラワン lauan ………………………………………………45
ランダム・サンダー random-orbital sanders ……37-38,130,149-50
リトラクタブル・スケグ retractable skegs. スケグを参照せよ
両刃ノコ（日本製鋸）………………………………33,34
リフティング・ライン ……………………………138,141-42
リー・ヘルム lee helm ……………………………………20
リング釘 ring nails ………………………………………51
 デッキの取り付け …………………………………120
ルーター routers …………………………………………77
レザーナイフ ………………………………………………39
レフト・ハンド・コントロール・パドル ………………169
ローラー rollers ………………………………………153-54
ロッカー rocker ………………………………………19-20
ロフティング lofting ………………………………………23

わ

ワイヤー（ステッチ用銅製）………………51,52,90-91,98
 ウエストリバー 180 …………………………104-5,110-11
 セバーン ……………………………………………108-10
 チェサピーク16 ……………………………………101-3

訳者あとがき

　この本を読み進めてゆくうち、またカヤックを作りたいという思いがますます大きくなってゆきました。なにより、ステッチ・アンド・グルー工法の単純さと、出来上がったカヤックの美しさが目を引きます。かつてストリップ・プランキング工法で悪戦苦闘の末に作り上げたカナディアン・カヌーを思うと、なかなか手の出せなかったカヤック製作ですが、「これなら」と思えるのがこの3艇です。特にカナイ設計で見せていただいた完成艇は、仕上げの見事さもさることながら、デッキについたキャンバーなどの曲線の美しさも特筆ものでした。

　カヤックを自作する場合、このステッチ・アンド・グルー工法よりも、型の上に細長い薄板を積み上げてゆくストリップ・プランキング工法が一般的だと思いますが、時間とお金、そして技術とどの面を取っても本書の方がお手軽だと思います。さらに、肝心の出来上がりはどうかというと、先程もふれましたように見事な美しさを持ったものなのです。そして最大の利点といえるでしょう"軽さ"も考えると、初心者ビルダーの方のみならず、ストリップ・プランキング工法での経験があるビルダーにもお薦めできるものだと思います。

　本書の出版に際しては多くの方々の援助を受けることが出来ました。星野定男氏にはぶしつけな相談に何度ものっていただき、多くの労をおかけしました。舵社の大田川茂樹氏には本書を出版する機会をいただきました。さらに舵社出下久男氏の仔細な点検によって多くの版下の不備を訂正することができました。この場で感謝の意を表させていただきます。

　最後に私事ながら、慣れない用語に戸惑いながらも何度も読みくだしてくれた久保郁子に感謝いたします。

久保　正男・上田　洋

日本でのチェサピーク・ライト・クラフト社製品の
取り扱い等に関しての問い合わせ先

　　　社名　：　カナイ設計
　　　住所　：　〒２４８－００２６
　　　　　　　　神奈川県鎌倉市七里ガ浜１－１６－６
　　　ＴＥＬ：　０４６７－３２－９８６９
　　　ＦＡＸ：　０４６７－３２－９８６７

カナイ設計では、チェサピーク・ライト・クラフト社製のカヤックに関して、完成艇、キット、部材等をすべて取り扱っており、その豊かな経験と知識に裏打ちされた適切なアドバイスは、ビルダーにとって、とても親切な道標となることでしょう。

2007年4月5日　第1版第2刷発行	
新版カヤック工房	原著名 *The New Kayak Shop*
誰もが作れる美しい木製カヤック	

著　者	*Chris Kulczycki*
訳　者	久保正男　上田　洋
発行者	大田川　茂樹
発　行	株式会社　舵社
	〒105-0013　東京都港区浜松町1-2-17　ストークベル浜松町
	電話03-3434-5181　FAX03-3434-2640

定価はカバーに表示してあります。
不許可無断複写複製
Ⓒ 2001 by *Chris Kulczycki*
Ⓒ 2002 by Masao Kubo/Yo Ueda　　　Printed in japan
ISBN978-4-8072-5014-1　C2075

Japanese translation right's arranged with The MacGraw-Hill Companies, Inc. through Japan UNI Agency,Inc., Tokyo.